A+U

住房城乡建设部土建类学科专业"十三五"规划教材

A+U 高等学校建筑学与城乡规划专业教材

环境行为学

陆 伟 主 编

李 斌 徐磊青 副主编

中国建筑工业出版社

图书在版编目（CIP）数据

环境行为学 / 陆伟主编；李斌，徐磊青副主编. —
北京：中国建筑工业出版社，2021. 12（2024.11重印）
住房城乡建设部土建类学科专业"十三五"规划教材
A+U 高等学校建筑学与城乡规划专业教材
ISBN 978-7-112-26693-7

Ⅰ.①环… Ⅱ.①陆… ②李… ③徐… Ⅲ.①城市环
境－行为科学－高等学校－教材 Ⅳ.① TU-856

中国版本图书馆 CIP 数据核字（2021）第 209046 号

为了更好地支持相应课程的教学，我们向采用本书作为教材的教师
提供课件，有需要者可与出版社联系。
建工书院：http://edu.cabplink.com
邮箱：jckj@cabp.com.cn 电话：（010）58337285

责任编辑：陈 桦
文字编辑：柏铭泽
书籍设计：付金红 李永晶
责任校对：李美娜

住房城乡建设部土建类学科专业"十三五"规划教材
A+U 高等学校建筑学与城乡规划专业教材
环境行为学
陆 伟 主 编
李 斌 徐磊青 副主编
＊
中国建筑工业出版社出版、发行（北京海淀三里河路 9 号）
各地新华书店、建筑书店经销
北京建筑工业印刷厂制版
建工社（河北）印刷有限公司印刷
＊
开本：787 毫米×1092 毫米 1/16 印张：11¾ 字数：277 千字
2022 年 1 月第一版 2024 年 11 月第四次印刷
定价：**39.00** 元（赠教师课件）
ISBN 978-7-112-26693-7
　　　　　（38546）

前言 Preface

环境行为学（Environment Behavior Studies）是研究人与人周围的各种尺度的物质环境之间的相互关系的科学。其基本目的是，探求决定物质环境性质的要素，并弄清其对生活的品质所产生的影响，通过环境政策、规划、设计、教育等手段，将获得的知识应用到生活品质的改善中。因此，在北美也将其称之为环境设计研究（Environmental Design Research）。环境行为学研究领域涉及社会地理学、环境社会学、环境心理学、人体工学、室内设计、建筑学、风景园林、城乡规划、资源管理、环境研究、城市学和应用人类学，是这些社会科学以及环境科学的集合。这一学科领域兴起于20世纪60年代，迄今已有60余年的发展历史。

20世纪80年代，环境行为研究学科领域引入我国，最初是在国内各大院校建筑类专业开设相关课程，目前已成为建筑学和城乡规划本科和研究生专业评估的核心课程。这一学科领域在我国历经了40余年的发展历程，已有大量的应用研究与实践成果。"人居环境"品质不再仅仅取决于建筑的形式，而满足使用者需求、重视使用者对空间和场所的体验才是"人居环境"设计的本质。特别是历经40余年的改革开放与高速的经济成长，中国的发展已经进入新的时代。面对以人民为中心的城乡环境高质量发展的需要，环境行为学的理论与方法必将发挥更加重要的作用。

在此背景下，我们组织编写了《环境行为学》一书。本书共7章，由导论、环境行为学的理论、环境知觉与空间认知、步行行为与环境、私密性、个人空间和领域、使用后评价、研究方法构成。本书系统地介绍了环境行为学的发展历程、基本理论、相关概念及其研究方法，并通过国内外丰富的研究专题和大量的研究案例进行梳理和解析，便于读者融会贯通。本书具有较高的理论价值和实践应用的意义。

本书由大连理工大学陆伟教授主编，同济大学李斌教授和徐磊青教授参与了本书大纲的制定和编辑组织工作。本书由7位国内环境行为研究的一线学者组成执笔团队，如下所示：

第1章执笔： 陆　伟　大连理工大学

李　斌　同济大学

第2章执笔： 李　斌

罗玲玲　东北大学

第3章执笔： 徐磊青　同济大学

第4章执笔： 秦丹尼　上海交通大学

李　斌

第5章执笔： 徐磊青

第6章执笔： 朱小雷　华南理工大学

第7章执笔： 严小婴　岩章（上海）建筑设计咨询有限公司

全书统稿： 陆　伟

执笔团队的作者均具有国外著名大学留学或访学背景，并多年从事环境行为研究和"环境行为学"及相关课程的教学，科研和教学经验丰富。

本书适合建筑学、城乡规划、风景园林、设计学等相关专业研究生作为"环境行为学"课程的教材使用，也可作为本科生学习的参考书使用。同时，也适用于从事环境行为研究的学者、相关专业的规划师、建筑师、设计师使用。

陆伟

2021年于大连理工大学

目 录

Contents

Chapter1

第1章 导 论

Introduction

1.1 环境行为学的概要

1.1.1 定义

环境行为学（Environment Behavior Studies）[1]是研究人与人周围的各种尺度物质环境之间相互关系的科学。它着眼于物质环境系统与人的系统之间的相互依存关系，同时对环境的因素和人的因素这两方面进行研究。环境行为学的基本目的是，探求决定物质环境性质的要素，并弄清其对生活的品质所产生的影响，通过环境政策、规划、设计、教育等手段，将获得的知识应用到生活品质的改善中（Moore，1984/1985）。

按照摩尔（Moore，1987）的分类，环境行为学的研究领域涉及社会地理学、环境社会学、环境心理学、人体工学、室内设计、建筑学、风景园林、城乡规划、资源管理、环境研究、城市学和应用人类学，是这些社会科学以及环境科学的集合（图1-1）。

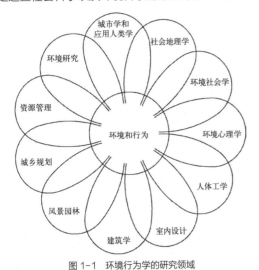

图1-1 环境行为学的研究领域

① 本书"环境行为学"学术名词英文采用"Environment Behavior Studies"的说法，其余地区学术名词提法，则保留其在原生语境中的说法。

"环境行为学"（Environment Behavior Studies）在北美地区也被称为"环境设计研究"（Environmental Design Research）；在日本，"环境行为学"（Environment-Behavior Studies）被称为"环境行动研究"。虽然名称不同，但这些名称所指的研究领域是相同的。在有的论著里还使用环境与行为（Environment and Behavior），环境心理学（Environmental Psychology），建筑心理学（Architectural Psychology）等称呼。

尤其是在早期阶段，这个研究领域多用环境心理学的称呼。但是从严格的意义上说，环境心理学的出发点是心理学。环境心理学关注环境对个人的内在心理过程所产生的影响，即知觉、认知、学习等；而在环境行为学中，除了这些方面以外，还研究集团行为、社会价值、文化观念等与环境有关的广泛问题，是一个内涵宽广、多学科交叉的研究领域。它在社会、文化、心理等不同学科的层面上对人与环境进行研究，追求环境和行为的辩证统一，关注人的生活品质的提高。因此，"环境行为学""环境行为研究""环境设计研究""环境行动研究"的广义称呼是合适的。按照斯托克斯（Stokols，1978）和摩尔（Moore，1984/1985）的主张：环境心理学应是环境行为学所属的下一级的研究领域。

1.1.2 学科框架

心理学家奥尔特曼（Altman，1973）从行为过程（Behavioral Processes），发生行为过程的场所（Places）以及设计过程（Design Processes）的三个方面定位环境行为研究，试图找到行为研究者和设计实践者的交点。

之后，建筑学出身的环境行为学者摩尔（Moore，

1979）提出了场景（Settings）、场所（Places），使用者集团（User Groups），行为现象（Behavioral Phenomena）、概念（Concepts），从三个方面建立了环境行为学的研究框架。后来，摩尔（Moore，1987）从场所（Places）、使用者（User Groups）、社会行为现象（Sociobehavioral Phenomena）的三个方面，并导入时间（Time）的变化修正了研究框架：场所分为大尺度、中尺度和小尺度；使用者分为文化、生命周期、生活方式；社会行为现象分为外部反应、文化、社会群体、知觉、生理学、内部反应。各轴的内容超越了研究室、实验室的局限，更接近现实的场景，同时更强调时间的变化、社会文化的因素（图 1-2）。

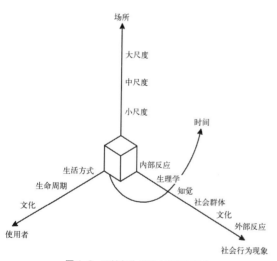

图 1-2　环境行为学的主要分析尺度

　　环境行为学的研究领域覆盖了研究、政策制定、设计和评价四个循环发展的阶段。其中的每个阶段可以从场所、使用者和社会文化现象以及时间的方面进行考察（图 1-3）。在时间的脉络中，研究、政策制定、设计和评价四个阶段不断地发展，实现环境与行为的辩证统一（图 1-4）。

　　可见，环境行为学主要立足于场所或环境的空间性状况、使用者、社会行为现象，以及研究、政

策制定、设计、结果评价的过程在时间上的反复循环和发展。

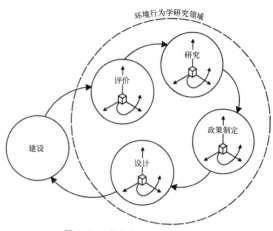

图 1-3　环境行为学的循环往复特征

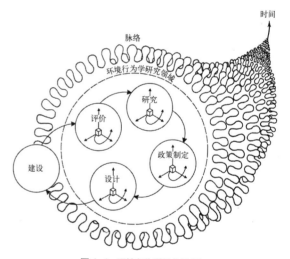

图 1-4　环境行为学的总体框架

1.1.3　环境行为学的特点

　　20 世纪 60 年代以后，面对世界范围内的社会和经济矛盾，环境行为学因势而起并得到快速发展。这个领域与以往传统的心理学和诸多社会科学相比，以问题为中心，以行为为指向。这里所说的社会和经济状况主要有以下的几方面（舟桥，1990）。

（1）环境和城市问题，如资源、能源枯竭，环境破坏、污染，自然生态破坏，地区社会问题，无家可归者，贫民窟，过度拥挤、孤独、犯罪、暴力等城市问题。

（2）后工业化社会的技术性变化。

（3）政治、经济状况的变化。如，生产停滞，失业和穷困，对生活的不满足感。

（4）文化、生活方式的变化。

环境行为学的目标是"生活的品质"改善。对于建筑科学、设计、规划领域来说，生活的品质和环境的品质具有决定性作用。环境行为学以最广泛意义上的人道主义为基本立足点，在相关领域之间以及政策和研究之间，提出统一的标准。但是，在交织着复杂、多样价值观的现代社会中，在具体问题状况的把握，界定"生活的品质"的内容上，研究者之间自然会有所差异。

由于环境行为学的基础是以问题为中心，在研究上必然产生如下特征（舟桥，1990）。

（1）以环境的所有尺度层面为对象

如图1-1所示，环境行为学涉及的研究内容既有宏观（Macro）尺度的，也有中观（Meso）和微观（Micro）尺度的，从不同的层面，揭示人与环境的相互关系。

（2）对时间、变化、适应的重视

如图1-2～图1-4所示，环境行为学在研究、政策制定、设计、结果评价的不断循环往复的过程中，不断地应对变化着的人与环境系统，探求场所、使用者、社会行为现象在时间的动态变化过程中的关系和状态。

（3）本质上必然具有跨学科性

环境行为学超越了传统的学科界限，以人与周围的物质环境之间的相互关系为研究对象，从各种不同的尺度层面揭示问题所在。这种跨学科性，有利于全面深刻地理解人与环境系统的关系和状态。

早期的环境行为学对社会行为现象，如私密性、个人空间、环境认知、态度、喜好等进行研究。在EDRA（Environmental Design Research Association）成立约10年后，研究课题开始转向与场所有关的课题。根据摩尔（Moore，1985）整理如下。

（1）有关社会行为现象的研究课题

1）内在的生理、心理现象：

① 健康；

② 知觉、认知、应激；

③ 私密、情绪；

④ 意义、象征；

⑤ 成长、学习。

2）个人的行为：

① 空间移动；

② 定向、路径探索；

③ 生产性；

④ 人体测量学、人体工学；

⑤ 喜好；

⑥ 选择；

⑦ 评价；

⑧ 健康、安全、保安；

⑨ 事故死伤。

3）群体的行为：

① 个人空间；

② 领域性；

③ 私密；

④ 拥挤；

⑤ 群体动力；

⑥ 近体学；

⑦ 邻里；

⑧ 组织行为。

4）社会文化行为：

① 社会规范；

② 价值观；

③ 生活方式；

④ 环境交流；

⑤ 意义；

⑥ 象征。

（2）有关使用者的研究课题

1）生活方式：

① 女性和男性；

② 家庭结构的变化；

③ 生活时间的变化。

2）生活与成长：

① 生活周期；

② 寿命；

③ 环境转换。

3）特殊群体：

① 儿童；

② 老年人；

③ 精神障碍者；

④ 通用化；

⑤ 无障碍；

⑥ 非收容设施化；

⑦ 环境支持。

4）社会阶层：

① 非主流群体；

② 主流群体。

1.2　国际环境行为研究的产生与发展

1.2.1　国际环境行为研究的学术组织

环境行为研究的产生受西方社会发展和国际政治背景的影响。一方面，20世纪50年代，伴随战后北美经济快速成长和欧洲城市大规模重建，城市化过程造成人口膨胀、能源短缺、食物供给不足、生态失衡等严重危机。传统的物质空间规划手段及其公共政策难以应对社会发展的需求，城市环境恶化是环境行为研究产生的主要动因。另一方面，第二次世界大战后形成的东西方冷战、超级大国的太空竞赛促成了西方科学主义的兴起。科学主义强调数理统计、计算机辅助技术手段等科学方法的系统研究，因而使得作为近代行为科学的环境心理学的确立成为可能。在此背景下，环境行为研究的学术组织首先在欧美地区相继成立。

1969年6月，"环境设计研究协会"（EDRA, Environmental Design Research Association）在北美宣布成立。同年，《环境与行为》（*Environmental and Behavior*）杂志问世。这一年也被称为环境行为研究元年。1968年在麻省理工学院（MIT）召开的"设计方法小组"（DMG, Design Methods Group）会议，萨诺夫（Henry Sanof）博士倡议设立环境设计研究协会。1969年6月，首届环境设计研究会议在美国北卡罗来纳召开，萨诺夫博士当选EDRA首任主席。随后，1971年创刊、1984年更名的《建筑与规划研究学刊》（*Journal of Architectural & Planning Research*）出版发行。

1970年，"首届环境心理学会议"在英国召开，"人与环境关系研究国际协会"（IAPS, International

Association for People-Environment Studies）在欧洲宣布成立。1981 年 3 月，《环境心理学学报》（ Journal of Environmental Psychology ）创刊。IAPS 最初的名称为"人与构筑环境关系研究协会"（ IAPC ），1982 年定名为 IAPS。

EDRA 每年在北美地区举办一届大会，IAPS 逢双年在欧洲国家召开一届大会。2019 年，EDRA 第 50 届大会时，成立 50 周年。2020 年，IAPS 第 26 届大会时，成立 50 周年。庆祝活动丰富、会议规模空前。EDRA 和 IAPS 在国际环境行为研究的发展中一直发挥着引领作用。

1980 年，在澳大利亚召开的"首届人与物理环境研究会议"，宣布"人与物理环境协会"（ PAPER, People and Physical Environment Research Association ）在澳大利亚设立。由于受 EDRA 和 IAPS 会议的影响，PAPER 自 1980 —1998 年共举办了 11 届会议，2005 年宣布学会活动中止。

环境行为研究在亚洲的起步较晚。1982 年，"人间·环境学会"（ MERA, Man-Environmental Research Association ）在日本宣布成立，是亚洲第一个成立的环境行为研究学术组织。1992 年，人间·环境学会会刊（ MERA JOUMAL ）创刊。MERA 主要由建筑学、城市规划和环境心理学的学者组成，特别是日本建筑·都市计划学特点，空间使用方法的研究细腻历史悠久，自身固有的特色鲜明。MERA 各种小型专题研究会议活跃，1995 年首届全国大会之后，每年在日本国内召开年度大会。1980 —1995 年，MERA 和 EDRA 的学者联合举办了四次日美会议，1997 年在东京举办了"面向 21 世纪的环境行为研究国际会议"（ MERA1997 ），2000 年在福冈举办了"亚太地区国际会议"（ MERA2000 ），成为影响亚洲地区的环境行为研究学术组织。2022 年 MERA 将迎来学会成立 40 周年。

1996 年，"环境行为学会"（ EBRA, Environment-Behavior Research Association ）在中国成立，是亚洲成立的第二个环境行为研究学术组织。EBRA 发源于 1993 年在吉林市召开的"建筑学与心理学学术研讨会"，学会最初的名称为"建筑环境心理学专业委员会"（ AEPPA, Architecture for Environmental Psychology Professional Association ），隶属中国建设文化艺术协会。1999 年，为促进与国际接轨，推动国际学术交流，AEPRA 更名为 EBRA。EBRA 自 1998 年之后，逢双年在中国各大建筑类院校举办一届学术大会，在国际环境行为研究领域已形成影响（表 1-1、表 1-2 ）。

表 1-1　国际环境行为研究发展历程

	欧 美	亚 洲
1957	Humphrey Osmond. Function as the Basis of Psychiatric Ward Design	
1960	Kevin Lynch. The Image of the City	
1966	Edward T. Hall. The Hidden Dimension	
1968	Roger Barker. Ecological Psychology Robert Sommer. Personal Space: The Behavioral Basis of Design	
1969	EDRA (Environmental Design Research Association) in North America Journal Environment and Behavior	

续表

欧　美	亚　洲
1970　IAPS (International Association for People-Environment Studies) in European	
1971　Journal of Architectural & Planning Research	
1972　Oscar Newman. Defensible Space	乾正雄，D. カンター．環境心理とは何か
1973　Roger Downs & David Stea (eds.). Image and Environment	
1975　Irwin Altman. Privacy regulation theory	
1976　Gary Moore and Reginald G. Golledge (eds.). Environmental Knowing	相馬一郎，佐古順彦．環境心理学
1977　Christopher Alexander. A Pattern Language：Towns, Buildings, Construction Amos Rapoport. Human Aspects of Urban Form	
1979　James J. Gibson. The ecological approach to visual perception	
1980　PAPER (People and Physical Environment Research Association), in Australia. 1980-2005	"人間行動と環境の相互作用"，MERA 第一届日美会议
1981　Journal of Environmental Psychology	
1982　EDRA13；IAPS07	MERA (Man-Environment Research Association) in Japan
1985　EDRA16	MERA 第二届日美会议
1987　Stokols etal (eds.). Handbook of Environmental Psychology	
1988　Wolfgang F.E. Preiser. Post Occupancy Evaluation	
1990　EDRA21；IAPS11	MERA 第三届日美会议
1992　EDRA23；IAPS12	MERA Journal（人间—环境学会刊创刊）
1993　EDRA24	EBRA 1993 at Jilin, China（EBRA 首届全国会议）
1995　EDRA26 at Boston	MERA 首届全国大会；第四届日美会议
1996　EDRA27；IAPS14 at Holland	EBRA 1996 at Dalian, China（EBRA 在中国成立）
1997　Philip Thiel. People, Paths and Purposes：Notations for a Participatory Envirotecture	MERA' 97 at Tokyo, Japan（首届国际会议）
1998　EDRA29；IAPS15 at Netherlands；PAPER11	EBRA 1998 at Qingdao, China（中日会议）
2000　EDRA31 at San Francisco；IAPS16 at Paris, France	MERA 2000 at Fukuoka, Japan（亚太国际会议） EBRA 2000 at Nanjing, China （首届国际会议）
2001　Harry Heft. Ecological psychology in context	
2005　Amos Rapoport. Culture, Architecture, and Design	
2006　EDRA37 at Atlanta；IAPS19 at Alexandria, EGYPT	EBRA 2006 at Dalian, China（EBRA10 周年）
2014　EDRA45；IAPS23	EBRA 2014 at Guangzhou, China
2016　EDRA47；IAPS25 at Sweden	EBRA 2016 at Chongqing, China（EBRA20 周年）

续表

	欧 美	亚 洲
2018	EDRA49；IAPS25 at Italy Rome	EBRA 2018 at Wuhan, China
2019	EDRA50 at Detroit, America. EDRA 50 周年	
2020	EDRA51；IAPS26 at Quebec City, Canada. IAPS 50 周年	EBRA2020 at Xian, China
2021	EDRA52 at Detroit, America	中国建筑学会环境行为学术委员会成立（EBRA 活动终止）

表 1-2　我国历届环境行为研究学术会议

历届会议	会议主题与工作筹备	会议规模与学会工作
EBRA1993 第一届（吉林） 1993.07.20-21	名称：全国建筑学与心理学研讨会 主办：哈尔滨建筑大学、建筑师杂志社；吉林市建委承办 会议召集：常怀生教授，顾问杨永生先生	哈尔滨建筑大学常怀生教授、张姗姗副教授、东南大学朱敬业教授、同济大学杨公侠教授、天津大学羌苗教授、华中科技大学李玉莲副教授、西安交通大学蒋孟厚教授、大连理工大学陆伟副教授、青岛建筑工程学院王镛副教授、沈阳建筑大学罗玲玲副教授等 30 余位学者和师生代表参加会议；会议倡议成立"建筑环境心理学"学术组织，由召集人常怀生，顾问杨永生，成员朱敬业、陆伟、王镛、罗玲玲等组成筹备工作组
EBRA1996 第二届（大连） 1996.08.13-15	名称：中国建设文协建筑环境心理学专业委员会成立大会暨第二届建筑环境心理学研讨会 主办：学会筹备委员会、大连理工大学 会议召集：常怀生教授，顾问杨永生先生 秘书长陆伟副教授	顾孟潮副会长代表中国建设文化艺术协会宣布"建筑环境心理学专业委员会"成立，宣读周干峙副部长贺词；MERA 派代表到会祝贺，建筑学报、光明日报、中国建设报记者参加会议并综合报道；顾孟潮先生（建筑学报工作委员会副主任）、佐古顺彦教授（MERA 秘书长，早稻田大学）、西出和彦教授（MERA 委员，千叶大学）为会议做会议主旨讲演；来自国内 60 余位学者和师生代表参加会议；20 余篇论文在会议发表 建筑环境心理学专业委员会（AEPPA）推举产生主任委员常怀生、顾问杨永生、秘书长陆伟、委员王镛、罗玲玲等人组成工作委员会，召开闭门会议，讨论学科建设、学会工作方针及今后工作任务
EBRA1998 第三届（青岛） 1998.07.28-31	名称：第三届建筑环境心理学研讨会（中日） 主办：AEPPA、青岛建筑工程学院 会议主席常怀生教授、高桥鹰志教授 执行秘书长王镛副教授，秘书长陆伟副教授	本届会议为中日双边会议，高桥鹰志教授（MERA 会长，东京大学）率 10 位日本学者参加会议 顾孟潮先生（建筑学报工作委员会副主任）、高桥鹰志教授（MERA 会长，东京大学）、佐古顺彦教授（MERA 秘书长，早稻田大学）、西出和彦助教授（MERA 委员，东京大学）、大野隆造教授（MERA 委员，东京工业大学）为大会做主旨演讲；来自中日两国的 80 余位学者和师生参加会议，30 篇余论文在会议发表
EBRA2000 第四届（南京） 2000.05.26-28	会议名称：第一届环境行为研究国际会议 主题：面向人性化的环境 主办：EBRA、东南大学 大会执行主席仲崑琨教授，主席常怀生教授，执行秘书长赵辰教授，秘书长陆伟教授	1999 年，为进一步推进我国环境行为研究的国际化进程，中国建设文协建筑环境心理学专业委员会（AEPPA）更名为环境—行为学会（EBRA：Environment-Behavior Research Association），学会章程修订 本届会议为 EBRA 首届国际会议，东南大学齐康院士给了大力支持，Bechtel 教授（EDRA 主席）等为大会做主旨演讲；会议语言首次使用英文；100 余位学者和师生代表参加会议，57 篇论文收录论文集，论文集首次印刷成册
EBRA2002 第五届（上海） 2002.10.23-26	名称：第五届环境行为研究国际会议 主题：都市的文化、空间与品质 主办：EBRA、同济大学 大会执行主席王伯伟教授，主席常怀生教授 执行秘书长徐磊青副教授，秘书长陆伟教授	会议首次邀请 EDRA（北美）、IAPS（欧洲）、PAPER（澳洲）、MERA（日本）、HERS（中国台湾地区）等国际环境行为研究组织参加会议；会议期间 EBRA 分别与 MERA、HERS 举办了交流活动 高桥鹰志教授（MERA 前会长，东京大学）、Amos Rapoport 教授（EDRA 前主席，美国）、Arza Churchman 教授（IAPS，以色列）、吴明修教授（HERS 会长，中国台北）、王季卿教授（同济大学）等为大会做主旨讲演；300 余位为学者和师生代表参加会议，203 篇论文收录论文集印刷

续表

历届会议	会议主题与工作筹备	会议规模与学会工作
EBRA2004 第六届（天津） 2004.10.22—25	名称：第六届环境行为研究国际会议 主题：舒适宜人的空间环境 主办：EBRA、天津大学 大会执行主席张颀教授，主席陆伟教授 执行秘书长袁逸倩副教授，秘书长罗玲玲教授	2003 年 9 月，年度工作委员会沈阳建筑大学召开，根据常怀生先生提议与推荐，新一届 EBRA 委员会由会长陆伟、副会长兼秘书长罗玲玲、副会长邹广天、委员袁逸倩、徐磊青组成；常怀生教授被推选为名誉会长 舟桥国男教授（MERA 前会长，大阪大学）、Henry Sanoff 教授（EDRA，北卡罗来纳州立大学）、杨公侠教授（EBRA，同济大学）、苏彦婕教授（中国心理学会秘书长，北京大学）、王其亨教授（天津大学）等为大会做主旨演讲；178 篇论文收录论文集出版（天津百花文艺出版社）
EBRA2006 第七届（大连） 2006.10.20—22	名称：第七届环境行为研究国际会议 大会主题：变化中的和谐 主办：EBRA、大连理工大学 大会主席陆伟教授，秘书长罗玲玲教授	高桥鹰志教授（MERA 前会长，东京大学）、南博文教授（MERA 会长，九州大学）、Marans 教授（EDRA 前主席，密西根大学）、Moore 教授（悉尼大学建筑学院院长）等为大会做主旨演讲；142 篇论文收录论文集出版（大连理工大学出版社）；部分大会演讲和论文刊载在《建筑学报》2007 年第 2 期 学会成立十周年，制作了学会印章（方型篆体）、学会徽章、学会十周年纪念章等纪念品
EBRA2008 第八届（北京） 2008.10.16—18	名称：第八届环境行为研究国际会议 主题：关注不同人群的生活品质 主办：EBRA、清华大学 大会执行主席庄惟敏教授，主席陆伟教授 执行秘书长周浩明教授，秘书长罗玲玲教授	西出和彦教授（MERA 会长，东京大学）、苏摩尔教授（EDRA）、朴秉宏教授（韩国）、周浩明教授（清华大学）等为大会做主旨演讲；160 篇论文收录论文集出版（清华大学出版社）；部分大会演讲和论文刊载在《建筑学报》2009 年第 7 期
EBRA2010 第九届（哈尔滨） 2010.10.22—24	名称：第九届环境行为研究国际会议 主题：冲突与挑战：可持续的环境与生活方式 主办：EBRA、哈尔滨工业大学 大会执行主席梅洪元教授，主席陆伟教授 执行秘书长邹广天教授，秘书长罗玲玲教授	常怀生（EBRA 名誉会长）、Christopher 教授（谢菲尔德大学）、Gerald 教授（EDRA，威斯康星大学）、Jack Nasar 教授（俄亥俄州立大学）、Erysheva 教授（俄罗斯远东国立技术大学）为大会做主旨演讲；189 篇论文收录论文集出版（哈尔滨工业大学出版社）
EBRA2012 第十届（长沙） 2012.10.7—9	名称：第十届环境行为研究国际会议 主题：历史与现实：多维转型视点下的环境与行为； 主办：EBRA、湖南大学 大会执行主席魏春雨教授，主席陆伟教授 执行秘书长何韶瑶教授，秘书长徐磊青教授	2011 年 11 月，陆伟教授受邀参加在韩国大邱举办的 IAPS2011 国际会议，作大会报告；会议期间与 Ombretta 博士（IAPS 主席）、大野隆造教授（MERA 会长）就中欧和中日学会之间的合作进行了交流 Ombretta 博士（IAPS 前主席）、Harry 教授（EDRA，美国丹尼森大学）、铃木毅教授（MERA 会长，大阪大学）、李娟教授（中科院心理所）、魏春雨教授（湖南大学）等为大会做主旨演讲；260 余位学者和师生代表参加会议，165 篇论文收录论文集出版（中南大学出版社）

续表

历届会议	会议主题与工作筹备	会议规模与学会工作
EBRA2014 第十一届（广州） 2014.11.7-9	名称：第十一届环境行为研究国际会议 主题：生态与智慧：迈向健康的城乡环境 主办：EBRA、华南理工大学 大会执行主席孙一民教授，主席陆伟教授 执行秘书长朱小雷教授，秘书长徐磊青教授	Raymond Lucas 教授（IAPS 主席，曼彻斯特大学）、John Peponis 教授（EDRA）、大野隆造教授（MERA 前会长，东京工业大学）、吴硕贤院士（华南理工大学）、柴彦威教授（北京大学）为大会做主旨演讲；300 余位学者和师生代表参加会议，163 篇论文收录论文集出版（华南理工大学出版社）
EBRA2016 第十二届（重庆） 2016.10.28-30	名称：第十二届环境行为研究国际会议 主题：既成环境的复兴与再生 主办：EBRA、重庆大学 大会执行主席杜春兰教授，主席陆伟教授 执行秘书长刘智勇副教授，秘书长徐磊青教授	Anihony 教授（IAPS 主席）、Kathryn 教授（EDRA，美国伊利诺伊大学）、森一彦教授（大阪市立大学）、Zacharias 教授（北京大学）、卢峰教授（重庆大学）等为大会做主旨演讲；320 余位代表参加了会议，211 篇论文收录论文集出版（重庆大学出版社）；学会成立二十周年，授予常怀生教授学会贡献奖，授予高桥鹰志教授国际贡献奖，追授杨永生先生特殊贡献奖；年度委员会议在重庆大学召开，会议通过由会长陆伟，副会长罗玲玲、邹广天、庄惟敏院士、李斌、徐磊青，常务委员袁逸情，秘书长贺慧组成委员会常务工作组
EBRA2018 第十三届（武汉） 2018.11.3-5	名称：第十三届环境行为研究国际会议 主题：城乡环境的差异与融合 主办：EBRA、华中科技大学 大会执行主席黄亚平教授，主席陆伟教授 秘书长贺慧副教授	2018 年 1 月在清华大学召开委员会换届工作组会议，无记名投票推选邹广天教授为新一届会长候选人。同年 11 月在华中科技大学召开的全体委员会议通过投票表决，邹广天教授当选新一届会长 Ricardo 教授（IAPS 主席，西班牙拉科鲁尼亚大学）、Andrew 教授（EDRA，加拿大北不列颠哥伦比亚大学）、横山ゆりか教授（MERA 前会长，东京大学）、大佛俊泰教授（日本 GIS 学会秘书长，东京工业大学）、邓启红教授（中南大学）等为大会做主旨演讲；350 余位学者参加了会议，215 篇论文收录论文集出版（华中科技大学出版社）。部分大会演讲和会议论文刊载在《新建筑》2019 年第 4 期，当代环境行为研究专栏
EBRA2020 第十四届（西安） 2020.10.17-18	名称：第十四届环境行为研究国际会议 主题：丝路起点的新思路：为人的城乡 主办：EBRA、西安建筑科技大学 大会执行主席雷振东教授，主席邹广天教授 执行秘书长王琰教授，秘书长贺慧副教授	2019 年 5 月年度委员会在西安建筑科技大学召开，会议通过由会长邹广天，名誉会长陆伟，副会长庄惟敏、李斌、徐磊青、周颖、朱小雷，资深委员罗玲玲、袁逸情，秘书长贺慧组成新一届学会常务工作组 根据疫情防控要求，EBRA2020 采取了线下和线上结合的形式；Tony 研究员（IAPS 主席）、Anne 教授（EDRA，华盛顿大学）、西名大作教授（MERA，广岛大学）、积田洋教授（MERA，东京电机大学）、岳邦瑞教授（西安建筑科技大学）、庄惟敏院士（EBRA 副会长，清华大学）为大会做主旨演讲；430 余位学者线上线下参加会议，251 篇论文收录论文集出版（华中科技大学出版社）

　　EDRA、IAPS、MERA、EBRA 是目前国际上最活跃的环境行为研究学术组织，这些组织在世界各地定期举办的学术会议及其相关活动，推动着这一学科领域的发展，见表 1-1。

1.2.2　国际环境行为研究的发展历程

　　环境心理学、环境行为研究、环境设计研究领域，早期代表著作有：汉弗莱·奥斯蒙德（Humphrey Osmond，1957）的《功能作为精神病房设计的基础》，凯文·林奇（Kevin Lynch, 1960）的《城市意象》，爱德华·霍尔（Edward T. Hall, 1966）的《隐藏的维度》，罗杰·巴克（Roger Barker, 1968）的《生态心理学》等。这些研究成果，不同程度地确立了早期环境心理学、环境行为研究学科领域的形成。

伴随着 EDRA 和 IAPS 等学术组织的成立与展开，环境行为、环境设计研究进入了新的发展时期。如：罗伯特·萨默（Robert Sommer, 1969）的《个人空间：设计的行为基础》，奥斯卡·纽曼（Oscar Newman, 1972）的《防御空间》，唐斯和斯蒂（Roger Downs & David Stea, 1973）编著的《意象与环境》，欧文·奥特曼（Irwin Altman, 1975）的《隐私规制理论》，阿摩斯·拉普卜特（Amos Rapoport, 1977）的《城市形态中的人文侧面》，克里斯托弗·亚历山大（Christopher Alexander, 1977）的《模式语言：城市、建筑物、建造》，詹姆斯·J. 吉布森（James J. Gibson, 1979）的《视知觉的生态学视点》等代表成果，进一步丰富了环境行为研究的内容和理论。特别是 1981 年《环境心理学学报》（*Journal of Environmental Psychology*）创刊，1987 年，斯托科尔斯等（Stokols etal）编著的《环境心理学手册》的出版，标志着环境行为研究领域走入成熟时期，在世界范围内形成高潮。

20 世纪 90 年代以来，生态科学得到关注，人与环境的关系研究被置于整体生态系统范畴。同时，使用后评估、公众参与的研究与实践得到重视，城市生活中文化的重要性得到充分的认同。这一时期的代表著作如：沃尔夫冈·F.E. 普里斯（Wolfgang F.E. Preiser, 1988）的《使用后评价》，泰尔（Philip Thiel, 1997）的《人，路径和目的：参与式环境的符号》，哈里·赫夫特（Harry Heft, 2001）的《语

境中的生态心理学》，阿摩斯·拉普卜特（2005）的《文化、建筑和设计》等，见表 1-1。

进入 21 世纪，地球资源的过度开采与利用所导致的生态环境问题从根本上动摇了人类生存的未来。环境行为学者认为，人类必须从个人、社会和文化三个方面共同考虑全球环境变化问题。如温室效应和气候变化、生物多样性的丧失、臭氧层损耗等。近年来，在欧美，诸如自然资源的管理与使用、环境价值观、环境友好、可持续的生活方式等主题日益受到重视。

日本的学者当前关注的课题包括：环境灾害对策，环境灾害预防效果，紧急状态下的行为与环境设计，灾害修复与环境的关系，失智、残疾人友好型设施环境，居住环境与场所依恋，办公空间休憩环境，学校设施对教育效果的影响，易于寻路的建筑和城市环境，环境保护行为等。灾害大国、少子化老龄化社会产生的房屋空置化问题显现化，需要有效劳动力等等，日本固有的国情或多或少地影响着研究课题，形成了日本独有的研究特色。

1.3　我国环境行为研究的产生与发展

1.3.1　学术组织的建立与学术会议的展开

20 世纪 80 年代初，伴随着我国的改革开放，一批学者出国访学，将环境心理学、环境行为研究引入国内。20 世纪 80 年代中后期在国内各大建筑类院校陆续开设"建筑环境心理学""环境心理学""环境行为学"等相关课程。

1993 年 7 月，哈尔滨建筑大学（现哈尔滨工业大学）常怀生教授提议召开全国建筑环境心理学会议，著名建筑出版家、《建筑师》杂志前主编杨永生先生策划有"建筑学与心理学""建筑与文化"等系列会议。因此，这次会议取名为"全国建筑学与心理学研讨会"。会议由哈尔滨建筑大学、《建筑师》杂志联合主办，吉林市建委承办，史称我国环境行为研究的首届会议（EBRA1993）。参加会议的主要代表大多是国内建筑院校开设环境心理学课程的一线教师和研究生。如：哈尔滨建筑大学常怀生教授、同济大学杨公侠教授、东南大学朱敬业教授、天津大学羌苑教授、华中科技大学林玉莲教授、西安交通大学蒋孟厚教授、大连理工大学陆伟副教授、青岛建筑工程学院（现青岛理工大学）王镛副教授、沈阳建筑工程学院（现沈阳建筑大学）罗玲玲副教授、哈尔滨建筑大学张姗姗副教授等。会议提议，筹备成立学术组织，持续开展学术交流活动。会后由召集人常怀生教授、顾问杨永生先生、成员朱敬业教授、陆伟副教授、王镛副教授、罗玲玲副教授等人组成筹备工作组。

1995 年 10 月，陆伟副教授邀请时任 MERA 会长、东京大学教授高桥鹰志先生来大连理工大学讲学，高桥鹰志先生做了题为"环境行为研究与人间—环境学会（MERA）"的学术报告，介绍了环境行为研究国际动态以及在日本的产生与发展。常怀生教授和罗玲玲副教授参加了报告会。

1996 年 8 月，"建筑环境心理学专业委员会成立大会暨第二届建筑环境心理学会议"（EBRA1996）在大连理工大学召开，中国建设文化艺术协会副会长、《建筑学报》工作委员会副主任顾孟潮先生代表中国建设文化艺术协会宣布"建筑环境心理学专业委员会"成立，宣读周干峙副部长贺词；MERA 派事务局长、早稻田大学教授佐古顺彦先生

和 MERA 执行委员、千叶大学教授西出和彦先生到会祝贺并做主旨演讲。《建筑学报》《光明日报》《中国建设报》派记者参加会议并综合报道。"建筑环境心理学专业委员会"（AEPPA，Architecture for Environmental Psychology Professional Association）隶属中国建设文化艺术协会，学会秘书处设在大连理工大学环境设计研究所。会议推举常怀生教授为主任委员、杨永生先生为顾问等 9 人组成工作委员会，召开闭门会议，讨论了学科建设、学会工作方针和今后工作任务。

1998 年 7 月，"第三届建筑环境心理学会议"（EBRA1998）在青岛建筑工程学院召开。时任 MERA 会长、东京大学教授高桥鹰志先生率 10 位日本学者出席了会议，使得这次会议成为中日双边学术会议，使我国环境行为研究学术交流的国际化迈出了第一步。1999 年，为进一步与国际接轨，推进我国环境行为研究的国际化进程，中国建设文协"建筑环境心理学专业委员会"（AEPPA）更名为"环境—行为学会"（EBRA，Environment-Behavior Research Association）。

2000 年 5 月，"第四届环境—行为学术会议"（EBRA2000）在东南大学召开，英文会议论文集首次印刷。这次会议是我国环境行为研究的第一届国际会议。会议策划与筹备工作得到了东南大学齐康院士的大力支持。

2002 年 10 月，"第五届环境—行为研究国际会议"（EBRA2002）在同济大学召开，会议首次邀请 EDRA（北美地区）、IAPS（欧洲地区）、PAPER（澳大利亚地区）、MERA（日本地区）、HERS［中国（台湾）地区］参加会议，会议期间分别与 MERA、HERS 举办了交流活动，以加强亚洲地区学术组织的交流与合作。本届会议基本完善了国际会议的流程与操作规范。

2003 年 9 月，工作委员会年度会议在沈阳建筑工程学院召开，根据常怀生先生提议与推荐，新一届 EBRA 工作委员会由会长陆伟、副会长兼秘书长罗玲玲、副会长邹广天、委员袁逸倩、徐磊青组成，常怀生教授被推选为名誉会长。同时，工作委员会年度会议确定了 EBRA 大会事项：① 专业委员会逢双年举办一届国际会议；② 会议依托国内建筑类院校承办；③ 会期固定在当年的 10 月下旬；④ 每届会议邀请 EDRA、IAPS、MERA 和国内学者做大会主旨演讲。之后的历届会议都基本沿用了同济会议的模式。

2006 年 10 月，第七届学术会议（EBRA2006）回到大连理工大学召开，时逢专业委员会成立十周年，制作了专委会印章（方型篆体）、专委会徽章、专委会十周年纪念章等纪念品。2011 年，在湖南大学召开的委员会年度工作会议，开始尝试在逢单年的 EBRA 委员会年度工作会议举办小型学术报告会，一直持续到 2020 年度的委员会工作会议。2016 年 10 月，在重庆大学召开的第十二届会议（EBRA2016），学会成立 20 周年，EBRA 授予常怀生教授学会贡献奖，授予高桥鹰志教授国际贡献奖，追授杨永生先生特殊贡献奖。

EBRA 成立之初的主要工作任务是：①立足坏境心理学、环境行为学教育，加强国内建筑院校建筑环境心理学、环境行为学的课程建设和交流；②宣传和普及环境心理学理论与知识，建立我国的环境心理学、环境行为研究的学科领域；③结合本国的特点逐步推进学术交流的国际化水平。1993 年至 2020 年，EBRA 走过了 28 年的历程，在国内十二所建筑院校举办了 14 届学术会议，建立并推进了我国的环境行为研究学科领域的形成与发展，在国际学术界形成了影响，见表 1-2。

1.3.2 学科发展现状与未来展望

环境心理学、环境行为研究传入我国的初期，首先被引入建筑类院校开设的环境心理学、环境行为学课程，早期出版的书籍主要用作教材或教学参考书。1986 年，周畅和李曼曼翻译的日本学者相马一郎和佐古顺彦（1976）编著的《环境心理学》（中国建筑工业出版社），大概是我国比较早期了解环境心理学的参考书籍，1990 年，常怀生编译的《建筑环境心理学》（中国建筑工业出版社），在这一时期作为教学参考书被广泛地使用。

进入 21 世纪，环境行为学教育得到建筑和城市规划专业教育的重视，一批高水平的教材或教学参考书被陆续出版。如：李道增编著的《环境行为学概论》（清华大学出版社，1999），林玉莲、胡正凡编著的（2000）编著的《环境心理学》（中国建筑工业出版社），徐磊青、杨公侠编著的《环境心理学》（同济大学出版社，2002），朱小雷编著的《建成环境主观评价方法》（东南大学出版社，2005），李斌编著的《空间的文化：中日城市和建筑的比较研究》（中国建筑工业出版社，2007），罗玲玲编著的《技术与可供性》（科学出版社，2020）等。

2010 年以后，伴随着我国环境行为研究组织的学术会议的展开，EBRA 面向国家发展需求和学界发展动态讨论设定大会主题。研究课题除传统的环境行为教育、生活行为与生活方式，特殊群体的环境行为等的课题外，POE 实践与建筑策划、快速城镇化与生活方式变迁、环境行为研究与大数据和技术工具、气候变化与灾害、健康社区与住宅等课题备受关注。如：2016 年在重庆大学召开的第十二届国际会议，大会主题为"既成环境的复兴与再生"。围绕大会主题，分设环境行为的理论和方法论、环境行为教育与设计实践、空间知觉与认知、生态与可持续的城乡环境与生活方式、快速城镇化与生活方式变迁、智慧城市、健康社区与住宅、POE 实践与建筑策划、气候变化、灾害与环境安全设计、文化遗产保护与环境行为、老年人和儿童等特殊人群的环境行为、绿色公共建筑与公共空间品质、环境行为研究与数字化、场所营造与城市更新等 13 个专题展开讨论与学术交流。2018 年在华中科技大学召开的第十三届国际会议，大会主题为"城乡环境的差异与融合"。围绕大会主题，分设城乡环境的差异与融合环境行为理论与方法、城乡环境及生活方式的变化、环境行为研究与大数据、技术工具、社区营造和空间品质、特殊人群的环境行为、使用后评价、建筑策划、空间知觉与认知、性别差异的空间和行为、灾害与环境行为、绿色建筑、遗产保护与环境行为、环境设计研究、环境行为教育等 14 个专题进行会议发表与学术交流。

纵观我国的环境行为研究的发展历程，我国环境行为学的研究水平和国外相比，还存在较大差距。主要存在以下方面的问题。

第一，学会成员学科背景单一，均来自建筑学。

我国的建筑学教育受艺术教育渊源的影响，偏重对空间形式和审美的追求，过度地导向建筑创作。因此，建筑研究常流于主观体验和感受，对建筑和环境的考察缺乏科学性视野，没有建立起一个完整的研究体系。研究人员缺乏社会科学研究方法和手段的训练，理论性研究难有建树。

第二，专业研究队伍不足，难以适应学科发展的需求。建筑师、规划师，虽然在应用案例研究方面结合实际紧密，但持续性研究和基础性研究薄弱。近年来，伴随着国家对高等教育和基础性科学研究的重视与加大投入，这种情况有所改变。

第三，学会成员构成单一，几乎全部是建筑学出身的研究设计人员，社会学、心理学等领域的研究人员如凤毛麟角，同时缺乏地理学、人类学等领域的研究人员加入。环境行为研究本来的跨学科性难以突破。

伴随着 40 多年的改革开放与经济高速成长，我国已进入新的发展时代。面对以人民为中心的城乡环境高质量发展的需要，环境行为学的理论与方法必将发挥更加重要的作用。

第2章 环境行为学的理论

2.1 综合性环境行为理论

2.1.1 环境行为研究的代表性理论观点

坎特（Canter，1985）总结了环境行为学中具有代表性的理论观点（表2-1）。

韦普纳（Wapner, 1987/1992）提出的有机体发展系统理论（Organismic-Developmental Systems Perspective）运用了相互渗透论的观点，进一步认为人与环境系统是分析单元（Unit of Analysis），强调人时刻都处在某种环境中。通常，人与环境系统是在整体统一的状态下运行的。例如，生物、心理、社会文化水平的系统是各自统一的，人与环境系统是在动态平衡状态下作为统一的整体来运行的。人与环境中的任何一部分，即功能、经验的某方面、行为的某方面发生混乱或动摇的话，会影响系统整体的所有部分和部分之间的相互关系，这种动摇会给系统的组成要素（有机体、环境、相互渗透、手段、目标）之间的关系带来巨大的质的变化，即临界转换（Critical Transition）。

表 2-1　环境行为研究的代表性理论观点

强决定论（Strong Determinist）
 	
环境
    ↘
      行为
	环境直接影响人的理论的集合；认为周围环境的比较单纯的一个方面，导致我们的思考、感觉、举止的特定结果，构成人本身

弱决定论（Weak Determinist）
 	
环境
    ↘
      意义
        ↘
          行为
	物质、社会环境是行为的决定因素，但对更有效地预测行为的结果来说，人对环境线索的意义和解释的理解是必要的；意义调整刺激的影响；
	这个模型是有效的，但和信息相比更强调媒介，显示了特定的刺激类型所具有的象征性质，却无视其刺激的作用；而且，尽管很显然地存在着时间、文化、个人的差异，却没有提到整合环境的特定方面的意义

相互作用论（Interactionist）
行为= f（人，环境）
 	
环境
    ↘
      行为
    ↗
人
	认为人的某个方面能改变环境所具有的影响的性质；换而言之，不能作为修正环境的影响的过滤器；物理的刺激，如果我们能理解它的意义的话，并不导致某种普遍的结果，其结果的性质因人的不同而有很大的变化；
	从环境适合不同个人的性质的思想，向人改变环境的方向展开

弱相互渗透论（Weak Transactionist） 环境 人 ↔ 行为	人对环境的影响程度比环境的修正更强；人可能将环境的性质及其意义完全改变；通过修正和调整物质环境、改变与我们交往的人和社会环境、重新解释场所的目标和意义，不断地影响我们的物质环境，并改变它；对于环境，人拥有期待、假定、改变环境性质的行为；每个人都有各自的环境意义的模型，在意象结果和可能性的关系中操作 如果接受人形成模型、能动地理解世界并作出反应的观点，那么这些能动的立场的目的是什么，将其结构化的组织过程是怎样的？考虑到与环境的相互渗透的动机过程的话，就进入强相互渗透论的范畴了
强相互渗透论（Strong Transactionist） 场所 目的→ 意义　形态 行为	这个框架现在还在探索，它的意义还没有明确；哲学上的混乱是造成困难的原因之一；从各人的目标、目的看，人通过成为其一部分的社会过程，把目的进行结构化构建

韦普纳对临界转换的定义是："人与环境系统的急剧崩溃"。人与环境相互影响，形成一个系统。发展因素和环境变化破坏了安定的人与环境系统的平衡，必须形成新的人与环境系统的转换就是临界转换。在研究"人与环境的临界转换"时，假定"环境中的人（Person-in-environment）"是系统的基本分析单元，将人从环境的脉络中分离出来进行分析是不充分，缺乏妥当性的。人是无法孤立地存在于环境这种物质的、人际的、社会文化的脉络之外。

2.1.2　环境行为研究的主要理论和框架

摩尔（Moore, 1987）从分析的单元和行为控制的两个方面，讨论了环境行为学的主要理论和框架（表 2-2）。

表 2-2　环境行为研究的主要理论和框架

人的理论（Person-based Theories）	分析的单元是人
社会群体理论（Social Group Theories）	分析的单元是社会群体
经验主义理论（Empiricist Theories）	通常涉及环境决定论（Environmental Deterministic）；将环境（特别是物质的环境）视作要素的复合，影响行为；知识只是来自感觉，行为只是来自客观的外部环境；行动和事件因环境要素的不同状况而定
中介理论（Mediational Theories）	假定环境和行为之间有许多中间的、间接的变量（如应激、知觉或认知）；假定变量之间的独立性，观察者和被观察对象的独立性；刺激反应理论假定，被动有机体和行为的结果是独立的、情境变量的因果函数，由内在的、社会的、文化的介质中介
文化理论（Cultural Theories）	以跨文化的观点考察环境行为现象；把文化变量视为人和环境相互作用的重要决定因素和介质
现象学理论（Phenomenological Theories）	重视经验；与实证主义、决定论、中介理论、相互渗透论相对立；不相信先验理论的有效性；行为不能被说明，却能被理解，不能被预测，却能被描述；避免将整体的经验分成原子般的部分
结构主义理论（Structuralistic Theories）	在所有类似的例子中找出普遍的系统性模式；事件的模式和潜在的结构能被用来解释特定的可观测事件；结构构架了环境中的行为；行为在结构的形式中，所以其知识就在分类中得以表达
相互作用和相互渗透理论（Interactional and Transactional Theories）	主体能动地与环境相互作用，其结果是主体构成了客体；有机体和环境间的相互渗透，有机体和环境间的相互渗透，通过内在有机体的因素和外在状况的因素之间的能动的有机体的相互作用，在构成环境的认知表象上传播；在环境内有机体的整体状况的脉络中，行为被理解为有机体和环境间的相互渗透的函数；在这个理解中，认为人在对内在的、外在的要求的反应中，是适应世界的能动的有机体；行为不是生物学的因素、环境的因素或这两者相加之和中的任何一个函数，而是生物学的、人格的、社会的、状况的、文化的因素的相互作用。这些种种的因素被定义在人与环境之间的相互影响的脉络中 在相互作用理论中，环境和人被独立地客观地定义，行为的结果是内在有机体的因素和外在的社会环境的因素的相互作用的函数；但是，它接受的是人和环境的二元论；在相互渗透理论中，人和环境是相互依赖的，即，在相互的脉络中，在时间空间中两者结合时的人与环境现象的脉络中被定义；这里，人和环境的非二元论的假定是重要的；也就是，应该把行为理解为决定变量的人与环境相互渗透的脉络中的变量的相互作用

2.1.3 心理学理论的主要背景

奥尔特曼等（Altman et al,1987）从历史的、

哲学的角度，探索了心理学特别是环境心理学领域的理论发展（表2-3）。

表 2-3 特性、相互作用、有机体和相互渗透的观点

	分析的单元	时间和变化	选择的目标以及科学思想		
			因果关系	观察者	其他
特性 （Trait）	人和人的心理性质	通常假定稳定性；变化不频繁发生；变化经常按照预定的目的论的机制和发展阶段而发生	强调物质原因，即现象的内在原因	观察者是分离的、客观的、与现象独立；不同的观察者能进行相同的观察	关注特性，按照与人的特质相关的少数原则，探求心理功能的普遍性法则；研究在各种心理范畴中的特征的预测和表达
相互作用 （Interactional）	人和社会、物质环境的心理性质被视为分离的、部分之间相互作用的基本实体	变化是由分离的人和环境实体的相互作用产生；变化有时按内在的控制性机制产生（如恒定性），变化和时间不是现象的本质	强调直接原因，即因果关系，"推导"因果关系	观察者是分离的、客观的、与现象独立；不同的观察者能进行相同的观察	关注要素以及要素间的相互关系，探求变量之间、系统的部分之间的关系法则；通过要素之间关系的预测、控制以及信息累积来理解系统
有机体 （Organismic）	分离的人和环境的成分、要素或部分构成整个实体，其关系和相互作用产生"部分之以上的"整体的性质	变化是由人和环境实体的相互作用引起的；变化通常按照内在的控制性机制（如恒定性和长期指向的目的论机制），即理想的发展状态产生；达到理想的状态后就不再产生变化；以系统的稳定性为目标	强调终极原因，即目的论，"引导"至理想状态	观察者是分离的、客观的、与现象独立；不同的观察者能进行相同的观察	关注控制整体的原则；强调知识的统一、整体系统的原则和子系统的阶层性；确定整体系统的原则和法则
相互渗透 （Transactional）	由"方面"而非分离的部分和要素构成整个实体；方面相互定义；时间的性质是整体的本质特征	稳定性和变化是心理现象本质的、决定性特征；变化不断地产生；变化的方向是突发性的，不是预先设定的	强调形式原因，即现象的类型、形态、形式的说明和理解	观察者是现象的方面，处于不同（物质的和心理的）"位置"的观察者获得现象的不同信息	关注事件，即人、空间和时间的综合；说明和理解事件的类型和形式；探求一般性原则，但最关心事件的解释；适应状况的原则和法则的实践应用；认可突发性说明原则；进行预测，但不是必需的

2.2 几种综合性环境行为理论的比较

2.2.1 自由意志论（Free-Willing Approach）

自由意志论主张环境对行为没有影响。很明显，

人作为生物受着环境的严格制约，因此这种观点是站不住脚的。

2.2.2 决定论（Deterministic Approach）

决定论认为，从外观上看，虽然人们以自由意志来活动，其实是被他们的遗传性形质和环境控制着。环境决定论是从进化论派生来的，它认为行

为的主要决定因素是环境。环境决定论中的环境一般是指地理、地球的脉络。

环境决定论（Environmental Determinism）认为，与其说是先天的要素（Nature），不如说是地理、社会、文化环境的场景中的后天要素（Nurture Nature）决定我们的价值和行为。也就是说，地理环境、社会环境、文化环境、构筑环境的变化形成行为。环境决定论认为，环境决定人的行为。外在的因素指示反应的形式，要求人以特定的方式来行动。这种思想的缺陷是把个人看作是被动的存在，忽视人根据自己的欲望和要求选择、调整、改变环境的能力。

物质决定论（Physical Determinism）认为，特定场所中人们所适应的地理环境的性质决定人的行为。物质决定论强调自然环境、人工环境对行为的作用。也就是说，地理环境和构筑形态的变化归结于行为的变化。

在建筑学领域，环境决定论的思想反映为建筑决定论（Architectural Determinism）。建筑决定论认为，环境景观和建筑要素的变化演变成行为，尤其是社会行为的变化。由人工或自然要素构成的构筑形态会导致社会性的行为变化。

阿摩斯·拉普卜特（Amos Rapoport, 1969）研究发现，生活在非常类似的地球环境中的人们之间存在着多样的文化，住宅形式各有不同；气候、地理条件并不能决定住宅形式。

19 世纪前后，随着工业革命的到来，大量劳动人口从农村迁移到城市，很多社会理论家开始注意到人们居住环境的不舒适状态与其社会心理状态之间的相关关系。他们由此简单地得出结论，构筑环境的改变，不仅将改变居住状况，也将改变人们的生活方式和审美价值观。19 世纪后期，在埃比尼泽·霍华德（Ebenezer Howard）的田园都市运动和居住区建设规划的推动下，社会运动、博爱运动

达到顶点。这一切都渗透着建筑决定论的思想——良好的城市规划将改变人的居住环境和生活方式。

20 世纪 30—40 年代，国际现代建筑协会（CIAM）的一系列会议提出的住宅设计原理以及很多国家的公共住宅运动，都是建立在建筑和城市设计将决定人的生活的一系列假说之上。初期的会议与马斯洛的等级需求中最基本的需求——遮蔽和基本的需求相关。后期，例如，1947 年的布里奇沃特（Bridgewater）会议和 1959 年的奥斯陆（Oslo）会议则与马斯洛的等级需求中更高层次的需求——社会的需求、认知的需求、审美的需求——有关。这些会议的信念是通过建筑和城市设计去除所有的社会弊端。这种信念通过社会学家和心理学家的工作得以加强。

邻里街区的概念产生于与芝加哥大学有联系的社会学家的工作中。其信念是，设施的地区化会带来人们之间频繁的见面机会，增加社区事务的参与，因而与主要城市的中心地区相比，减少社会的混乱，产生更民主的社会。

不考虑人的先决倾向和动机，就认为设计会产生特定的行为结果，这种主张很值得怀疑。例如，人们之间如果没有明确的或潜在的交流欲望，不管提供什么样的环境布局，都不会引发行为。但是很多设计者却基于他们所创造的空间将引起行为变化非常强烈的假说（Lang, 1987）。

现代建筑运动的基本理念是通过建筑或城市设计，去除工业革命所带来的社会弊病，强调建筑对人的生活的决定作用。就是在今天，建筑师还是常常片面强调空间对人的社会关系形成的决定作用，希望建筑物的使用者能按照建筑师的设计意图生活。但是，实际的使用状况常常和建筑师的设计意图相矛盾。问题的关键在于，作为拥有自我价值的人是能动而富有创造性的，有着选择、调整、改变自身

周围环境的自由意志。因此，建筑师不能决定也无力改变人的价值观念和意志。

2.2.3 可能论（Possibilistic Approach）

可能论认为，环境提供的东西比人的行为多。环境由一系列的行为的机会构成，这些机会有的生成了行为有的却没有。行为不是由环境决定的，人选择了环境所提供的机会导致了行为。人们不能完全自由地按自己的选择来活动。以地球环境、社会环境、文化环境为条件（至少是部分的），每个人拥有一系列的动机和能力。

2.2.4 或然论（Probabilistic Approach）

或然论认为，人可能对环境做出不同的选择，行为的产生与环境的物质和社会文化因素有关，具有一定的概率。行为的基础系统以及环境设计者活动的基础系统具有不确定性，但是人的行为不是完全不确定的。

2.2.5 相互作用论（Interactionalism）

相互作用论中，环境和人被独立地客观地定义，行为的结果是由内在有机体的因素和外在社会环境的因素之间的相互作用所导致。人和环境是客观独立的两极（Moore, 1987）。人的某个方面能改变环境影响的性质，物理的刺激并不导致某种普遍的结果，其结果的性质因人而异（Canter, 1985）。

作为二元的相互独立的要素，人与环境在相互作用的过程中，会导致某种结果的产生。人不仅能够消极地适应环境，也能够能动地选择、利用环境所提供的要素，更能够主动地改变自己周围的环境，

达到对生活的满足。这是相互作用论比环境决定论进一步有所发展的地方。

2.2.6 相互渗透论（Transactionalism）

挪威的人类学者弗雷德里克·巴尔特（Fredrick Barth）认为，相互渗透论是以个人而不是以社会整体为中心进行说明，追求个人利益的最大化是个人的自由选择和意志决定的动机，个人活动的总体构成社会过程和社会组织（Barth, 1966）。

环境行为学中，坎特（Canter, 1985）认为，人们对环境的影响程度不仅仅限于对环境的修正，还有可能完全改变环境的性质和意义。人们通过修正和调整物质环境，改变与我们交往的人们，从而改变社会环境；通过重新解释场所的目标和意义的方法，来不断地影响并改变我们的物质环境。对于环境，人拥有期待、假定、改变环境性质的行为。每个人都有各自的环境意义的模型，在意象结果和可能性的关系中进行操作。

可见，在强调人对环境的能动作用上，人类学和环境行为学是一致的。相互渗透论超越了以前的环境行为理论，提出了更具综合性的观点（Altman et al, 1987），见表2-4。

"心理的分析单元包含人、心理过程、环境的事件的整个实体。相互渗透的整体不是由分离的要素组成，而是由定义和意义相互依赖的不可分割的要素综合而成。相互渗透论关注组成整体的各方面的变化关联性。它认为一个系统的各方面，即人和脉络，相互依存相互定义，决定整个事件的意义和性质。整体的不同方面作为整体的本质的、不可分割的性质而共存"。

"相互渗透论在事件的定义中导入时间的过程，变化是系统的本质特性，研究系统的变化对现象的

理解是必要的。变化是事件的本质的一个方面，而不是分离的要素相互影响的结果。变化与预定的理想状态或与目的论的目标状态无关，而是整体统一体的本质特性。相互渗透论关注人、心理过程、脉络的变化结构。相互渗透论虽然认可心理事件是有目的、意向和目标指向的，但不强调预先决定现象发展的普遍的控制性原则。目标和目的虽然是建立在短期或长期的动机、社会规范、现象的突发性质以及其他因素的基础上，但是目标是可变的。在相同的相互渗透的结构中常常具有多个目标。"

"相互渗透论虽然也关注广泛适用的原则和法则，但更着眼于特定事件的解释。相互渗透论对心理现象的研究是实用的、折中的和相对的，强调独特事件的研究价值。其他世界观认为现象独立于观察者的位置和运动，而相互渗透论认为观察者构成事件的一个方面，现象由观察者的性质部分地决定"。

奥尔特曼总结道："相互渗透论是整体的，将心理过程和环境的脉络综合起来作为分析的基本单元。它认为人、过程和脉络相互定义，是整体的某方面而不是分离的要素。这些方面不是组合成整体，它们相互定义，其本身就是整体。并且，时间的要素

是相互渗透的整体的本质，稳定和变化的程度是现象的基本特性。还有，相互渗透论试图建立心理功能的一般原则，但不一定探求控制现象的所有方面的普遍性原则，不同的情况下会出现不同的说明性原则，不假定长期指向的目的论原则，强调形式因素的理解，研究和理论的目标是对人、场所和心理过程之间关系模式的解释、说明和理解。"

2.2.7　人与环境的关系

斯托克斯（Stokols, 1988）比较了工具性观点（Instrumental View）和精神性观点（Spiritual View）下的人与环境的关系，展望了环境行为研究的方针（表 2-4）。

工具性观点把物质环境看作实现重要行为、经济目标的手段。这个"手段—目的"定向明确反映了建筑的现代运动或功能主义者和行为科学实证主义者的传统，认为环境的品质不仅决定于行为环境的效率性，也决定于使用者舒适、安全、福利水平的提高程度。这个看法认为，研究是为发现知识、技术性地解决环境时所采用的客观过程，研究活动是价值中立的。

表 2-4　人与环境关系的两个观点

工具性观点（Instrumental View）	精神性观点（Spiritual View）
环境是达到行为、经济目标的手段之"工具"	环境是培养人的价值的脉络之目的
强调环境的物质性特征	强调环境的象征性情绪性特征
最重要的是以行为、舒适、健康标准来定义的环境的品质	以心理、社会文化意义上的丰富性来衡量环境的品质，也包含环境的舒适、健康、行为支持的环境的品质
强调与一般的使用者集团范畴的活动要求相一致的环境设计基准和原型的开发（依赖于外在的设计方针）	强调与特定个人和集团的固有要求相一致的常规化设计（适合特定脉络的地方性设计方针的开发）
强调与公共的、私密的生活领域相关的主要功能的分离和个别性	强调公共的、私密的生活领域的综合，环境场景的多种功能性的增强
研究是普遍化知识的发现和应用，研究活动是价值中立的，与在特定场景中的观察、记录的，社会的运动性相分离；对量的方法的强调超过对质的方法	研究是培养环境使用者的感知、参与、执着的交流过程，是参加者的价值明确化、强化的过程，量的质的方法都强调

精神性观点与之相对立，认为环境的精神性、象征性方面，物质的事物和场所与集团的活动、经验相结合获得社会意义。这种研究中，研究小组成为被观察对象场景中能动的部分，强化占有者的价值，把变化的影响施加给环境的社会组织和物质的形态，而不是超越现有环境或保持客观中立。

工具性观点在物质的事物和场所相关的表面性工具性的意义上受到注目。由于对社会的高度技术化倾向，环境设计的限制以及对健康的影响的强调，这种倾向会越来越强。但是工具性观点没有充分理解环境设计与人的精神其丰富性和成长、充实的关联。由于对技术革新的追求与人的价值性问题存在着矛盾，技术指向的设计战略被个人化、常规化，而且与使用者的愿望相反，他们希望的是社会意义深刻的环境（表2-5）。技术指向的环境设计将场景的物质成分看作是为使用者的行为、福利带来理想效果的独立的"控制杆"。并且，将环境场景按照若干个主要功能（居住、学校、职场等）进行组团化，开发出支持这些功能的设计。而精神性观点强调物质的事物和场所的、隐藏的象征性意义，强调环境的物质和社会方面的密切的相互依赖性，以及组织化场景包含多样的功能和使用者群体。因此，改善环境的品质和人的福利的努力将越来越依赖于把物质、社会、组织结构相结合的更综合的分析。

表2-5 高度技术的成长和人与环境研究的比较

高度技术的成长的假定	人与环境研究的假定
对速度和非永续性的称赞；计划的废弃 独立于时间空间的交流节点，可动的、一次性的环境 标准化、规范化、强调"大众文化" 强调特殊化和分离化 强调最低线的、契约的、手段——目标的定向	承认连续性和传统，强调人的价值 强调人对于人与场所的永续结合和稳定性的要求 个人化、独特性、强调"民族文化" 强调人对于统一性和明确性的要求 加强人与环境的相互渗透中对精神的价值的关注

2.2.8 对人、环境以及人与环境的关系的理解变化

高桥（1997）系统整理比较了环境行为理论对人（Person）、环境（Environment）以及人与环境关系（Person-Environment Relation）的理解变化（图2-1）。

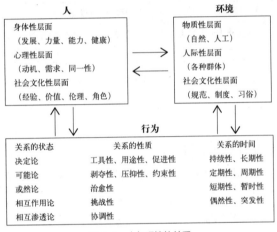

图2-1 人与环境的关系

对人的理解：从人的身体性层面向人与人的心理性层面，以及社会文化性层面发展，从关注具有统计学意义的普遍的人转向关注不同的生活经验和不同的认知类型的多彩多样的人。

对环境的理解：以前多关注环境的物质性层面，注重平面的空间结构、空间布局，没有注意到空间的时间性变化；关注建筑空间的量的增长，却没有充分注意到随着时间变化，建筑品质下降的问题。因此，不仅应关注环境的物质性层面，还应关注人际性层面、社会文化性层面。

人与环境的关系可以从状态、性质、时间的三个方面进行理解。

状态：以前的研究中经常可以看到建筑决定论的观点，认为建筑的环境条件决定人的生活。例如，用某个建筑条件诱导生活或行为的发生，使建筑条

件符合生活或行为的特点，去除障碍人的环境条件等。根据这种观点建成的物质环境僵化了未来的人与环境的关系，有可能使物质环境成为新的生活或行为的限制条件。相互渗透论超越了决定论中僵化的人与环境的因果关系，更接近真实地描述了人与环境的关系。

性质：从功能主义的工具性层次到相互对立的挑战性层次。产生这些关系的根源是人的动机和需求，个人的经验决定了在何种程度上满足何种需求。

时间：人与环境的各种关系以时间为变量不断地运动。

2.3　综合性环境行为理论的拓展

2.3.1　人、环境和文化的理论模型

环境可以分为物质性的人工环境、组织制度的社会环境以及意识感知的信息环境。这些环境与人之间，或强或弱，或间接或直接地相互作用，人与这些环境之间保持着感知、选择、使用、适应和解释等关系，构成人与环境相互渗透的系统。相互渗透论把人和环境看成一个不可分离的整体系统，但是，只指出了人与环境相互关系的状态，并没有对其结果作出描述。

文化是什么？至今还没有一个统一的定义，但是文化作为一个单元是可分解的（Murdock et al, 1954）。而作为人与环境相互渗透的单元，也是可分解的，可以从人、心理过程、物质环境和时间性质四方面进行考察（Werner et al, 2002）。

人与环境的相互渗透将产生形式（空间、物体、状态等）、关系（制度、组织、规则、习惯、礼仪等）

和意义（语言、认知、心理、意识等）。在时间的流逝过程中，形式、关系和意义被不断地修正和补充，但是它们的共同属性得以继承下来，而这些共同属性的集合体就形成文化其本身。通过学习的过程，文化的特征又传达到人与环境的整体系统。这是在某一个时期内的循环。随着时代的变化，这种循环将发展成另一个时期内的循环。另一方面，由不同的人与环境的关系系统而产生的差异最终反映为不同文化的相对特征。与处于相同社会发展阶段的其他文化相比，一个文化中的人与环境的关系具有其自律的价值（李斌，2008），如图 2-2 所示。

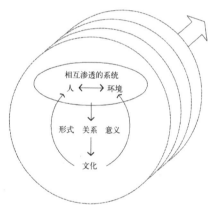

图 2-2　人、环境和文化的关系

这个理论模型，将为探究人与环境的系统发生急剧变化——环境转换（Environmental Transition），以及理解和研究社会文化的多样性（Diversity）提供理论支撑。

2.3.2　环境行为学和比较文化论的结合

环境行为研究中的人和环境的范畴，首先是某个社会文化中的人和环境。在特定的社会文化以及社会文化的局部范围中进行环境行为研究的同时，还必须在更高的层面——社会文化之间——进行比较研究，以新的更宽广的视角来把握人以及环境在

不同社会文化中的表现形态，才可能更广泛深刻地理解人与环境关系的内涵，从而为构筑人与环境的系统提供新的启示。

决定论、相互作用论和相互渗透论，无论哪种理论都只是试图说明人与环境的作用状态和过程，并没有对作用的结果特征予以说明。当局限于一个相对封闭的文化系统中时，也许考察人与环境相互作用的过程，描述两者相互关系的状态就已经足够了。但是，当处于一个文化和另一个文化的比较视野中时，如果只局限于人与环境的作用状态和过程的描述，就显得有点苍白了，这时不得不对其结果的指向进行考察。比如，在搬迁、留学、海外生活等急剧的环境转换过程中，原来安定的人与环境的系统崩溃，在建立起新的人与环境的过程中，必须对系统的社会文化指向进行考察。

但是，一个社会中各种现象相互交织在一起，要提炼出某种文化特征并不是一件简单的事。人类学中采用的一种方法是，从可观察到的行为（Behavior）提炼出行为模式（Pattern），再从行为模式提炼出结构（Configuration）（祖父江,1997）。也就是说，从生活环境现象的观察中提炼出空间的或行为的模式，进而抽象出文化的结构特征。

2.4　环境行为学的专题理论

2.4.1　地点依附和社会认同

1. 地方感和地点依附

地方感的讨论特别强调人与地方环境的互动作用，而其中最典型的地方就是凝聚日常生活经验所有体验的家。人的地方感所产生的对环境的认知和经验会上升为评价，再依据评价以意向和行动回应环境。这一观点受到现象学影响。

英国人文地理学家科斯格罗夫（Denis E. Cosgrove, 2007）在界定地方感时认为，"地方感的意义界定有两个面向，一是牵涉一个地方供人指认的特殊性质，另一便是强调在日常生活中个人和社区借由经验、记忆或意象而发展对地方的深刻附着"。

地方依附（Place Attachment）是指人与具体领域和地点建立的一个情感纽带，他们愿意继续待在这个地点，因为他们感到舒适和安全。地点的认同，被界定为个人身份认同一个组成部分，人通过与这个地方发生关联的进程，人们形容自己在属于这个特定的地方。赫那德扎（Bernardo Hernándeza, 2007）研究发现，认同性和依附趋向于在本地人中相符合，而来自其他地方的个体依附性得分高于认同性得分，人们对岛的依附和认同性比其他地点更强。

土耳其的学者伯加克（Ceren Boğaç, 2009）比较了难民的地方依恋与子女的差异。难民因战争和民族间的敌意，原有的居住地被占领，被迫流离失所，遗弃原有的房屋搬迁到新地点。居民对新居住点的依恋程度与子女相比，存在着差异。年轻一代，比上一代更重视其目前的环境。难民的子女生于斯，长于斯，对新社区的依附性更强。

2. 文化认同、社会认同和地点认同

"文化认同指个体对于所属文化的归属感及内心的承诺从而获得保持与创新自身文化属性的社会心理过程。一般来说，祖籍地认同、国家认同、民族认同与文化认同之间是相互附着的，而当社会流动出现后这种连带关系出现了分离或重构"（杨宜音, 2002）。

20世纪80年代以来形成的社会认同理论（Social Identity Theory），对探讨社会心态形成机制更是极富价值，是欧洲心理学本土化的重要成

果。社会认同理论是由塔菲尔（Tajfel H, 1986）和特纳（Turner J. C）等人提出。他认为个体对群体的认同是群体行为的基础。这一理论从社会认同的角度，通过知觉过程的"类化"（Categorization）机制，抓住"心理群体的形成"（Psychological Group Formation）这一关键过程，成为战后欧洲社会心理学家对世界社会心理学最有意义的理论进展。

地点认同包括在社会认同之中，地区场所的认同是身份认同的标志。同时人的社会认同也离不开对社会地点（生活地点和工作地点）的依附。地点依附也是一种文化依附，地点认同也是一种文化认同。因此，在环境设计中运用社会认同理论分析使用者的需要，深入理解行为背后的社会心理。

爱德华·雷尔夫（Edward Relph, 1976）在他的著作《地方和无地方》（*Place and Placelessness*）中强调地方（场所）不是一个单纯的物质空间。地方是在"场景的明暗度、地景、仪典、日常生活、他人、个人经验、对家的操心挂念和与其他场所的关系中被感觉到的"。因此，他将地方的认同（同一性）分为存在的外在性认同、客观的外在性认同、偶然的外在性认同、替代的内在性认同、行为的内在性认同、同情的内在性认同和存在的内在性认同。只有内在性认同才是真正的认同。我们的许多设计模仿了外在的认同性，如罗马风格住宅小区，这样的设计并不能让居住者产生内在的认同性，而像生活在一场戏剧中一样产生不真实感。

2.4.2　比较文化论

文化是"人的第二自然""文化是给定的和自在的行为规范体系""文化是自觉的精神和价值观念体系"，无论是从词源上，还是从文化的本质特征上，静态视角与动态视角，文化都无法割断与人的紧密联系。人所创造的环境也必然承载着文化的内容和特征。因此，环境行为研究离不开文化。特别是比较不同文化背景下人的行为的差异和所创造的环境的差异，成为环境设计的重要依据，这就是比较文化论。比较文化论为人类行为的理解提供了一个新的视野。

比较文化论依照多元文化论的观点，文化的研究可以有三种形式：第一种是站在文化之外研究文化；第二种方式不是采取跨文化比较的方式，而是从文化的特性分析心理与行为和环境形成的依赖关系；第三种是本土的研究模式。这种模式强调从本土文化的角度，在本土文化的框架内从事比较文化的研究，确立符合本土居民特征的行为心理和环境设计的概念和理论。三种研究方式虽然角度不同，但是都强调了文化与行为的联系。

比较文化论发现各种文化有其特殊性的论述促进了跨文化心理学从普遍性（Etic）研究策略向特殊性（Emic）研究策略的方向转变的过程。比较文化研究讨论了特定的文化背景下人的行为，并进行比较，如李斌教授所完成的《空间的文化：中日城市和建筑的比较研究》。比较文化论最早是由美国芝加哥大学提出来的，主要目的是提炼出特定文化体系中人的主体行为意识类型，以区分普适的理论在不同的文化背景下的发生作用的条件。开展比较文化研究，或称为跨文化的合作研究，需要不同文化背景的学者的成熟和学术研究条件的改善。只有发达国家学者的热情还不能足以使这种合作继续下去。

另一方面跨领域的合作也相当重要。如跨文化的心理研究和跨文化的建筑研究结合，人类学的研究对人类行为的原生态的描述，具有本源的意义。日本著名建筑师槇文彦（2001）在探讨地域和本土的建筑表现形式时，也力图从人的生物本性中去寻找线索，他谈到动物本能地凭直觉利用场所达到进攻和防守的目的，也联系儿童的游戏中表现出来的对空间的本能反应。因此，他认为如果能够发现人类共同的价值观，一种无意识的集体灵感，以这种价值观创造建筑，建筑就能成为超越社会地位、年龄、地区或种族的交流媒介。"能够直接证实建筑确实能传达出一种无意识的集体灵感，是我近年来，作为一名建筑师所获得的最重要的工作成果"。

2.4.3　环境行为研究的科学解释理论

2000 年，由西摩·韦普纳（Seymour Wapner）等人主编，汇集了国际环境行为研究学者观点的一本论文集《环境行为研究的理论透视——潜在的假定、研究的难题和方法论》出版了。在这本书里拉普卜特等人说明了科学解释方法是环境行为研究的重要方法。用拉普卜特的话就是"在环境行为刚刚诞生的时候，就用科学解释的理论是不可能的，因为那是卡尔·G. 亨普尔（Carl G. Hempel）的解释学 D-H 模型（Hempel's D-H Model），并不被学术界接受"。

拉普卜特将科学解释理论应用在环境行为研究上，因为他将环境行为研究视为一种科学，其暗含了对科学解释理论的需求。针对这一目标，他对其方法进行了描述，继而研究了关于科学和解释性理论的本质以及"好"理论属性等议题。最后，拉普卜特对其环境行为研究工作进行了概括，旨在诠释环境行为关系的解释性理论是如何发展的。

拉普卜特（2000）提出一个环境行为研究的科学解释理论。他认为最重要的是要确定研究领域所包括的主题和基本问题：有三个问题是环境行为研究最简单、最直接、最重要的基础——也是含义全部包括的，因此也是最有用的。

第一，人类的、生态社会的、心理学的和文化的什么特征（作为个体的、特殊成员和各种群体的）

影响了（在建筑设计中影响了）这个建筑环境的特征。

第二，环境中的哪些方面对生长在其中的人们产生了作用，是在什么样的微环境下，为什么？

第三，描述人与环境两个方面彼此相互作用的路径，必须找出连接两者的机制，这些机制都是什么？

拉普卜特一再声明，他并不是为了建构一个庞大的体系，只是为了促进环境行为研究未来的统一，结合当前环境设计方法的新成果，提出一个粗糙框架来对环境行为研究的理论进行解释。以便于人们讨论这个话题，发现环境行为的机制，使环境行为变得更合宜。但是他还强调，这些基础研究属于环境行为研究的元层次（Meta-level）的范围，解决为什么和怎么样的问题，不能直接用于实践领域。对应用研究和研究应用来说，也不是成果直接就可推到实际，还需要鉴别问题的特殊性，实践面对的是更特殊层次（More Specific Level）的问题（Amos Rapoport, 2000）。

2.4.4　可供性理论

詹姆斯·J. 吉布森（James J.Gibson, 1979）在他的专著《视知觉的生态学观点》一书中，详细地论述了生态知觉理论，认为自然界的许多客体具有恒定的功能，这种意义存在于环境刺激和模式当中，人的知觉的形成就是环境刺激生态特征的直接产物。吉布森称环境客体的这种功能特征为"可供性"（Affordance），是从英语"afford"创造出来的词，意为环境的可供性诱导某一行为的实现。善于发现和利用客体的功能特征满足自己的需要，对个体具有重要的生存意义。吉布森的可供性理论坚持行为和意识是一种动物发现和使用环绕在它周围环境关键的资源——价值和意义的方式。传统的知觉理论忽略了人与自然的这种联系，将人与自然割裂开来，因此，也将人与其进化史割裂开来。

　　吉布森通过可供性将意识与行为整合。动物的能力旨在察觉和利用生态信息，而这些信息用以明确可供性以及在那种情境下如何利用可供性。秦晓利（2003）指出"吉布森的另一大贡献是视生态知觉论，但它的意义远远超出了知觉领域，遗憾的是这一理论并未受到应有的重视"。

　　吉布森认为自然对于人的价值就是提供可供性。环境设计的某些方法是对动物的特定行为进行诱导。例如，倾斜光滑的硬表面（坡道）会引导人走上去，而垂直的面（壁），人则不会下意识地爬上去。但是，对蚂蚁来讲，都会引导其向上爬。也就是说，对于不同的动物而言，某些物质要素对动物行为的诱导作用，可以称为是该环境的附属能力。从另一方面来说，人的有些行为之所以发生，正是自然本性被环境所唤起。因此，空间的环境设计更宜提倡一种灵活性设计，或许可称之为引导性环境设计。充分考虑可供性的环境设计，实质上是一种根据动物和人对环境的生理本能反应去做行为引导性设计。能够诱导多种行为，就能满足各种不同的需要是更好的设计。也就是说，规定性环境设计往往只能满足一种需求，引导性环境设计可以给更多的人以选择机会，便也以满足更多的欲望。

2.4.5　空间三元理论和情境空间

1. 列斐伏尔空间三元理论

　　亨利·列斐伏尔（Henri Lefebvre, 1991）在《空间之生产》一书中提出的三元论空间分析概念：空间实践（Spatial Practice）、空间的再现（Representation of Space）、再现的空间（Representational Spaces）。

他在《空间之生产》一书中通过批判当代西方社会的"去身体化"抽象趋势，提出身体经验与空间感受与空间的积极关系，空间的占用和发明新空间形式都源自个别身体，认为"日常生活就是人身体、宇宙时空、文化社会的节奏、彼此交错的空间"，"我们需要同时用眼、耳、思想、记忆、心灵去掌握一个地方"（Henri Lefebvre, 1991）。身体的生物性和社会性在日常生活实践中的展现才是真实的人的空间。列斐伏尔的工作是对当时西方现代社会的批判，也是解读设计者与使用者关系的一个切入点。设计者在设计过程中以一种高高在上的态度来建构空间，却常常不能让使用者产生对这个建筑和地点的认同，在使用者日常生活的建构的过程中，意象和意义才逐渐铸造了空间。那么，设计者要想设计出使用者比较满意的空间，必须对使用者的历史、文化、行为、心理做深入地了解，甚至请使用者参与才能初步做到。

2. 梅洛-庞蒂的"情境空间"

　　法国哲学家梅洛-庞蒂（Maurice Merleau-Ponty, 2001）的"情境空间"继承了胡塞尔的"生活世界"的思想，用知觉现象学来解释身体、主体、世界三者之间的关系。在《知觉现象学》中，梅洛-庞蒂分析传统的经验主义总是把身体往往看作是纯粹的物质性的，以至于忽略了除了作为物理性的身体实际上所处的在场性以外，身体也和"身体姿态的整体觉悟方式"有所关联，其不只是身体各部分的整体意识本身，它还将其和外在的接触所形成的关系，以主动的方式内在形成任务，以此任务而形成意向，因此有一种不在场的意向基础之"潜在身体"将在场性的身体占有，梅洛-庞蒂将这个身体意向作用称为"身体图像"（Body Image），它是处于感觉间（Intersensory）世界之我的姿态（Posture）的整体觉悟，是一种完形心理学意义下的"完形"（Forme）。

赫伯特·施皮格博格（1995）评论道，"现象学的世界不是纯粹的存在，而是通过我的体验的相互作用，通过我的体验和他人的体验的相互作用，通过体验对体验的相互作用——显现的意义上，因此主体性和主体间性是不可分离的，它们通过我过去的体验在我现在体验的体验中再现，他人的体验在我的体验中再现形成它们的统一性。"

梅洛-庞蒂的"主体间性"说明了，我们对于任何事物的描述而言，永远不会是那种纯然的描述、本质的描述，作为描述的基础总是已经在一种与以往的历史、他人或周围的情境交织下的描述，基于此背景，我们寻觅到一个方向，这个方向感是我们在面对事物情境时给出的行为意义。

2.5 环境行为学的研究内容

环境行为学为适应未来的研究发展趋势，在扩展研究范围的同时还要限定研究的基本界限，加强理论与实践的整合。埃瑞克·松德斯特罗姆（Eric Sundstrom,1996）等人认为，第一，理论研究要提出更具说服力的理论。第二，学术研究要服务于环境心理学的实践应用与学术目标。第三，该领域需要统一的研究方法，共同的研究术语以及实例报告研究中公认的模式。目前，可以把环境行为学的研究内容进行如下梳理。

2.5.1 生态学维度的研究

环境行为学可将其视为人（个体、群体、文化及社会层面）与其所处环境（也是任何层面）之间所有关系的更广阔的、跨学科研究。因此，"环境

与行为"更广阔的领域可能会包括人类生态学及生态人类学。以下在相互关联的几个领域中都对环境行为研究有所启发：生物心理学、生态心理学、生态文化心理学。环境心理学家汲取了这些大的门类学科的营养，并积极地贡献于其中。下一步要做的是如何将生物心理学、生态心理学和环境行为学科之间相互重叠的部分被统一地整合到一起，使之成为综合性的学科。

生态学研究成果集中反映在生态心理学的建立和发展。秦晓利（2003）对生态心理学作了两种区分：一种是依据它们使用的方法来定义的，借用生态学的理论与方法，来研究人的行为，是理论型的生态心理学，以罗杰·G. 巴克（Roger Garlock Barker）的研究为鼻祖。一种是依据问题来定义的，主要是针对生态危机而言的，是应用型的生态心理学，称之为生态危机的生态心理学，包括西奥多·罗斯扎克（Theodore Roszak）以及德博拉·杜纳恩·温特（Deborah Du Nann Winter）等人的思想和研究。除此之外，还有生物心理学对人的行为的研究也可归于此类。

罗斯扎克（1992）所著的《地球的声音：对生态心理学的探究》一书指出人类与自然界除了物理化学联系外，人的心灵与之还有一种强烈的情感连接。这种情感连接他们称之为生态无意识。生态无意识是人的本性。生态心理学家认为生态无意识长期处在压抑状态，一直被掩盖着。

遵循生态心理学的理论，人们对生态环境于人的意义有了更深入的理解。生态环境除了历史的、经济的、美学的价值外，还有心理价值。其中，荒野（Wildness）的心理价值是最重要的。生态心理学家认为，"应该在保护生态的更深层次上提出建立一种心智健全（Sanity）和精神健康（Mental Health）的新标准"（刘婷，2002）。目前，人类

对于自己生态本性的重要性认识相当不够，特别需要根据这一新标准，反思人类改造自然的后果，其中包括重新建立人工环境设计的理念。环境设计者要考虑的就是：我们是不是可以通过设计，自然地引导人与自然的对话，这将有助于儿童和成人的身心健康发展，辅助精神疾患的治疗。

生态心理学的另一个重要研究领域并非出于环境生态危机，而是以人作为一种生物为出发点，强调深入了解的必要。被称为生物心理学的一些研究对环境行为研究是有益的。据综合电子期刊全文数据库 Sci Verse Science Direct 2009 至 2010 年统计，生物心理学的 25 篇热点文章涉及的问题有：执行功能的遗传学意象（Greene，2008），评估空间结构研究的当前状态（Norris，2010），感情图像的处理：ERP 研究结果的综合回顾（Olofsson，2008），老龄化的结果与通过任务开关认知灵活性评估的工作要求（Gajewski，2010）等，都与环境行为研究者所关心的主题有着一定的联系。

2.5.2 社会学维度的研究

环境行为学涉及社会学的主题可按人群的聚集规模加以划分，也可按活动性质的不同加以划分，如居住社会学、通勤社会学等。罗玲玲和任巧华（2009）以科学计量学的方法，分析美国《环境和行为》杂志（*Environment and Behavior*）、欧洲《环境心理学》杂志（*Journal of Environmental Psychology*）和日本《人间·环境学会志》（*Journal of Man-Environment Research Association*）刊登论文主题，自创刊到 2008 年止，统计了论文关键词的出现率（早期论文无关键词，用论文标题所涉及主题代替关键词），具体归纳为环境知觉和环境认知（Environmental Perception and Cognition）、

环境社会学与文化（Environmental Sociology and Culture）、环境行为（Environmental Behavior）、环境保护与生态（Environmental Protection and Ecology）、环境设计评估（Environmental Design Assessment）五大研究方向。发现环境行为学领域具体涉及的社会学问题相当广泛，包括社会控制、社会期待、满意度、归属，以及不同种族、地域、国家、社区、性别的文化和空间关系学等。

在环境行为研究中，得到最多关注的社会学理论是爱德华·霍尔（Edward Hall）的空间关系学，目前一些研究对此有所发展。牛津大学的社会心理学家麦克·阿尔盖（Michael Argyle，1998）提出的均衡论把平时观察的结果综合在一起，均衡理论起初将所有关系都划分为某种亲密度。然后将社会文化作为一个大影响因子加以考虑。该理论认为，你会通过调节你的非言语行为来保持某种亲密度。距离过近或过远，都可用眼神来调整，达到均衡。与霍尔不同，亚利桑那大学传播学教授朱迪·K. 伯贡（Judee K. Burgoon，1994）的非言语期望违背模式则提出了一些令人吃惊的预测。伯贡并不认为违背空间关系准则将给人际关系带来危害。她的非言语期待违背模式认为，有些情况下打破这些规则反而能实现传播目的。伯贡的理论经过了十年的实验和完善，她坚信为了对双方的关系有益，站得比期望的更近和更远都比"恰到好处"的距离好。

环境行为研究对公共政策的关注也成为一个新的热点。研究人员涉及价值判断、沟通、解释、批判，并参与政治进程。未来研究的潜在主题有：对于核动力的态度和个人知觉性研究，以及包括年龄分化的住房政策的社会和心理效应评估，以及排他性的租赁、贷款政策。

社会学对于地点的研究也是特别值得关注的。托马斯·F. 吉瑞恩（Thomas F. Gieryn，2000）认

为，作为社会学来说，明天最值得研究的一个问题是地点敏感社会学（Place-sensitive Sociology）荷兰的马斯垂克与印第安纳的伯明顿已经没有什么不同，其实不同的人因年龄、性别、种族、信仰、居住，地点文化应当有所不同，而目前统一的状态非常值得研究。如法国人类学家奥热（Marc Augè，1995）提出的"去场所化"概念。在涂尔干莫斯的正统学说中，"社会"与地理位置是一一对应的。人在其中扮演角色。而奥热认为，这是一种意识形态的幻想。在全球化过程中，为了达至标准化、高速度和高效率，人被从直接交往抽离出来进入公共空间，而且带有被抹掉了角色特点的苍白面孔。虽然有人批评马克的观点，"他夸张地叙述这些空间独特的当代体验，他没能提供与生产非地方与地点相随的社会的网络界定的异质性和物质性的知识"（Peter Merriman，2004）。我们还是相当赞同研究现代都市化发展下，关于非地点产生的新的心理和行为。

2.5.3　文化学维度的研究

许多研究都强调了环境心理学中文化变量的重要性和对特定文化环境设计的需求。未来研究中最明显的主题包括：跨文化比较研究。该研究涵盖了发展中国家和发达国家以及建筑环境中特定文化的社会、经济和管理过程及相应的支持性特征之间关系，将设计、使用和家庭环境变更的研究与文化系统中的各个层面联系在一起。由于文化和历史原因，环境中的人类行为变得格外复杂，研究范式也较自然科学不同。

日本学者在开展本国的环境行为研究时，特别关注日本与欧美国家在环境行为学的比较文化差异，如日本大城市的人口集中化所带来的儿童行动、灾害时的人类行动、新居民在卫星城中的人际关系形

成等的实际状况，日本人在群体活动中的特征，日本人的旅行行动，交通环境中的各种对象认知和与此相关的主要原因的研究等。同时，对日本居住习惯、居住状况与居住设计，日本在住宅与自然环境的联系方式中的传统观点与其灵活运用，日本住宅中的空间概念等都有作了非常独特的研究（山本，2004）。

对环保的关注可能是受到生物圈、利己或利他的动机驱使的。然而，很少有研究比较跨文化群体对这三个环境动机的关注。塔西亚诺·L. 谬福特（Taciano L. Milfont，2006）有关环境动机的关注和对环保行为关注意义的跨文化研究调查了欧洲的新西兰人及亚洲的新西兰人之间环境动机和对环保行为关注意义的差异。研究结果表明，亚洲的新西兰人对于个人主义的关注明显高于欧洲新西兰人，而欧洲新西兰人则更关注于生物圈。

2.5.4　特殊人群的环境行为研究

不同人群的环境认知、环境知觉和环境行为都会有所不同。环境行为学在研究人的一般行为的同时，越来越关注特殊人群的特殊行为。到了 21 世纪，罗玲玲和任巧华（2009）的研究发现，美国的《环境和行为》和欧洲的《环境心理学》所发表的文章中，环境知觉主题文章都比环境认知要多，分别为 70% 和 73%，内容上已涉及极地体验、虚拟环境、牢狱与罪犯知觉、封路与司机知觉、森林危险知觉、登山焦虑等方面。日本学者对环境认知一直兴趣不减，这大概与人口稠密，城市和建筑的认知问题颇多有直接联系。在行为心理方面，美国的《环境和行为》和欧洲的《环境心理学》显示了不同的旨趣。《环境和行为》关注特殊的行为（67%），如抢劫行为、光顾行为、提示行为、酗酒行为、门廊使用行为、地毯的选择行为、自杀行为等；《环

境心理学》关注场所研究（68%）；日本的《人间·环境学会志》对特殊行为和不同人群行为更为关注（45%），特别是老年人的行为。

性别，即男性或女性，是人类重要的基本差异。女性主义认为，现代主义建筑空间的男女平等其实质是平面狭隘的平等观念，是以男性为标准的平等。通常人们会不假思索地认为：人类所塑造的环境和空间都是中性的，但实际上人与空间是一个相互塑造的过程。

由于现实中，女性的心理需要没有得到充分的关注。因此，环境行为的研究者开始关注这一主题。莱斯利·K. 威斯曼（Leslie K. Weisman, 1997）等人曾举办女性工作坊，让妇女画出她们想象的住宅环境。研究者鼓励女性幻想，在放松的环境中想象她们理想中的生活环境。

按这种方式，研究者一共搜集了数百张图画。对这些图画的研究可以发现，女性对居住空间的心理需要。这些年龄、生活方式、经验和所受教育不同的女性，年龄在 20 ~ 70 岁之间，大多数是 25 ~ 45 岁，她们想象的生活环境各不相同，但有四个主题逐渐浮现：

① 女人需要私密、安全的空间；

② 她们想要拥有对于谁能够进入，为何进入这个空间，以及停留多久的控制权；

③ 她希望住处的布置能够适应他们的心情、活动，以及和别人关系的变化；

④ 女性认为与可以安抚和刺激感官的自然及自然材料的接触非常重要。

2.5.5 环境态度、价值、伦理和环境保护行为的研究

20 世纪 90 年代以后，随着生态环境的日益恶化，人们认识到，单纯地追求人的心理和行为的幸福而牺牲环境的内在价值是不可取的，而人与自然的和谐统一的价值理念才是环境行为研究的根本。当生态环境严重恶化之时，设计师们逐渐意识到仅仅"以人为本"的设计理念还远远不够，而以"自然为本"的设计理念，即考虑人与自然的和谐性的理念才真正地符合时代发展的要求。故而，环境行为研究的这种"生态主义"的价值取向的产生实质上是对"人文主义"设计理念的一种扬弃，即充分尊重人性的同时，对生态问题给予关注。

就环保主题的研究来看，20 世纪 70 年代，欧洲学者丹尼尔·斯托克斯（Daniel Stokols, 1978）预测了环境行为在环境保护方向的研究趋势，即要加强对生态效度的关注。到了 20 世纪 90 年代，松德斯特罗姆（1996）等人在对 1989—1994 年间环境心理学研究状况综合回顾中，分析了马克·巴尔达萨雷（Mark Baldassare）所探讨的性别与环境关注的差异，继而还列举苏珊娜·C. 加农·汤普森（Suzanne C. Gagnon Thompson）和米歇尔·A. 巴顿（Michelle A. Barton）从生态中心主义与人类中心主义角度预测环境态度与行为的研究情况后，特别指出，近来生态环境恶化，对该主题关注度与日俱增，从而更加突显其研究的价值意义。

美国与欧洲的情况类似。任巧华（2010）等人把美国《环境和行为》杂志中有关环境保护主题的论文按"环境意识与态度、环境教育、环境保护行为、全球生态"分类，统计各个年代篇数的比率，发现环境保护研究方向的主题在近年发生了显著的扩展，即由 20 世纪 80 年代关注环境教育、意识和态度等层面问题，扩展到对环境保护行为的关注，从而相关主题所探讨的具体问题也发生扩展，即从关注于环境污染问题扩展到对人口、政策规划等意识和态度层面上问题，从关注于具体的整体上的废品回收

行为扩展到局部上的个人日常生活的环保行为。另外一个很大的变化是从关注于小范围的区域性环境问题，扩展到关注全球的生态问题，研究的具体问题也从局部地关注生物多样性扩展到全球的可持续发展等具体问题。

2.5.6　数字时代中的空间研究

网络技术的发展，人的数字化生存于虚拟空间中，日本作家村上春树曾形象地描述现代人真实生活空间的缩小和虚拟空间扩大所带来的行为和感情问题，导致心理变态。比罗伯特·B.切特尔和阿拉斯·丘奇曼（Robert B. Bechtel & Arza Churchman, 2002）在其主编的《环境心理学手册》中，将"数字时代中的个人的空间"纳入主题之一，甚至讨论了外星生存的环境心理问题，题目是"On to Mars!"。虚拟空间是人类的第二生存空间，在这个空间里，人的感知与真实空间有何差别？人的社会性有什么改变？由于虚拟空间中，如网络中容许个人以前所未有的自由度来扮演各式各样的角色，使得虚拟空间的行为不依附于现实大众行为所必需依附的特定的物理实体或时空位置，在这样一种数字化世界的环境之中，也就成为一种虚拟的行为，所以，虚拟空间的环境心理成为新的课题。

在虚拟空间里，博物馆的藏品只能通过数字化的影像来展示，这更加提升了博物馆影像的重要性，也对博物馆的空间设计和影像技术的应用空间的设计提出了全新的要求。同样，媒体传播空间、学校教学空间、体育空间和剧院空间的设计都面临着虚拟空间对真实空间的补充，要研究人的虚拟空间感觉，两种空间的过渡等，在设计中更好协调虚拟技术空间与普通空间关系。处在数字时代，建筑师不仅要运用数字技术，扩展建筑表达的手段，还要设计虚拟空间。虚拟建筑首先出现并风行于三个主要领域：数字化媒体与网络、影视作品中的特技效果制作和电子娱乐业中的场景设计。

2.6　环境行为学与建筑学

2.6.1　基本概念和研究方法

环境行为学传入我国的时间并不长，主要在建筑学、社会学、城乡规划、风景园林等领域里开展研究。目前，这些学科的某些概念的内涵和外延等问题还有待进一步探究。

铃木（2014）整理后发现，在日本的建筑计画学领域，受到高桥鹰志和舟桥国男（后简称舟桥）介绍的相互渗透论以及外山义进行的一系列老年人生活环境研究的影响，20世纪90年代中期以后，心理、环境行为研究的学位论文的数量急剧增长，论文的题目较普遍地采用"环境行为"一词，而"环境心理"一词多用于心理学、环境工程领域。

舟桥（1990）对日本的建筑计画学与环境行为学之间的关系以及思想倾向进行了比较全面的考察，探讨了两个学科中的基本概念以及对人与环境关系的不同认识。虽然舟桥考察的是日本的情况，但对我们还是很有参考价值的。以下简要介绍一下其内容。

日本建筑计画学的发展基本设想是由西山卯三在20世纪30年代开始提出的。之后，经过很多学者的不懈努力，至20世纪50年代，基本形成了现在的格局。从世界范围看，日本建筑计画学取得了独特发展，在研究领域的广度和研究的多样性等方面独具特征。

目前，建筑计画学大致可以分为两大领域，建筑和人（人的生活、社会）关系的领域，以及建筑策划、设计计画、生产、管理方法和以它们合理化为对象的领域。前者包括了以"居住方式研究、使用状况研究"为中心的建筑分论研究以及"建筑人体工学""环境心理学研究"等。研究领域的广度是建筑的性质所必然导致的，但是在另一方面，也意味着与其他相关学术研究领域的混合与折中。

早在20世纪50年代，足立孝始创了与环境行为学最接近的"环境心理学研究"领域，但它的研究背景、目的与环境行为学有所不同。它是为了加深与建筑相关的人性的理解和认识，摆脱设计计画中狭隘机械的功能主义，以追求"人的"建筑为目标。

在"建筑和人"或"建筑和生活"的命题下，建筑计画学主流的"使用状况研究"探求建筑条件（建筑物、房间或它们的形状、大小、排列等）与人的生活的关系。建筑计画学中"人的生活"的概念设定，主要立足于功能主义的观点。具体地说，是以生活行为和动作的种类和内容及其空间时间的结构、实行的顺利程度、评价、行为主体间的人际关系等为中心。

环境行为学的"行为"的概念建立在深化人性的理解，以达到提高生活品质和福利的目的的基础上。它自然包含了它的次一级概念——建筑计画学中的"生活"概念，但更深入涉及使用者的心理、知觉、认知以及社会的相互作用、环境的意义和象征等广泛内容。因此，两者在研究目标和解决问题的实践介入态度上是有差异的。不妨说，环境行为学是探寻人的精神的满足和高贵与环境之间的关系的学问。

在建筑计画学中，"环境"意味着"建筑的环境"，被限定在"物质的""空间的"因素中。但在环境行为学中，"环境"包含了文化、社会的层面，更接近我们日常接触到的环境的现实状况。环境行为学立足于人的生活整体的品质与环境的关系，因此，按照环境尺度、种类等的专业划分框架来进行常规分类是没有意义的。其次，在建筑计画学中，局限于"物质的"因素而揭示其作用，即便看上去是成功了，但某种意义上还只是现实的抽象。只有在社会、文化等其他所有因素的综合作用下，才开始有可能充分地把握物质因素的意义。

在建筑计画学中，比较多地用决定论或相互作用论的方法把握建筑条件和生活的"关系"。特别是在功能主义的思想中，决定论及其相关思想根深蒂固。从"创造建筑"的观点出发探讨建筑的存在时，会自然地想到如何引导出建筑的影响力和作用。但是正如上所述，这种观点并不能充分地把握人和环境（建筑）的关系。

2.6.2　设计方法论

即使在今天，建筑决定论仍然根深蒂固地影响着我们的思维（参见"2.2.2　决定论"）。目前的建筑设计还过多地强调空间形体的塑造，忽视了建筑设计本应有的多种要素相互交织的系统综合性以及使用者的主体性。比如，没有注意到社会、文化和精神的要素，把自己的位置与使用者对立起来，往往使建成后的建筑与使用者的组织结构、运营规则、行为方式和心理认同等产生矛盾，割裂了人与环境之间的关系。因此，需要建立起综合的设计方法论。

其次，目前的建筑设计方法还停留在静态的水平上，没有充分注意到建筑设计应该与时间的要素紧密结合。由于人与环境处于不断地相互渗透中，建筑设计应当是不断地满足这个变化着的系统的需求，是一个动态持续的过程。建筑师的工作应该参与到整个变化的过程中，而不是仅仅参与建筑物诞生的一个片段，时间应该成为建筑设计的重要因素。就是说，动态的设计方法论尤为重要。

在国外，公众参与式规划设计的方式日渐普遍，可以说是相互渗透论在实践中的体现。这种方式强调建筑师、规划师与公众共同参与规划设计过程，协调使用者的要求，综合社会、文化和精神的要素，在动态的时间过程中，项目的相关各方平等地表达意见，最后形成规划设计方案。因为方案综合了各方面的需求，也为可持续发展提供了可能。

在我国，历史文化名村（城）和历史文化街区的更新发展研究和实践中，长期存在着一种倾向：重视少数具有历史文物和艺术价值的传统建筑，偏重审美价值的保护和体验，忽视正在居住使用的普通建筑，忽视居民的生活价值的传承和表达。事实上，传统建筑沉淀了"过去"的信息，普通建筑则承载了"现在"的信息，将成为"未来"的历史传统。在人与环境的相互渗透中，"过去""现在"和"未来"是连贯而不可分割的文化形成的必要阶段。目前正在居住使用的普通建筑是历史文化名村（城）和历史文化街区发展进程中的重要组成部分，对其发展具有重要意义（李斌，2014）。所以，以普通建筑的使用者——居民为主体，充分关注和综合社会、文化和精神的要素，平衡利益各方的公众参与式规划设计，无疑是历史文化名村（城）和历史文化街区的更新发展的一种有效手段。扬州文化里社区更新项目在德国专家的指导下，居民积极参与到社区更新的目标确定、计划制定和执行中，为我国社区的公众参与式规划设计进行了有意义的探索（李斌，2012）。

第3章 Environmental Perception and Cognition
环境知觉与空间认知

我们要想在环境中有所行动，第一步要做的就是了解环境。我们用视觉、听觉、嗅觉、触觉和味觉等感觉接受环境信息。环境信息通过感官传入大脑，并由大脑对这些信息做出解释，它涉及一系列复杂的心理过程。认知心理学认为知觉是一种解释刺激信息从而产生组织和意义的过程，是人脑对直接作用于它的客观事物各个部分和属性的整体反映。

环境知觉的功能包括：① 决定感兴趣的环境信息在哪里；② 决定哪些环境信息需要进一步处理，以及哪些环境信息可以被忽略；③ 能够辨认出所辨识环境信息的关键特征；④ 能够辨认出那是什么信息；⑤ 维持环境信息的某些固有特征，即知觉恒常性。

环境知觉这个概念有时也会被学者们扩展应用，甚至有的学者将环境知觉的定义延伸到整个环境认知的范畴。但这依然是对环境知觉的狭义理解，即环境知觉是环境信息的最初集合，是我们捕捉并解释环境信息从而产生组织和意义的过程。空间认知是指对环境中空间信息的排列、储存和回忆的方式方法。而环境认知的概念要更广阔——是指人们如何思考场所，而这种思考不仅针对场所的空间层面，还包括非空间层面。

3.1　环境知觉的机制与特点

环境知觉依赖于两种不同形式的信息：环境信息和知觉者自身的经验。环境知觉包含的过程是：感官从外界获取信息，从外界刺激中抽取广泛的特征，知觉对象的前后关系和背景参与形成人们的知觉。认知心理学认为，知觉是人脑对感觉信息的组织和解释，即获取并阐述感觉信息的意义的过程。

3.1.1　环境知觉的机制

知觉信息的加工过程包含互相联系的几个方面，如察觉、辨别和确认等。这种加工过程一般分为两种模式——自下而上和自上而下。

1. 自上而下

假设你坐在奔驰的火车上，途经一个江南小镇，任何在远处移动的大型深色物体都可能被认成是牛或猪，因为这些刺激是在环境中可能会出现的。而在这种情况下，辨认的速度通常不会干扰其正确性。这个过程被认知心理学家称之为自上而下的处理。在自上而下的处理中，辨认过程是由特定环境中对可能会出现的物体的预期所激发。如果只考虑小范围的刺激，就能够有效地缩小搜寻符合输入模式的变量范围。这种自上而下的处理，使人们在接受感觉信息前便可寻找到那种属于江南小镇的特定感觉。

2. 自下而上

另一种互补的处理是在知觉者并未预期"可能刺激"时较为活跃，这种处理称为自下而上的处理。在自下而上的处理中，知觉过程完全由感觉输入的性质所决定，而不受先入为主的观念或预期所支配。如果在完全没有"可能刺激"的情境中，信息辨认的时间必然会较长。然而在大多数情况下，人们对环境信息的知觉都是自上而下与自下而上的综合处理过程，只有这样才能最终得到对环境的正确知觉。

3.1.2　环境知觉的特点

这里强调环境知觉的几个特点，即人的认知容量、预期、情感等对环境知觉的影响，以及环境知觉的目的性、简化与完形。其特点可以解释一个问题——怎样组织环境信息能使人们的知觉更有效的处理它们？我们对这个问题的了解对环境设计具有重要意义。

1. 目的性

日常生活中的环境知觉有许多目的，我们可以把它们分为两类：功利性的目的和美学的目的。有讽刺意味的是对建筑和景观的美学品质研究得很多，但研究工作发现至少在城市街道上，人们更关心环境中的功利目的，如餐厅的位置、超市的打折广告或地铁的出入口，而不是城市雕塑或壁画。譬如瓦格纳、贝尔德和巴巴雷西（Wargner, Baird & Barbaresi, 1981），在研究中请被试者在小城中四处转，被试者报告的元素绝大多数都在 40 m 以内，而且在前方 30°视角之内，其中 40% 在移动中，如人和汽车，像建筑师非常热衷的窗子式样，提到的非常少（不到 5%），很多被试者对它们视而不见（Gifford, 1987）。又譬如同济大学附近有一家大型的超级市场，每天都是生意火爆。它的对面有三幅大型的城市壁画，不知到底有多少人提着大包小包走出商场时，会留意街道对面的墙上还有三幅精心制作的大型壁画呢？

2. 恒常性

所谓知觉的恒常性，指的是物体固有的物理特征与知觉之间保持恒常的特性。有确切证据表明广泛存在着环境知觉的常性，就像一张方桌子，无论它在视网膜上形成何种图形，它总是被看成方形的，因为感知桌子的是人而不是视网膜。知觉的恒常性包括物体的亮度、大小、颜色、形状等特性。亮度恒常性指即使光源强度以及反射光明显改变，亮度知觉仍维持相同；颜色恒常性意指颜色知觉不因光线来源而有所改变。大小恒常性意指无论物体距

离多远，知觉到的物体大小维持一致。形状恒常性指即使视网膜影像改变，但是知觉到的形状却维持不变。

这种常性不仅指的是与物体有关的知觉，而且其他与建筑学有关的环境知觉很多时候也不会因人而异。譬如室内整齐地排列着一张张桌子和椅子，前面是一个讲台，墙壁上挂着黑板的房间是教室而不是教堂。大片森林包围的一片空地，当中有一圈石头，其中燃烧着熊熊篝火的地方是野营地而不是办公楼。诸如此类的，教堂就会被看成是教堂，即使在战时成为一个临时医院，或是已经改用作仓库，足球场依然会被看成足球场，而不是图书馆，即使曾用来作为书市。

知觉恒常性是人类不断学习并反复强化、建立牢固心理表象的结果。没有恒常性，人们就不能辨识物体和环境，但这种强化的一个负面影响就是标签化和僵化。对建筑和行为两者关系研究多年的苏格兰建筑效能研究小组（BPRU, 1972）的报告说明，这种附加在环境上的标签对人们使用的影响极大。他们报告说人们拒绝在挂有实验室牌子的房间作演讲，尽管这个实验室的室内可以布置成一个很好的讲演场所。当然这种强化的结果更多地可以作为一个积极因素。讲演厅的尺度可以帮助人们确认它的位置，即使它处于一个复杂的会议中心的某地，就像当看到"KFC 上校"那标志性的笑脸我们就知道快餐店在附近。

3. 少就是多

假设地上撒了一把五颜六色的小石子，你看一眼后能记住多少呢？早在一百多年前汉密尔顿（Hamilton）就发现人能立刻记住的石子的数量不会超过七颗。此后，耶乌斯（Jevous）又进一步用黑豆做实验，结果也发现人们的注意力不超过六七个，一旦超过这个数字，正确率就低于 60%。米勒

（Miller，1956）的研究也继续证明了"七"这个数字的神奇魔力。

环境知觉的主要矛盾之一就是环境信息的复杂性与人类知觉能力的有限性。为了使人们能记住更多的石子，应该把它们分成组，最好是按颜色分组。一旦按颜色编码还应将其组织在六种颜色以内，因为人们在时间很短、变动或环境昏暗的情况下，辨认颜色的错误率更高，如红色会被棕色干扰（Stokes，Wickens & Kite，1990）。

这种注意力的局限性对建筑师有很大启示：纷繁复杂的街景会使路人看起来混乱不堪，如何组织各视觉要素并使其成为系统，这是城市道路视觉形态设计的关键之一。

4. 图形与背景

人在感知客观对象时并不能全部接受，而总是有选择地感知其中的一部分。按照格式塔心理学的观点，感知对象会被区分为图形与背景，图形最清晰背景较模糊；图形较小背景较大；图形是注意力的焦点，背景是图形的衬托。同样一棵树，当它和其他的树排列在人行道上时，它不容易被注意到，但当它成为这条街道上唯一的一棵树时，你不注意到它反而是困难的，它或许已经成为这条路上的标志物了。

真实环境中有清晰程度不同的图形—背景关系：有的清晰，有的模糊，有时该清晰的却很模糊，该模糊的反倒清晰，不一定符合使用要求，这就需要经过设计加以调整。所以，在环境设计中强调图形—背景关系，不仅符合视知觉需要，也有助于突出景观和建筑的主题——观众在随意和轻松的情境中第一眼就发现所要观察的对象。同时，环境中某一形态的要素一旦被感知为图形，它就会取得对背景的支配地位，使整个形态构图形成对比、主次和等级。反之，缺乏图形—背景关系之分的环境易造成消极

的视觉效果。

一般来说图形与背景差别越大，图形就越容易被感知。沙漠中的绿洲、大海上的岛屿几乎捕捉了每个人的视线。在复杂的城市环境中如此鲜明的对比较少，但城市中可以作为对比的要素几乎是无限的，如颜色的、尺度的、形式的和空间的等。较为重要的是运动着的图形在静止的背景上往往容易被感知，譬如，街道上的人和汽车、公园中的喷泉和人工瀑布，闪烁不止的霓虹灯以及滚动播出的广告牌通常都能抢占人们的视线。

5. 简化

很多研究说明人们会把复杂的实质环境看成是相对简单的形式。一个椭圆形的铁路体系人们会把它看成是正圆形的体系（Canter & Tagg，1975）。两条斜交道路交成的十字路口，人们会把它看成是由两条正交道路交成的（Pocock，1973）。像泰晤士河和塞纳河这样蜿蜒缠绕于城市中心的河流，市民们会把它们看成仅仅是一条流经市区的平滑曲线（Milgram & Jodelet，1976; Canter，1977）。维也纳建筑师西特（Sitte，1956）说人们认为耳布广场是规则的和直线的形状，但实际上它是不规则的。玛丽亚·诺维那广场明明是五边形的而且有四个钝角，但在人们往往认为它是四边形的，并且对各边的角度是钝角还是直角也不清楚。

有一个有趣的例子是关于东南大学建筑系馆前的庭院空间。在很长时间内夏祖华和黄伟康（1990）认为这个庭院空间以两边的建筑门厅之间的连线形成轴线对称的布局，庭院中的四块草地是相同大小的。可后来看到校园总平面图才意识到这不是完全对称的构图，而是有偏斜的构图，见图3-1。

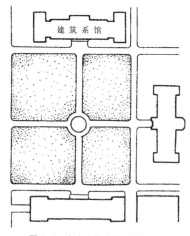

图 3-1　东南大学建筑系馆前广场

6. 错觉

环境知觉不是照相机。照相机会拍摄下一张质量或好或坏的相片，但在物理上它是正确的并与实像完全相同的。环境知觉却可能包含着错误。譬如当我们在雾中看物体时会感到它离我们更远也更大。当我们在水下看世界时，特别是在水色较暗的情况下，也会产生这种效果。球体效应会使登山者把邻近海拔相同的山看得比自己的高。球体效应也会影响到人们对道路的知觉，有时明明是上坡路看上去却像下坡路。又譬如，在同样面积下长方形房间看上去比正方形房间来得大等。

其实，错觉应当被认为是环境知觉的一种效率机制，即对环境的简化和变形，是在纷繁复杂的环境中更有效地处理环境信息的一个机制，它使人们能以一种简便的方式知觉到环境中重要的部分，而将较次要的部分忽略。这个机制会常常忽略空间中一些微小的差别，如两条道路的错口或道路偏斜的角度、方向等，或是对空间的形状、尺度产生了完形。这个机制也说明人们的知觉无法辨认出所有的变化，譬如西特早就发现，人们对广场尺度的知觉并不成比例，而是随着其实际尺度的增大而增大。

如果我们了解环境知觉的这个特点，那么在评价图纸和模型时，就可以利用环境知觉的这个特性，避免不良后果。我们应该了解在城市空间的体验中，对尺度、形状、距离等方面的知觉，常常与图面上不一致，而且这种不一致往往表现在对环境特征的简化和完形方面。所以，某些建筑师为了追求图形上的整齐、规则和对称而在旧城改建设计时对环境大动手术，拆掉过多的民宅，甚至是有历史意义的建筑，是不必要的，也是代价高昂的。大多数人的空间知觉会忽略图形上的一些细节，并将其自动简化和完形为简单图形。

7. 预期

环境预期可以使人们选择性地注意那些可能的信息，如果这些信息与预期相符，则环境经验被再次强化，这即是自上而下的知觉过程。对环境的预期在环境设计中用处很大。譬如我们一直发现楼道的尽端会有卫生间，当有一天你在参观某新大楼时突感内急，你通常会选择往走道尽头走，因为你预测卫生间也会在走道的尽头。有时环境的布局会与预期的不相符，这种情况对环境设计也很有用。譬如你设计的广场与一般的广场不一样，或是你设计的入口与众不同——这是很多设计师孜孜以求的，人们也就经历了一种新的环境，形成了新的环境经验。

8. 对环境的情感

对环境的情感直接影响人们对于环境中各个信息所给予的注意程度：一个有兴趣的或者愉快的刺激可能使注意力高度集中并且观察得非常细致；但对一个不感兴趣的、无关系的刺激，可能就一扫而过，把它存入知觉的档案之中。当环境表现出来的情况与预测的相同时，由经验过滤器中的先前经验建立起来的联想就得到确认，感觉者在情绪上就产生一种肯定的反应。

有足够的证据表明对人们最重要的环境是自己

家以及所在地区。这些地方往往成为自我的象征，是个人的延伸，是自我的一部分。人们对这些环境的知觉也最丰富，因为我们对它的情感导致我们对它的知觉要比其他环境丰富。环境的认知图研究已经发现，在邻里地图上孩子们总是将自己的家画得很大，大得不成比例而且充满了细节。与此类似的是，学生对学校和宿舍、白领对自己的办公楼和办公室、球员对球场和更衣室，这些地方的环境知觉对他们来说都是很丰富的。

9. 运动方式

个体是根据知识经验来了解环境信息的，不同的个体具有不同的知识经验，因而会在相同环境中有不同的环境知觉。同时，人在环境中的运动方式也是很重要的影响方式，见图 3-2。该图表明运动方式对环境知觉的影响。骑自行车的人对交通标志、行道树等更为敏感，而步行者更关心色彩、城市空间、建筑材料、形态和质感。

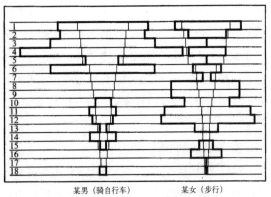

某男（骑自行车）　　　某女（步行）
图 3-2　速度与环境知觉的关系
1—建筑物；2—交通标志；3—街道名称、住宅位置；
4—左右关系；5—店铺；6—绿化；
7—人的活动、街道生气和活力；8—色彩；9—城市空间；
10—各种小空间；11—建筑材料；12—形态；
13—视角；14—路面质感；15—广告；16—声音；
17—光线；18—气味

人们在城市中的运动速度，对人们的城市意象有重要影响，运动速度越慢，更关注城市环境中

的美学要素，如空间形态、色彩等，而移动速度越快，则目的性和功利性越强，更关注与移动有关的标识。

3.2　环境知觉理论

知觉是一个主动的还是被动的过程？人们往往期待，一个成熟完善的知觉系统应当包含关于这个世界的清晰的、毫不含糊的、准确的描述。毕竟，没有关于世界的可靠信息，个体的生存概率会变得很小。但是我们可以发现，大多数传统的心理学知觉模型并不认为传达给大脑的刺激表达了任何清晰明了的意义！这些理论认为人类在建构他们对世界的知觉中扮演了一个非常主动的角色，我们极其依赖有关环境的以往经验，凭此弄清任何时候所接收到的感知信息的意义。由于这些理论认为我们从外部世界接收到的原始感知线索是有缺陷和带误导性的，感知信息必须与以往经验联合使用，以形成关于外部世界状态的有效结论。因此，知觉过程更多地变成是一个解释和猜测在那什么是"可能的"，而不是简单地感知到那儿有什么东西。这种知觉的主动过程理论中最有代表性的就是布伦斯维克（Brunswik）的透镜论。

3.2.1　透镜论

布伦斯维克（1956）相信知觉是人类的一种从纷繁复杂之环境中筛选出一部分有用意象的活动。环境提供了大量线索，环境中通常只有一小部分线索对观察者是有用的，观察者关注着这一小部分的线索而忽略了其余的大部分。于是，环境知觉就是

观察者主动地、有意识地在环境中搜寻并解释那些
能帮助他们的线索的过程。一些人在环境中不知所
措是因为他们被淹没在环境线索中了，特别是幼儿
和环境的陌生客，他们要么还不知道如何从不重要
的线索中筛选出那些重要的线索，要么就是不知道
哪些线索对他们有利。

　　布伦斯维克的理论可以用一个透镜模型表示，
在透镜模型中，人类的感知过程表现得与眼中或相
机中的透镜作用机理非常相似（图3-3）。就像透
镜俘获了一系列的光线并将之聚焦于视网膜或电影
屏幕上一点，在布伦斯维克的透镜模型中，感知过程
是大脑接收了一系列的环境刺激，并将之过滤重组
为规则统一的知觉。个体根据经验区分哪些刺激能
真实反映环境，并在将来的知觉组织中为这些刺激
赋予更大的权重。根据布伦斯维克的观点，世界是
或多或少是由可靠的线索"推断"出来的，而非由
观察所知的（Garling & Golledge, 1989）。

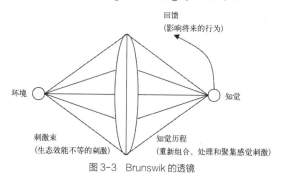

图 3-3　Brunswik 的透镜

　　透镜论又可以称为概率论，个体必须使用这些
不完善的信息来对环境的真实特性作概率评价。因
为布伦斯维克相信没有一条线索是完全可信的或完
全不可信，一条能正确反映环境真实品质之线索的
存在有一定概率。如果以美观知觉为例说明这个观
点。一个有山有水有树有人当然也有垃圾的自然环
境，人们产生的美观知觉依赖于环境中的哪些线索
呢？如以图3-4、图3-5为例的话：

图 3-4　某环境

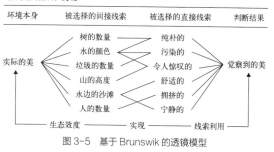

图 3-5　基于 Brunswik 的透镜模型

　　布伦斯维克相信环境本身的一些重要品质如美，
人们并不能直接察觉到，他相信环境首先向它的观
察者展现了一系列客观的可测量的特征，这称为间
接线索，观察者对间接线索的主观印象称为直接线
索，对环境美之判断建立在直接线索的整合基础上。
生态效度（Ecological Validity）指的是环境和每
一条线索间的实际关联，如果观察者知道这些线索
并对其权衡后会产生有效知觉（很多时候人们对一
些线索视而不见）。线索利用（Cue Utilization）
指的是观察者对每一条线索的实际权衡。实现
（Achivement）指的是观察者对环境的解读与环境
本身相吻合。

3.2.2　生态知觉论

布伦斯维克模型假设的是一种建立在过去经验作用基础上的知觉理论，它赋予知觉过程以主动性和智慧性的色彩。但是有理论主张知觉的直接作用，否认已有知识经验的作用，这些人中最著名的就是吉布森（Gibson）。他的知觉理论被称为知觉的生态理论（Gibson, 1979）。吉布森认为，自然界的刺激是完整的，可以提供非常丰富的信息，人完全可以利用这些信息，直接产生并作用于感官的刺激相对应的知觉经验，根本不需要在过去经验基础上形成假设并进行考验。根据他的生态知觉理论，知觉是和外部世界保持接触的过程，是刺激的直接作用。他把这种直接的刺激作用解释为感官对之作出反应的物理能量的类型和变量。

知觉是环境直接作用的产物这一观点，是和传统的知觉理论相背离的。吉布森把表示一个人周围刺激的"刺激生态学"概念用公式来表示，它们包括倾斜的和反射的表面的关系，以及人们在走路、坐着和躺下时都感受到的引力，他坚信知觉不变，因此当环境提供给活跃的有机体连续而稳定的信息流时，有机体能够对此作出反应。吉布森理论对于进化论观点的发展带来了新的契机，它强调了环境中有机体的适应性和功能性。

吉布森还提出了一个有趣的观点——他坚持认为知觉并非由对基本的建筑体量（Building Blocks）的察觉组成，如颜色、形式和形态。建筑教育凭借的是传统视觉艺术如绘画和雕刻，强调把建筑体量作为设计基础，因此建筑学的学生被教育成以形式和形态看待世界。他认为这些其实是不应该被传授的，绝大多数人在观察场所时并没有看到形式和形态，他们看到的是环境为人们活动所提供的各种可能性，看到的是场所能为他们做什么，而建筑教育应该传授的知识是关于外表和供给之间的关系。当建筑被看作是一种视觉艺术而非为了人们工作、生活和休息提供功能空间的时候，就会过分强调形式和形态。

在吉布森的理论中，环境的可供性（Affordance）扮演着重要角色。吉布森认为，环境提供了各种功能即环境的可供性，这些功能为人们的各种活动提供了各种可能性，知觉就是对这些可能性的直接认识，而功能的可供性也强调了知觉的目的与功能。此后，一些以环境为导向的研究继续发展了吉布森的思想，如卡普兰（Kaplan）的认知理论和坎特（Canter）的场所理论都从中汲取了营养，这些理论的共同特点是强调了环境知觉的目的。此外，闵炳浩博士（Byungho Min, 2008）在EBRA2008（清华会议）的主题演讲中提出了一种场所、行为和意义的理论，其核心建构是吉布森的功能可供性，他进一步地将其发展为"环境的行为资源"。行为资源是指人们在给定环境中试图寻找一些可供性功能并借此实现他们的意图。行为资源（Behavioral Resources）是那些所有功能可供性中被人们所考虑（Weighed）和选择的。行为资源不仅仅被观察到，还可在行为上实现并被有意义地利用。

吉布森的理论削弱了知觉过程中学习的角色，并且认为大部分的知觉过程都是天生的。这种观点与关于动物在出生后不久即可行走的深度知觉研究立场一致。关于知觉的概率论学说和生态学模型的差异，反映了长久以来对于人在知觉过程中所扮演角色的两种截然不同的观点，即要么是一个对于信息的被动接收者，要么是一个现实的积极创造者（图3-6）。

图 3-6　同济大学建筑与城市规划学院三层庭院，植物围合的空间与桌椅，是对交流活动的邀请，也为活动提供的可能。

3.2.3　格式塔心理学

格式塔（Gestalt）心理学诞生于 1912 年。格式塔是德文的音译，是整体的意思，所以格式塔心理学也叫作完形心理学。它强调经验和行为的整体性，反对当时流行的构造主义元素学说和行为主义"刺激—反应"公式，认为整体不等于部分之和，整体大于部分。意识不等于感觉元素的集合，行为不等于反射弧的循环，等等。

格式塔理论认为，知觉问题涉及比较和判断。韦特海默（Wertheimer）等格式塔心理学家说明了人类知觉组织能归结为几个重要的法则：

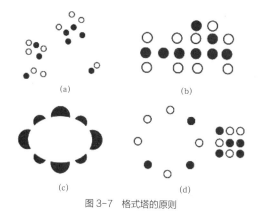

图 3-7　格式塔的原则

1. 接近律

接近律是指彼此紧密接近的刺激物比相隔较远的刺激物有较大的组合倾向。接近可能是空间的，也可能是时间的。按不规则的时间间隔发生的一系列轻拍响声中，在时间上接近的响声倾向于组合在一起。由于接近而组合成的刺激不必都是同一种感觉形式的，例如，夏天下雨时，雷电交加，我们就把它们知觉为一个整体，即知觉为同一事件的组成部分。按照格式塔这个接近律，则空间上接近的元素会组合在一起被知觉到，如图 3-7（a）所示，黑点白点不会根据颜色而被知觉为 2 个，而是根据 17 个点之间的距离被知觉为 3 组或 4 组。

2. 相似律

相似律是指彼此相似的刺激物比不相似的刺激物有较大的组合倾向。相似意味着强度、颜色、大小、形状等这样一些物理属性上的类似。俗话说："物以类聚，人以群分"，也就包含这种原则。

3. 一致律

一致律是一种倾向或是结构，即一些成分和其他成分以这样一种方式连接在一起，以便有可能使一条直线、一条曲线或者一个动作沿着已经确立的方向继续下去。如图 3-7（b）所示，黑的圆点可以形成一个弯钩，所以这 8 个黑点会被知觉为一个整体。

4. 闭合律

闭合律是指一些成分以这样一种方式组合，以便有助于形成一个更加紧密和更加完整的图形。如图 3-7（c）所示，中间那个白色的椭圆是被 8 个黑色体包围而形成的。

5. 完形律

完形律是指若其他条件不变，人们倾向于把所知觉到的东西看成是简单的规则的图形，如图 3-7（d）所示。根据这个原则，知觉的组织作用总是趋向完形或完善，它使我们把不完全的图形知觉为完全的图形，把无意义的图形看成有意义的图形。

3.3　空间认知与认知地图

空间认知研究的主题在于探索人类获取空间信息的过程以及如何存取空间信息。空间认知研究涉及空间信息加工的过程及信息怎样经由输入、编码、加工、储存而转化为输出的过程。格莱特曼（Gleitman, 1995）将认知心理学分成六个部分来讨论：① 学习（Learning）；② 感觉处理过程（Sense Processing）；③ 知觉（Perception）；④ 记忆（Memory）；⑤ 思考（Think）；⑥ 语言（Language）。

从定义上说，空间认知是由一系列心理变化组成的过程，个人通过此过程获取日常空间环境中有关位置和现象属性的信息，并对其进行编码、储存、回忆和解码（Downs & Stea, 1973）。这些信息包括方向、距离、位置和组织等。空间认知涉及一系列空间问题的解决，如在行进中测定位置、察觉街道系统、找路（或迷路）、选择（或放弃）指路信息、定向以及其他各种空间问题的求解等。

3.3.1　三种空间知识

为了生存与生活人们需要空间知识和各种认知能力。空间知识可分为以下三个层次：① 地标知识；② 路径知识；③ 构形知识。[1]

地标知识即环境中的显著参考点，它是关于一些场所的知识，但这些场所之间缺少空间联系（如不知道附近空间），场所之间没有上下关系（如不知道距离），而且场所之间也缺少中介空间的关系。

路径知识即把地标按序列排成路径，它是关于某线路上一系列场所的知识，但是不能知道地标之间如何抄近路，而且没有方向没有距离，但是知道路径上各地标的上下联系。

构形知识，即人们在一个坐标系中找到这些地标和路径的相应位置。构形知识是一种二维表达，这些地标之间可以确定距离和方向，地标之间可以找到近路，并且有前后和上下的空间关系。

这三种空间知识代表不同的层次：地标知识协助寻找路径知识，构形知识将多重的路径知识延伸为网状结构[2]。

3.3.2　空间知识的建构

人的空间知识会由于获取方式的不同而具有差异。空间知识可以从地图获取外，通常从生活的实际经验中累积而来，这种知识的建构始于明显的对象，随着经验的增加，空间信息从点连接成线，从线发展成面，而形成整体性的空间知识，提供空间思考的依据。支持这种"由点到线再到面"的空间知识形成理论的学者很多。

空间概念可分为三种表征方式——自我中心的概念、地标基础的概念、他中心的概念。三种概念都被广泛地运用，并且都强调空间环境的不同层面（牛力，2007）。

① A.W.Siegel, S.H.White. The Development of Spatial Representations of Large-scale Environments [J]. Advances in Child Development and Behavior, 1995 (10): 9-55.
② E.Nash, G.Edwards, J.Thompson, W.Barfield. A Review of Presence and Performance in Virtual Environments [J].International Journal of Human-Computer Interaction, 2000, 12 (1): 1-41.

（1）自我中心的概念：即自我中心阶段，意指人们是以自己的观点来看世界的倾向。

（2）地标的概念：即地标提供了环境更易辨别的部分。人们会衡量自己的位置与目标的关系，亦会衡量空间中所提供的架构与目标位置间的关系。

（3）他中心的概念：他中心的概念包含空间内的所有关系，指参考地图或相关系统等抽象架构来描述空间的配置关系；而他中心的心理反应具有弹性，其中的任何一点都可以作为有关周围空间思考的中心或参照点。

3.3.3 认知地图

在空间认知的研究中，认知地图是一个重要概念。认知地图有广义和狭义之分。广义的认知地图等同于空间认知。而狭义的认知地图是一种结构，人的空间信息将编码在此结构中，或至少解码以后整合在此结构中，此结构相当于它所代表的环境。认知地图是空间表象的一种形式，它强调了图解的性质（徐磊青、杨公侠，2002）。也就说，认知地图是环境心理的再现。

托尔曼（Toleman，1948）在老鼠走迷宫实验中最早提出认知地图概念，他认为认知地图是关于某一局部环境的综合表象。到20世纪70年代，认知心理学从信息加工角度审视了认知地图本质，提出认知地图实质是认知形成。认知形成（Cognitive Mapping）是由一系列的心理转化所组成的过程；人们在此过程中获取、密码化、储藏、回忆及解释与其日常生活空间环境中各现象的相关位置与属性有关的信息。而意象及认知图则为此等信息所转换成的、具体化可供个人辨识、理解及参考用的精神图像。导航（Navigation）和寻路（Wayfinding）是其中两种体验环境的方式。

认知地图一般而言有四大内涵：① 类似地图的空间定位功能。② 个性化空间符号系统：认知地图从严格意义上讲是个性化的空间符号系统。③ 综合空间表象：认知地图不仅包括视觉表象，也包括其他感官表象，如听觉表象、味觉表象、嗅觉表象、听觉表象等。④ 认知地图动态性：个体形成的认知地图时时在变化。在认知地图概念体系逐步确立过程中，许多学者在研究中经常使用心理地图（Mental Map）、意象（Image）、主观地图（Subjective Map）、概念图、模糊认知地图（Fuzzy Cognitive Map）和图式（Schemata）等概念。

一些研究认为，人们对熟悉环境的认知地图会更加准确。当询问人们让其对地点间的距离进行估计时，他们对时间的估计是随着真实的距离增加而增加，这显示出真实的物理距离和认知地图的距离之间具有紧密关系（Kosslyn, Ball & Reiser, 1978）。而当绘制认知地图时，人们扩展了他们最熟悉的那些地点的尺寸和细节，并且把他们自己放在地图中心。举例来说，在绘制世界地图时，来自世界各地的学生倾向于把他们自己的国家画在地图的中心，这说明对所有地图来说"最熟悉的领域"会被作为锚点。但是，认知地图与实际地图也存在很多差异：多数认知地图是不完整的、歪曲的、不规则的，与现实情境不符。而且认知地图不存在固定的比例尺，也不存在集成；其组织不是二维的，更不是连续的，既具有片断性，也具有层次性；此外，认知地图不完全以二维图形的形式进行呈现，在一些情况下，是以概念命题网络的形式进行组织（薛露露，2007）。

1. 认知地图的组成

林奇（Lynch，1960）通过对居民城市意象的调查工作里，发现居民对城市的认知地图包括五个基本要素。

（1）路径：是观察者经常、偶然或可能沿其走动的通道。可以是大街、步行道、公路、铁路或运河等连续而带有方向性的要素。而其他环境要素一般沿着路径布置，人们往往一边沿着路径运动一边观察环境。对大多数人而言，路径是认知地图中的主要元素。

（2）边界：是两个面或两个区域的交接线，如河岸、路堑、围墙等不可穿透的边界，以及示意性的、象征性的、可穿透的边界。但道路和边界有时很难区分。

（3）区域：是具有某些共同特征的城市中较大的空间范围。有的区域具有明确可见的边界，有的区域无明确可见的边界，或是以逐渐减弱的方式存在。

（4）节点：是城市中某些战略要地，如交叉口、道路的起点和终点、广场、车站、码头以及方向转换处和换乘中心。节点的重要特征就是集中，特别是用途的集中。此外，节点很可能是区域的中心和象征。

（5）地标：是一些特征明显而且在地景中很突出的元素。可以是城市内部或区域内作为方向的参照物，如塔、穹顶、高楼大厦、山脉，或是纪念碑、牌楼、喷泉和桥梁等。此外，地标也可以作为城市的象征，如悉尼歌剧院和北京天安门。

这五种要素是城市范围内认知地图的重要组成部分，并且是一组空间认知的取向，可在不同环境的规模上做差异分析。

一般而言，如果一个地方的地标之间距离不太远的话，人们会先学习地标和场所再学习路径和区域。但林奇（Lynch）和阿普尔亚德（Appleyard）却认为人们先学习路径和区域，随后才用地标确定方向。可能两者都是正确的，这取决于城市的实质特征。如果一个城市道路系统比较复杂的话，可能

是先学习地标。如一个方格网的城市，道路像一个棋盘，路径就比较容易学习。无论如何，此五项要素中，路径和地标是城市空间认知中最为重要的。

2. 认知地图的类型

林奇（Lynch）曾指出，居民会以不同方式类型构造其对城市的印象地图——一种是路径主导型，另一种是空间主导型。阿普尔亚德（Appleyard，1970）强调熟悉的时间、教育和旅行方式对认知地图具有重要影响，他把认知草图分为"顺序型"草图和"空间型"草图两类。其中顺序型认知草图以道路导向为主，而空间型认知草图则以区位导向为主。按照认知草图的繁简程度和精确程度，每个大类又可划分为四个子类，即顺序型结构的段（Fragmented）、链（Chain）、支/环（Branch/Loop）、网（Network）和空间型结构的散点（Scattered）、马赛克（Mosaic）、连接（Linked）、空间格局（Patterned）。顺序型和空间型的各子类之间的精确程度呈等级分布。随着人们对城市的认识熟悉程度的增加，认知草图则呈现由顺序型向空间型发展的趋势。

高利奇（Golledge）认为居民对环境有一个学习的过程，城市认知地图随时间变化而变化，能反映居民对环境的学习和相互作用，认知地图的发展过程包括三个阶段：连接发展阶段、邻里描绘阶段和等级秩序阶段。冯健（2005）对北京空间认知和城市意象的研究中，发现所调查的原本所绘制的认知草图中，不仅有路径主导型、空间主导型，还有单体型（图3-8）。就整个调查样本而言，以路径主导的序列型认知草图占73.1%，以区位为主导的空间型认知草图占15.8%，单体型认知草图占11.1%（图3-9）。前两类认知草图之间的比例关系与阿普尔亚德（Appleyard）的研究结果（77%/23%）

相对接近。显然北京的以路径为主导的认知地图占了绝大多数。阿普尔亚德曾分析路径主导型占压倒优势的原因，他认为城市整体上是线型的，调查者所指定的绘图范围加强了地图的线型因素，由于委内瑞拉的研究缺乏城市中心，并且多数居民对公共交通具有很强的依赖。冯健对其研究结果做出解释说，居民对公共交通的依赖，是路径主导性占压倒优势的主要原因。

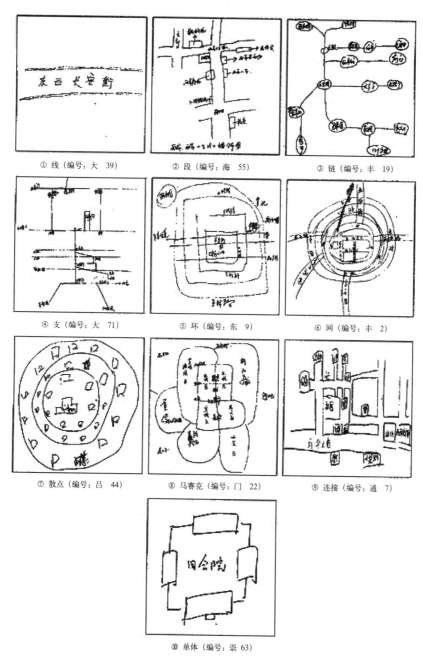

① 线（编号：大　39）　　② 段（编号：海　55）　　③ 链（编号：丰　19）

④ 支（编号：大　71）　　⑤ 环（编号：东　9）　　⑥ 网（编号：丰　2）

⑦ 散点（编号：吕　44）　　⑧ 马赛克（编号：门　22）　　⑨ 连接（编号：通　7）

⑩ 单体（编号：崇　63）

图 3-8　北京市居民认知地图的类型

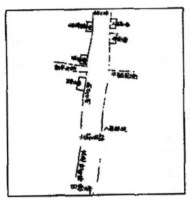
第1阶段（编号：通 14）

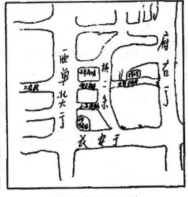
第2阶段（编号：西 80）

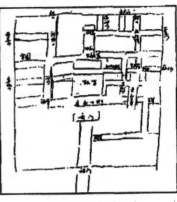
第3阶段（编号：东 19）

图 3-9　北京城市居民段型认知地图的发展阶段

3.4　空间认知的理论

3.4.1　皮亚杰的研究

　　一直以来，对于人对空间的认知方式的探讨饱受争议，实际上，大部分关于空间认知的理论都是从皮亚杰（Piaget）对孩子的认知理论研究发展而来。有研究证明，人的认知成图的能力主要是在儿童时期形成的，因此与儿童的心理发展具有密切的关系。皮亚杰将儿童心理的发展过程划分为四个阶段——感知运动阶段、前运算阶段、具体运算阶段、形式运算阶段，分别对应婴儿期、学前期、学龄儿童和青春期（图 3-10）。

　　空间参照系是识别和理解环境的基础，随着认知成图能力的发展，儿童依次建立起三种不同类型的参照系：

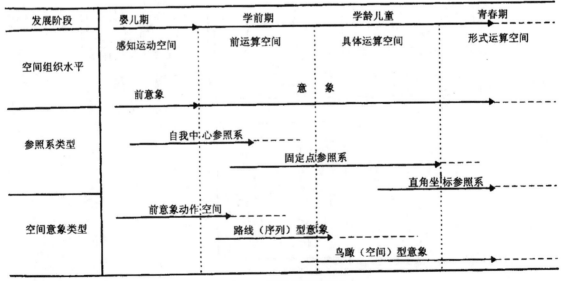

图 3-10　环境认知发展的图示

1. 自我中心定向系统

这一阶段儿童以自身的活动为中心，认为外部世界是以自己为中心，月亮跟着自己走。因此，认知地图中的环境要素彼此分离，环境意象是支离破碎的。

2. 固定点定向系统

认知地图围绕环境中熟悉的固定场所发展。最早以家为中心，随后扩展到少数路径、标志和熟悉的地点。这阶段儿童只注意到一维空间，只能将两两相邻的标志用路径联系起来，不能正确地建立三个或更多标志的空间关系，认知地图仍由许多不连贯的片断组成。

3. 直角坐标参照系

认知地图能反映有机的整体空间环境，能根据坐标网想象出环境的空间透视关系。实验证明，学龄儿童能根据透视关系识别航空照片中的房子、汽车、道路、树木等要素。

儿童环境认知过程中依次建立的三种参照系，也反映了成人熟悉新环境和人类认识客观世界的规律。自我中心并非儿童特有的倾向，人认识世界总是先从自己开始，然后是我的家、我们的城市、我们的国家……有的研究发现，要求大学生画世界地图时，他们常把自己国家画在中心位置，而且夸大其面积。

3.4.2　地标理论

摩尔（Moore, 1976）提出，认知地图的发展首先经过了一个无组织的阶段（水平Ⅰ），此后的认知地图强调一些独立的地标（水平Ⅱ），最后阶段的认知地图建立了一个参考点的协同框架（水平Ⅲ）。

西格尔和怀特（Siegal & White, 1975）将认知地图看成是一种与被地标知识影响的、与路线知识有关的、综合的图形知识层级排列。他们在实验观察的基础上提出，在大尺度环境中，儿童的认知地图能力经历四个连续发展阶段：① 首先注意和记住看见的标志物；② 识别和熟悉特定标志物之间的路径；③ 将彼此邻近的标志物和路径结合成子群；④ 将各种环境要素综合组织为统一的整体意象。

地标是人们对空间认知和思考的一个基点。地标的意义包括以下几个方面。

（1）地标帮助人们在环境中的定向，地标将为围绕在它附近的空间定位。

（2）由于地标在认知中的重要性，所以认知中的地标要比它在实际环境中的更突出。

（3）地标存在着层级序列。一般来说，住宅和工作地点（学校）是最重要的地标，或称为环境中的锚固点，它们将为下一级地标定位，下一级地标将为下下级地标定位……以之建立人们的空间认知。

3.4.3　库克利斯的锚点理论

库克利斯（Couclelis, 1987）及其同事提出了一个关于空间认知的锚点理论，他们同样强调了各种空间特征的层级排列。认知地图的特性包括按区划差别（Regionalization）、突出线索和层级排列。在这个理论中锚点（Anchor Point）概念非常重要，锚点提供了"关于空间信息的回忆、组织骨架性（Skeletal）以及层级结构"。这里的锚点就是我们对空间信息的参考点，人们对一个地区的空间认知是由其中的锚点决定的，这些锚点是人们寻路和距离判断的基础。可以作为环境参考点的是那些在知觉和象征性上突出的、人们与其特征相互作用密切的、位于寻路决定点附近的，或是在某人生活中有重要意义的部分。在个体的空间认知中次一级的参考点将参照（Anchor）最重要的参考点，再次一级的参考点将参照次一级参考点，以此类推形成参考点的序列。我们可以看到参考点实际上和地标非常相似（图3-11）。

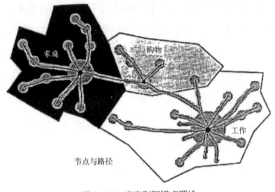

节点与路径

图3-11　库克利斯锚点理论

地标理论或锚点理论的重点是——认知地图中最重要的是地标或参考点，我们记住一个地标并非要在一大堆地标中识别它，而是要以地标作为参考点来为周围其他空间信息编码（徐磊青、杨公侠，2002）。

3.4.4　旅行计划理论

帕西尼（Passini, 1984）认为寻路（Way-finding）指的是人在认知和行为上到达空间目的地的能力。这种能力是在三种性质截然不同的工作基础上建立的，即寻路决定、执行寻路决定和信息处理，所以寻路就是解决空间问题。与帕西尼（Passini）的理论相似，加林（Garling, 1984）等研究者也将空间行为或寻路建立在行为的决策框架中。在一个大尺度环境的中的旅行可以被描述为在一个旅行计划中一系列决定的达成（Decision Culminate），他们提出认知地图包括三个相互关联的构成元素——场所、场所间的空间关系和旅行计划。加林等研究者（Garling, 1984）将认知地图的形成理论限定在信

息—处理（Information-processing）框架中，并且假设在一次旅行中，旅行者必须决定目的地、识别地点、选择路线和旅行方式。

这些空间认知理论尽管有差异，它们都强调了空间认知是一个序列，略有不同的是空间框架体系的协同程度。另外，在空间信息中都强调了地标的作用，所不同的是，对摩尔（Moore），西格尔和怀特（Siegal & White）来说，地标是空间信息的意义来源，但对库科利斯（Couclelis）等人来说，地标是空间中突出的元素。

此外，林奇（Lynch）开展的认知地图调查尽管范围很大，但是在一个二维空间即地面层上展开的。现在看来这种工作还远远不够，定向和迷路问题在三维空间中显得更突出，典型的例子就是那些刚步出地铁车厢的人们往往晕头转向，有时在一些大型购物中心里人们也常常迷路。这不仅是因为增加了垂直构成和人们无法看到别的层的情况，而且是因为人们看不到室外的情况。佛力和科恩（Foley & Cohen,1984）让学生们在一个5层建筑中对处于不同楼层的场所估计距离，由于这幢楼里有一个中庭，所以从三维空间体系里要比从二维空间体系里估计的距离更准确，一些被试者对于这个中庭部分所报告的意象是立体化的而不是平面化的。

3.5　环境认知的几个专题研究

3.5.1　认知距离

1. 认知距离概念

所谓认知距离是指人们印象中的主观距离。有关认知距离的研究通常包括研究主观距离和客观距

离之间的心理学关系，并且将主观距离的概念用于传统模型来预测人们的空间行为。

事实上，认知距离研究探讨的问题是什么条件和因素导致人们正确估计或过高、过低估计距离，以及人们是如何为空间中的距离编码的。显然过高或过低地估计距离的原因通常被归结于个人（经验和活动）和环境（结构和情境）。当前的研究总结为三组决定因素——环境的结构，被试做估计时的行为，以及人与环境关系中的情感。

2. 认知距离的影响因素

已有大量有关认知距离的特征的实证研究发现，主观距离和实际距离之间的关系可以用指数函数来描述。指数函数的变量主要是环境刺激的数量和种类，此外，人们日常活动路径也有一定的作用。在各种环境刺激变量的选取中，城市本身的形态具有决定性的作用，研究结果表明，其比包括居住年限在内的其他各种变量都更加重要。同时，城市结构的差异也会使人选择不同环境的刺激变量，从而产生不同的城市空间认知与认知距离。比如，在同心圆式的城市中，人们可能更为关注土地利用的变化；而在扇形模式的城市中，人们可能会对从郊区到市中心的主要交通路线更感兴趣（Golledge, 1976; Golledge & Stimson, 2013）。

已有很多关于距离认知的调查研究，总结这些主观上的障碍物包括：如果一条路线不是直线的而是成角度的话，那么它将比成直线感觉长；如果一条路线存在十字路口的话，那么它将比无十字路口估计得长；如果在路线上人们看不清目的地的话，那么它将比看得清距离更长，这与城市中心的方向也有一定的关系。在三维体系方面，有坡度的路线，无论是上坡还是下坡都比平地路线感觉更长。这些分析都说明障碍、曲折和所付出的努力程度都影响了人们对距离的估计（表 3-1）。

表 3-1　认知距离的影响因素（Tanaka, et al, 2002）

方面	因素	对距离认知的影响
个人方面	性别	总体上男人更准确
	社会地位	地位高者较准确
	年龄	年龄越大越准确，但是老年人对距离认知不准确
人／环境互动方面	空间局促感	有局促空间体验者对距离认知更准确
环境	拐角	拐角数目越多，越被高估
	十字路口	十字路口数目越多，越被高估
	街道上的视觉信息	信息越多，越被高估
	斜坡和楼梯	无论升坡还是降坡，都被高估
	目的地的可见性	目的地不可见，则被高估
	目的地在城市的区位	目的地在市中心，则高估 Briggs, 1973 目的地在市中心，则低估 Lee, 1970

除了城市中的实质因素以外，认知、情感以及个人特征的某些方面都参与了距离的认知过程。坎特（Canter）在访问了住在伦敦的人并且考察其使用的交通工具和所住的地方、比较其对距离的估计后发现，对于乘公共汽车的人和不乘公共汽车的人来说，他们对距离估计的准确性大致相同，经常乘地铁的人低估距离，住在离市中心越远的人越是低估他们的旅程长度。柯朗普敦（Crompton, 2006）在大学生范围内进行的实验也表明，在城市尺度内，随着在同一地区所待的时间增长，认知距离也会拉长。很明显，一个人所获得的城市空间的经验是其学习和活动的函数，特别是其外出时所选择一条习惯路线的函数，当然，越是熟悉的地方人们也越是容易低估距离。以上内容只是阐述了由经验和行为所获得的表象所确定的人们的认知距离，下面进一步解释其现象。

3. 相关空间认知理论

（1）路线分段假说

阿兰（Allen，1981）的路线分段认为，人们在判断距离时会把一条路线分成若干个环节并以各个环节的边界作为一系列启发点。这个假说认为，路线的环境信息是以环节为单位储存在记忆中，这将大大提高认知的效率。这个假说能解释很多已有的发现，如一条中间转弯的路线要比成直线的路线长，这是因为人们把中间的转弯处作为界限把其分为两段；穿过若干十字路口的路线比较长，这是因为人们把这些十字路口作为界限把其分为若干个片段；当人们在路线上需要换乘时就要比不需换乘的路线长，这也是因为无论其换乘的是公共汽车还是地铁，每一次换乘人们都是把它作为这一条路线分段的界限。

人们在判断距离时并不是依靠所谓的"功能距离"，而是依靠这些分段的界限。如果这些界限越少，其认知距离就越短，反之则越长。而那些与需要付出额外的努力联系在一起的障碍会导致人们过多估计距离，这是因为这些障碍就是路线分段的界限，无论它是一段楼梯还是一段坡道，一次转弯还是一个十字路口，一座桥梁还是一次换乘，一个区域还是一个城市，甚至是一个省份、一个国家、一个联盟，当一条路线穿越它们时，这些都会成为路线分段的界限。

（2）中心点与空间错位

在关于认知距离和实际距离之间关系的研究发现，城市的中心点对认知距离有很大影响。当目的地具有很强的实用性和吸引力时，从出发点到目的地间的认知距离就短于实际距离，反之则相反。美观或是实用性强的地点（如公园、邮局及图书馆、购物中心）的距离要比实际的距离感觉更近，而那些不那么吸引人的地方（如停车场、快速路交叉口等）则比实际的距离感觉更远（Lodwery R. A.）。

当人由于认知距离和实际距离之间的差别而感知到主观环境与实际环境之间的差别时，则被认为发生了"空间错位"（Spatial Distortion）。此外，空间错位也包括对距离之外的城市中其他空间结构的曲解。考来里斯等人（Couclelis, et al）按照人们对临近中心点的物体的认知与中心点的关系将空间错位分为"地质板块型""放大镜型"和"磁力型"三种类型。

"地质板块型"是指城市空间认知沿着中心点组织，从而导致人们对城市内次区域间的关系失去正确认识，看起来似乎像地质学中的板块构造。"放大镜型"是指由于人们掌握了大量中心点附近的信息，在中心点附近的城市空间认知空间被放大，从而感觉到的区域比实际要大，而从中心点到其周围的距离也相对被夸大。而"磁力型"是"放大镜型"相对，由于中心点的拉动作用而使得人们对于周围到中心点的主观距离比实际距离要小，人们从熟悉点到附近地区的空间距离要比不熟悉点到附近地区的空间距离要短。

在此基础上，洛艾德（Lloyd）又提出"绝对错位"和"相对错位"的概念。绝对错位是指"由认知过程中对于实际的转换、旋转或缩放导致的系统性的错位"。而相对错位是指"对于记忆中某个区域外形的扭曲或某些点之间的距离、方向错误"（Lee，1990）。薛露露等（2008）对北京城市居民认知距离的研究发现，北京城市中心（西单、天安门）的变形程度较小，而越向城市中心外围变形也越大，而且明显呈现东西方向收缩的态势。作者认为这样可能与北京目前东西向主干道多于南北向主干道有关。研究也发现，居住时间对结果有明显影响，居住时间越短变形越大，随着居住时间增加，变形则降低，而距锚点（居住地）越近，变形越小（图3-12）。

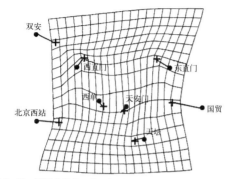

图 3-12　测试点的实际位置与多维量图位置偏移的网格分析图
（+ 为多维量图（MDS）位置，圆点表示实际位置）

3.5.2　环境偏好

1. 绿色体验

对于大多数人来说，驱使其寻找自然、亲近自然的力量十分强大。卡普兰（Kaplan, 1978）的研究证实了这一现象，他描述了城市的装配工人在午餐时间冲出工厂，疯狂开几公里的车，到达有树的可以坐着吃午餐的地方。这证实了一个人所体验的自然并不需要很壮观，可以是一棵普通的树，或一小片开敞的地方（Kaplan, 1982; Kaplan & Herbert, 1987）。还有研究显示，注视自然景色可以减少压力，恢复健康幸福的感觉，提升更积极的情绪和感觉，甚至还可以有助于病人恢复健康。目前关于环境理疗和治愈的研究一直在持续发展中，这个研究领域的代表性学者是乌尔里希（Ulrich）、卡普兰和哈提格（Hartig）。

许多研究者认为，寻找机会体验自然是人类的一种内在需要（Kaplan & Kaplan, 1989）。那么，这种"需要"是自然选择的产物么？而许多学者声称对环境的偏好是一种经验的反应，是由个人的生活经历和文化价值所决定的，如与自然保持和谐。尽管人们对景观的反应的确关系到先天和学习两方面，但认为"人类的进化历史对环境的偏好起直接

作用"的观点已经越来越普遍。换句话说，人们对各种不同自然环境的偏好已经历发展，因为这对于我们这些幸存的个体和物种而言是至关重要的。人类经过长期的进化过程获得了某种程度的天生偏好。

在有关人们喜欢环境中哪些事物的研究中发现，景观偏好的跨文化研究证明了跨文化的一致性。尽管在景观偏好研究中也发现了一些文化和种族的差异，但这些研究也常被其他的一些因素干扰，如教育程度，城乡差异等。

2. 景观的物质特征

环境偏好作为一种进化选择的概念十分符合现有资料，如可以识别那些增加景观吸引力的具体自然特征，而且在大多数情况下，这些景观特征恰好就是那些可以为早期人类提供安全和必要资源的良好结合体。图安（Tuan, 1974）研究认为，"对如同沙漠或者是僧侣的单人间一样光秃秃的荒凉环境的偏好，是与人类渴望舒适和丰富的自然天性相违背的"。

许多研究证实了"水"是所有自然景色中最优先考虑的部分（Yang & Brown, 1992）。水景研究显示，不只是水量有意义，水的清澈、新鲜同样重要。山脉湖泊和流水，特别是瀑布，都是极受欢迎的，而沼泽地区或藻类繁盛覆盖的水面则不太受欢迎（Herzog, 1985）。环绕树木的开敞草地很受欢迎，而有小灌木丛和大量的青草覆盖的森林是最受喜爱的（Schroeder & Cannon, 1983; Hull & Harvey, 1989）。赫尔和哈维（Hull & Harvey, 1989）研究了在澳大利亚人们对郊区公园的情绪反应，发现植物和野生动物的数量，树木的大小以及树木的密度都绝对关系到这类环境中愉悦感的提高。穿过公园的小路只有在灌木丛十分浓密时才能增加人的愉悦。相类似地，帕兹福尔、费墨、布霍夫和维曼（Patsfall, Feimer, Buhyoff & Wellman, 1984）研究了对于

一条主要旅游公路的沿线景色反应。他们发现在近景、中景、远景中植物的相对数量是景色的重要组成部分，这个发现与沙弗、哈密尔顿和施密特（Shafer, Hamilton & Schmidt, 1969）在纽约州的一个景观研究结论一致。卡普兰和布朗（Kaplan & Brown, 1989）确定杂草地、灌木丛林地、农田地导致人们对景色吸引力的消极判断，而帕尔默和祖伯（Palmer & Zube, 1976）发现自然水域的数量和险峻程度对景色的吸引力影响强烈。

因此，在自然元素的偏好研究中，高山、树木、花草、植被和水面总是被认为人们喜欢的自然元素，可能多姿多彩的水是其中最具感染力的，大面积的水面、水的倒影、流水和被树木植被包围的水面可以大大提高环境品质。而岩石、沙漠等硬质自然是人们所不太喜欢的。

此外，还有研究证实，人们对自然景色的偏好远超过那些被人类污染的环境。诸如宁静等积极感受的产生更容易归因于自然环境，而消极事物的感知诸如危险之类则更可能与城市环境相联系（Herzog & Chernick, 2000）。自然的声音可以导致人类生理状态的放松，并且在同时存在自然和人工的环境中自然的声音会增加这种感受比约克（Bjork, 1986、1995），查尔斯、巴里奥和德卢西奥（Carles, Barrio & Lucio, 1999）。人类干扰自然环境的迹象经常会减少这些景色的吸引力，而在人工环境中包含自然物会增加对这些环境的吸引力的判断（Hull & Harvey, 1984；Kaplan, 1978；Schroeder, 1991；Sheets & Manzer, 1991）。

3. 城市环境

（1）空间形态

已有研究表明，典型的自然景观要比典型的城市景观和市郊景观更漂亮，也产生更积极的心理效果。有研究者认为，城市环境中空间的闭合感是喜爱度的重要影响因素，而且空间的闭合感越强，人们越有可能喜欢它。鲍罗丁（Brodin, 1973）检验了这个假设，她挑选了分别代表城市中心、市郊和别墅（Villa）三种地方特色的一些钢笔线描透视图，这些透视图中除了反映空间品质以外，既没有车、人也没有植物，更没有颜色、质感，鲍罗丁（Brodin）解释说这样做可以消除这些中型的"无关的"元素所带来的影响。她首先请建筑师在一个七点量表上为挑选的透视图给予围合感评定，因为她认为围合是建筑师用来创造实质环境的一种手法，所以闭合感也是建筑环境的一种使公众满意的视觉品质。然后她请来自城市中心、市郊和别墅环境的 270 名被试在一张包括 29 个形容词对的量表上评定这些透视图的视觉品质。实验的结果出人意料，对于人们喜欢闭合感强的空间这个假设，只有在别墅环境中才成立，在市郊环境中只能说存在这个趋势但在统计上不显著，而在城市中心，闭合感越强的环境人们越不喜欢。另外大多数被试喜欢别墅环境的特色，最不喜欢城市中心环境的景象。从后者来说，住在城市中心的人比其他人较乐观些。对于这个结果鲍罗丁有些失望，她认为空间的开放程度不是影响喜爱度的唯一空间因素，而且它也是和其他空间因素共同起作用的，后来的研究证明她可能是对的。在城市环境中人们并不喜欢闭合性强的空间，城市中空间的开敞感是人们喜欢的重要原因。

卡普兰（1979）建议应根据人们喜爱程度的评定，可以把环境分成四个类别，首先是宽敞—有组织型空间（Spacious-structured），在这种空间中通常包含树、植物、边界和地标等元素，而且这些元素在空间中合理地安排，使人们能在深度上认知组织这些元素。与之相反，开放—无限定型空间（Open-undefined）通常是无景深的、开放的和缺乏空间限定的。闭合型空间（Enclosed）常常是一个掩蔽的（Screened）或是人们可以躲藏的保护区域。视线—阻隔型空间（Blocked-views）指的是在观察者附近有阻隔视线的东西而使视线不能穿越。在这个环境分类中两个关键的空间变量是开放和限定，它们不仅区分了空间也影响了喜爱度。人们最喜爱宽敞—有组织型空间，不喜欢开放—无定型空间和视线—阻隔型空间。某些闭合型空间人们是喜欢的，有些太局促的闭合型空间人们就不喜欢。10年以后这个理论没有多大变化，只是闭合型空间从这个体系中被去掉了。

赫尔佐格（Herzog, 1992）在一个调查中检验了这个假说。他招募了300多名大学生，让他们对70幅幻灯片在一系列的量表上予以评定，其中包括一个喜爱度量表。他用最小空间分析（SSA）作为环境分类的数据统计工具，在最小空间的分析图上发现了四种空间的集中趋势（图3-13），并且在喜爱度评定中发现——只有宽敞—有组织型空间得到了好评，而其他三种空间都是人们所不太喜欢的。

(a)　　　　　　　　(b)

(c)　　　　　　　　(d)

图3-13　最小空间分析图
(a) 开放—无限定型空间；(b) 闭合型空间；
(c) 宽敞—有组织型空间；(d) 视线—阻隔型空间

环境特征是影响喜爱度的重要因素。但好像对那些不太精彩或没有吸引力的景观而言，实质元素和视觉喜爱之间的关系就不明显了，因而我们还需要继续发现哪些线索导致观察者喜欢某个景观或不喜欢某个景观。一般而言，人们总是喜欢容易理解的环境，城市环境中的人工物如电线、标志、电线杆、广告牌、汽车、涂鸦以及高密度使用的工厂等人工构成物时常让人讨厌，而树木、花草、水面等自然的东西总是让人喜欢（徐磊青、杨公侠，2002）。蔡冈廷等（2000）在比较声音和视觉的关系研究以后发现，大多数人喜爱"自然、开阔"的景观，如田野、海景和溪流，讨厌"人工"的景观，如街道与工厂。至于"半自然、半人工"的景观，如巷弄、校园、森林、音乐厅与风铃等，则使既不喜欢也不讨厌。

（2）复杂性

其他影响喜爱度的实质环境特征要抽象一些。在这些不太明显的特征中，秩序和复杂性是较受人瞩目的。秩序指的是环境中元素的协调组织程度。

秩序感可以提高辨识性、清晰感和一致性，特别是在对城市道路景观和居住区景观的评价中，人们往往喜欢秩序性强的风景。复杂性与秩序正好相反，它指的是环境各元素之间的对比。复杂性与喜爱度之间的关系是随环境的不同而不同，有的研究说复杂性和喜爱度之间是一个线性关系。但在这些研究中难以控制复杂性场景中的无关因素，如电线、电线杆、标志，一些采用反映自然环境特色的幻灯片复杂性也不够，其他的一些控制变量如人们使用的强度等由于没有控制也会使结果产生偏差。两者之间可能还是一个反向的U形关系，即随着复杂性的增加喜爱度将提高，但复杂性增加到某个阶段喜爱度会达到一个最高水平，然后喜爱度随着复杂性的增加而减弱（图3-14）。

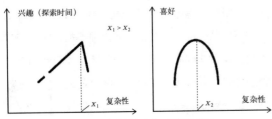

图 3-14 复杂性与兴趣、喜好的关系

在各种城市景观中，商业景观最为复杂。城市商业常产生视觉超载现象，而引起超载的主要因素是标识图像的多重复杂性。尽管标识能引起路人的高度注意，但观察者只能以简单的方式来理解。

纳沙（Nasar, 1984）曾利用一个商业区的模型研究标识的复杂性和一致性以及它们与喜爱度之间的关系。他拍了 9 张不同标识景观的彩色照片，并区分了三种复杂水平（不复杂、中等复杂和非常复杂）和三种对比水平（无对比、中等对比和最大对比），模型模拟了建筑、人行道、铺地、街头家具、汽车、动物、人和街道轮廓线。这些与景观和标识的其他特点保持恒定，于是每个景观仅仅是标识景观的复杂性和对比有所不同。他访问了 92 个人，让他们看这 9 个场景，请他们根据自己的感觉选择最想访问、购物和逗留的地方并对场景排序。结果说明大多数人选择了中等程度复杂的标识景观和最一致的标识景观。

相比简单环境而言，可能复杂环境要更好一些，也就是说，宁可过之也无不及。在针对加拿大温哥华的 10 个广场分研究以后，研究人员注意到那些得分很高的广场，人们评价涉及各种景观要素的形式、颜色和质地。这些景观要素包括树木、灌木丛、喷泉、雕塑和空间的提示物、拐角和高程变化。相反，评价分值较低的广场是"荒凉"和"一览无余""水泥、混凝土铺装过多""缺乏色彩对比""缺乏绿色——空间组织单调"等。也就是说，对硬质的开敞空间如广场而言，多样化的颜色、质地、休息空间和景观要素对于人们的感觉很重要（马库斯和弗朗西斯，2001）。

总的说来环境复杂性和秩序与喜爱度之间的关系非常微妙，复杂性增加提高了人们的唤醒程度因而提高人们对环境的兴趣，秩序感的提高减弱了人们对环境的兴趣却提高了喜爱度，所以只有中等程度的复杂性和较高的秩序感才能获得较高的喜爱度。

（3）宜人环境的美学特征

在环境美学的研究中，纳沙（Nasar）的工作取得了显著的成果。他在回顾了一些实证的空间知觉研究后，总结了如何从视觉方面创造愉悦环境、兴奋环境和放松环境的设计准则。他说（1998）：

1）建设一个愉悦环境应该考虑以下方面：

① 环境中自然元素应占主导，如植物和水体；

② 环境的复杂性为中等程度；

③ 环境有高度的协调和可读性，环境各部分相互兼容（Compability）；

④ 全景的（Panoramas）和有组织的开敞空间；

⑤ 容易维护；

⑥ 看上去有历史感。

2）建设一个兴奋环境应该考虑以下方面：

① 环境中建成元素占主导；

② 环境的复杂性很高；

③ 环境的协调性和兼容性低，色彩明快，元素之间有高度的对比性；

④ 活跃而富有动感。

3）建设一个放松环境则应包括：

① 环境中自然元素占主导；

② 高度的协调性；

③ 建成元素应：

元素之间、元素与自然环境之间要合适与兼容；常见的有历史感的。

4）建设一个看上去有较高社会地位的环境，则应考虑：

①　大型的开敞空间；

②　组织得好且维护良好的自然元素；

③　大的、自立的、都铎式（Tudor）或殖民地风格建筑；

④　装饰。

纳沙自己也承认这些设计准则中有的是含糊不清的，譬如说如何创造环境中各部分的兼容性？格洛（Groat，1984）曾证明建筑与建筑间的兼容性与建筑立面的冗余度有关，沃尔威尔（Wholwill，1979）证明在自然环境中，建筑的兼容性与建筑的尺度、使用和场地的性格有关。不过，纳沙的研究还是很有价值的，这些设计准则都是从上百个空间形态偏好的评估研究中总结出来的。

罗玲玲（2000）检测了60多位沈阳市民对沈阳市6个主要广场照片的分类、排序，并结合问卷，她发现市民认可的广场形象中，"大面积空地"和"草坪"代表了广场的地面构成，占赞成人数的40.7%；"喷泉、水池""树丛"和"雕塑"代表了广场的中部构成，占41%；"四周有道路的转盘"和"建筑物围合"代表了广场的边缘构成，占8.3%。当被试被询问到"广场应当是什么样时？"，从他们的回答中可以看出，被试所关注的广场形象主要与"开阔性"（大面积空地）、"审美性"（雕塑与喷泉）以及与"自然的亲近性"（草坪、水池和树丛）有关等。按照纳沙的观点，沈阳市民关注的广场属于愉悦和放松的空间环境。

徐磊青（2004）对上海市中心的四个广场举行了美学方面的评估。至少在这四个样本的调查中，人们对上海中心区四个广场的景观评价尚好。各广场中以人民广场的景观评价最高，静安寺广场次之，淮海广场和弘基广场差不多皆殿后。广场景观与广场面积无涉，人民广场胜在气氛、建筑设计、空间开阔、绿化和照明等项，静安寺广场亦佳于空间层次、气氛、建筑设计和地面铺装等项。通过回归分析发现：一个优美的市中心区广场的环境特征至少系于：① 建筑设计优质、天际线曼妙；② 空间开敞；③ 看上去有历史感；④ 绿化好；⑤ 维护佳；⑥ 空间有层次。这个景观评价结构介于纳沙所谓的宜人环境和兴奋环境之间。

其实他所调研的四个广场充满现代气息，不是历史保护地段，但是其景观分析依然表明历史特征的重要性，这提醒我们在城市建设中历史传统特征的美学价值。另外，同一空间在不同场合下景观是不同的。而且时间、光临次数、活动、干扰感、可坐的地方等，经证明对景观也有若干影响。这些场所性的元素多与人群数量和活动特征有关，人数多活动丰富多彩且人人互不打扰，则环境美质必有提升。另外，景观是存在个人、地域和文化方面的差异的。但是在这个案例中上海人既没有比外地人更高估，也没有更贬低景观的品质，反之亦然。

（4）识别性与城市意象

1）可读性的城市环境

凯文·林奇（Kevin Lynch，1960）通过对居民城市意象的调查研究，分析并确定了用来分析城市表象的五个基本要素，它们是路径、边界、节点、区域和地标。

他认为，环境意象由个性、结构和意义组成。一个可加工的意象必须是与周围事物有可区别性，然后这个意象必须包括物体与观察者以及物体与物体之间的空间或形态上关系。最后，这个物体必须为观察者提供使用的或是情感上的意义。他认为一个容易产生意象的城市，应该是有一定形状的，有特征的，惹人注意的。对这种环境的感知不仅是简化的而且是有广度和深度的。它将是一个各具特征的、各个部分结合明确而且连续统一的城市，在任何时候都能使人理解和感知的城市。

而城市景观的可读性（Legibility）指的是一些能被识别的城市部分以及它们所形成的结合紧密的图形。就像书上的每一页，只要字迹清楚易辨，就能以一种由可识别的符号所组成的模式而被人理解。所以一个可读性的城市就是它的区域、路径、地标易于识别并组成整体图形的一种城市。

综观林奇的理论，我们发现路径在这些要素中是最重要的，是城市形态的设计中最有效的。如何在一个方格网的道路体系中形成区域的差异性，将是创造环境可读性的最重要方面。

2）空间与建筑的可识别性

尽管林奇的研究取得了很大的成就，但是因该研究过分强调实质环境而忽略使用与社会文化方面的因素而招致的批评一直没有停止过。米尔格兰姆（Milgram, 1970）曾用一个公式说明城市中任何景观被人们识别的可能性：

$$R = f(C \times D) \qquad (3\text{-}1)$$

式中 R——可被识别的程度；

C——景观接近中心的程度；

D——在建筑形象与社会意义方面该景观特色的鲜明程度。

根据这个理论，某一景观被识别的可能性，与其位置和特色有关。如果某景观位于人流集中的地方，或是其形象非常有特色，那么该景观则意象性高。

阿普尔亚德（1969）在调查了南美洲城市圭亚那后总结道，建筑的可意象性可以归纳为三方面的要素，即形式、可见度、使用与意义。

在建筑形式上，他说：

① 突出的轮廓线能帮助人们将建筑物从环境中识别出来；

② 有变化的、动态的东西惹人瞩目；

③ 与周围建筑在体量对比上有明显差异的建筑

也容易辨认；

④ 建筑的形式应该有自己的特色，特别是与周围建筑物应有对比关系，因而一般而言在城市中那些非常简单，或是极度复杂，抑或是独一无二的形式总是使人印象深刻；

⑤ 建筑外表面装修材料的颜色、明度、肌理和细部的精致程度，以及建筑质量的高低对可意象性也有影响；

⑥ 广告牌是较次要的因素，但也须注意，因为过分突出的广告牌和交通标志牌也会导致人们看不见一些重要的设施。

在可见度方面，即使意义一般、形象不十分突出的建筑，如果它位于一个非常重要的位置上，四面八方的人们都能看到它，那么它通常也会被人们记住。所以人们通常不会忘记在主要交叉路口附近的、广场中心或尽端的建筑。在使用与意义方面，阿普尔亚德（Appleyard）说使用率高的、功能单一的、有很多人在里面的大楼通常在人们的认知地图中占有很重要的地位，譬如医院、图书馆、剧场等。另外，具有文化和历史象征意义的建筑一般也不容易忘记。

本文以为，对环境的识别性来说，除了实质环境本身以外，区位和社会及文化意义一样重要。我们可以用建筑的可意象程度来分析。下表是"新中国50周年上海经典建筑评选"结果，我们可以发现在金奖的评选结果中（表3-2），市民和专家（更准确的说法是精英）的选择非常集中，两者十个有七个是一样的（虽然顺序不一样）。其中金茂大厦、东方明珠电视塔、和国际会议中心位于陆家嘴。上海大剧院、上海博物馆位于人民广场。陆家嘴与人民广场不仅是上海的市中心，而且都是大规模的开敞空间。被专业人士嗤之以鼻的国际会议中心在市民评选中位列第三，绝非偶然，因为一个建筑如果它的位置非常突出，即使它的建筑形象不十分突出，它的可意象性也是非常高的，更何况国际会议中心的形象应该是非常突出的。

表3-2 "新中国50周年"上海经典建筑评选情况

金奖 评选结果	专家评选意见	市民评选意见
金茂大厦	金茂大厦	东方明珠电视塔
上海大剧院	上海大剧院	金茂大厦
东方明珠电视塔	上海展览中心	国际会议中心
浦东国际机场	上海博物馆	浦东国际机场
上海展览中心	浦东国际机场	上海大剧院
上海博物馆	东方明珠电视塔	上海博物馆
上海体育场	上海图书馆	上海展览中心
上海图书馆	松江方塔园	上海体育场
国际会议中心	西郊宾馆七号楼	证券大厦
新锦江大酒店	上海体育场	新锦江大酒店

上面的金奖建筑全部都是公共建筑，而且绝大多数都是与市民的生活有着密切的关系。金奖建筑分别是城市的剧场、机场、博物馆、展览馆、体育场、图书馆、会议中心。除了新锦江大酒店有些让人意外，其他的建筑都是市民的休闲、娱乐、文化和出行的主要场所，人流汇聚，使用频繁。

观察这个评选结果，最让人意外的不是国际会议中心的入选，而是上海火车站的落选。无论是专家还是市民，都未将上海火车站选入前三十名。浦东国际机场位列前十，市民甚至将地铁人民广场站选为第三十名，这不能不说是上海火车站规划与设计的失败。

3）林奇的城市意象

可意象性是使一个特定的观察者产生高概率之强烈意象的性能。对象的色彩、形状、排列可能促成了特征鲜明、结构紧凑和相当实用的环境心理图像。在此基础上，林奇提出了一系列可辨识城市的城市设计原则：譬如，主要的道路应有明显的独有的特征，从而能与周围的道路形成差别而显现出来，应用这些特征时必须保持道路的连续性；又譬如，当一条边界与城市其他结构有视觉和交通上的联系时，那么它就成为一个重要的特征；独立性及其与背景的对比是一个有存在价值之地标的基本要求等。

林奇（1960）在他的著作《城市意象》一书中，详细介绍了他对美国的波士顿、泽西城和洛杉矶所进行的意象研究。波士顿是一个很有特点的城市，形式生动却不易确定方向。泽西城则是一个初次观察印象性极低的城市。洛杉矶是一个特大城市，市中心有网格状的布局。林奇在研究这些城市的意象时，采用了两种主要的方法。在第一种方法中，由居民中抽样并与之面谈，探询这些被试对城市环境的意象如何。他收集了以下的信息：每个城市对它的居民的象征意义，从家到工作地点的方向，人们对这一段路程有什么感觉，以及该城市中有特色的要素。另外还要求被试画出地图和辨认各个地方的位置。

在第二种方法中，林奇要求一部分被试从照片中辨认一些地方，一部分受过训练的观察人员还到城市中去作系统地实地观察，他们被带到他们曾在采访中描述过的路线上去，询问他们所在的位置和所看到的东西。这些观察人员利用曾经在示范分析中证明富有意义的资料，描绘出环境因素，其意象的优缺点等，这种方法能和抽样人士面谈所得资料与实地分析所得资料作比较。尽管很多因素都对意象的形成有影响，如当地的社会意识、风土人情、历史变迁、城市功能，甚至是其名称，但是从林奇的方法来看，他所关注的意象限于实体方面。林奇以认知地图的五种构成要素即路径、边界、区域、节点和地标来分析这三个城市的（图3-15～图3-17）。

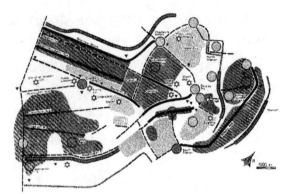

图 3-15　公众理解的波士顿

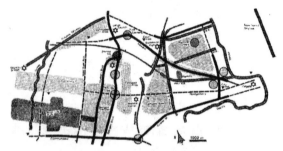

图 3-16　公众理解的泽西城

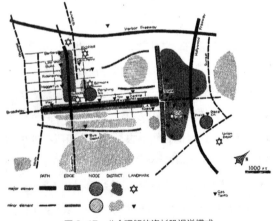

图 3-17　公众理解的洛杉矶视觉模式

林奇之后，国外很多学者也展开了有关城市意象研究。如弗朗西斯卡托和梅班（Francescato & Mebane, 1973）采访了米兰和罗马两个城市，问题包括：对他们的城市喜欢和讨厌的各是什么？他们记住了什么？如果他们迁走他们可能记住些什么？对他们来说什么是重要的？他们如何向别人描

述该城市有特色的部分？还要求他们画一张城市地图。研究表明，环境意象会随着被试的年龄、社会阶层以及是否在这个城市出生之变化而变化。罗马的中产阶级和下层阶级对罗马的城市意象有明显的差异，除了沿主要河流的路径和由此形成的边界（滨水地带）较为一致外，对其他四个要素：区域、路径、节点、地标的认知均明显不同。在中产阶级的草图中有两个相当完整而独立的区域，分布在河流的东西两岸，均处于城市的中心区，这表明他们有较为固定的活动范围，他们经常通行并熟知的道路多达十几条，且都是通向市中心或中心区内的道路，道路的路线清晰完整，长度也比较长。从节点和地标来看，能形成稳定意象的数目也比较多，分别为 7 处和 12 处。这表明由于社会地位高并有相当的经济基础，这部分人在城市中的活动范围较广，有较多的出行机会，能接触到城市空间的诸多方面，因而能形成较为完整和稳定的认知意象。

阿普尔亚德（1969、1973）访问了从圭亚那市的四个区，从中随机选出的 75 人，其中包括两个杰出人员组。发现居民与专家有不同的城市意象。他发现非常明显的特征是，被试强调的都是路径和地标，只有那些画得较为详细的地图才出现了边界、区域和节点。发现这一点很重要，这说明认知地图的五个要素并不是均衡发展的。人们在熟悉新环境的过程中，总是从重要地标开始沿着某几条路径探索，首先形成环境的路线型意象。人不是天上飞的鸟，不能短时间内对大尺度陌生环境建立起整体的意象，只有当路线型意象不断丰富发展，积累到一定程度时才能形成较为全面的城市意象，如果环境附近有登高远眺的制高点，就会加速形成整体意象。而该制高点则成为环境中的控制性标志，并与环境的各部分形成有机的联系。

阿普尔亚德（Appleyard）发现，规划工作者

的城市知识更加广泛和复杂，因为他们都进行过现场和书面的调查，他们比一般城市居民到过城内更多的地方。而其他被试的草图以家为基地，并偶尔有一些围绕购物中心、工作场所或早先居住过的地方的岛状地区。它的形状像一个星或星座，带着交通系统的触角状。他们的城市知识与其城市生活密切相关，其认知图式是一块熟悉的领地，边界上的情况不太清楚。设计人员的草图在中心很薄弱，但却以河流和城市发展的轮廓线作为边界，用心理学的术语说，居民看到了图形而设计人员看到了背景

4）中国城市意象的研究

中国学者早在20世纪80年代就开始陆续进行城市意象的研究工作，但是直到20世纪90年代后期以来城市意象研究才成为一个重点，林玉莲（1999）对武汉市进行意象研究，杨立峰（2000）对昆明城市意象的研究。沈益人（2004）对苏州城市意象的研究，蒋晓梅和翁金山（2001）对台南市的城市意象研究。关于北京城的城市意象也有一系列的报告（顾朝林和宋国臣，2001；冯健，2005），冯维波和黄光宇（2006）对重庆的城市意象研究，李雪铭和李建宏（2006）对大连空间意象的研究等。

林玉莲（1999，2000）就武汉的城市意象调查了来自汉口、汉阳和武昌的总共147名被试，并请他们回答哪里是武汉最美的地方，作为武汉市象征和值得自豪的地点是哪些，城市的中心在哪里，以及对武汉的总体印象等问题。林玉莲指出，尽管被试对城市的记忆多偏重自己所在的区域，但公众意象图中出现频率最高的要素集中在汉水与长江交汇处，特别是长江大桥、黄鹤楼和电视塔不仅是被试最清晰的公众意象，也是城市的象征和值得自豪的地方，而且三者的巧妙结合构成了三镇交界处一组绝对控制性的标志，见图3-18、图3-19。

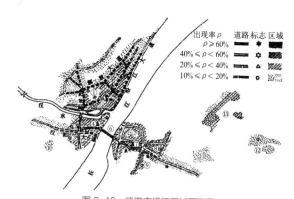

图3-18 武汉市沿江区域平面图
1—武汉商场；2—古琴台；3—归元寺；4—电视塔；5—晴川饭店；
6—长江大桥；7—黄鹤楼；8—中南商场；9—武昌火车站；
10—动物园；11—武汉大学；12—磨山；13—东湖

图3-19 林玉莲，武汉城市意象

顾朝林和宋国臣（2001）的北京意象研究，他们发现北京市的城市意象空间是天安门广场为中心，以长安街和二环、三环、四环路以及前门大街等道路骨架形成的网格状系统。该网状系统以二环路为界，划分为内、外两个城区。在内城区，在道路框架的基础上，由地标、节点、功能区等要素共同组成城市意象；而在外城区，则只有部分地标要素起主导作用。行政区对于整个市区居民只有模糊的意象。综合起来看，影响北京城市意象空间的主要要素是道路、地标和节点。总体而言，北京市城市意象主结构明显，内城区次结构清晰，外城区次结构则趋于模糊。道路、地标和节点等是影响北京意象空间的主要要素。有着大量历史、文化传统的古建筑和具有商业功能、集散功能、政治功能等实用性的现代建筑形成的节点和地标进一步加深了公众的意象。

冯健（2005）通过调查得到的北京居民323份

认知草图（图3-20）的研究后发现，二环、三环、四环、五环、高速公路、长安街、平安大道、前门大街、西单大街、东单大街、王府井大街和地铁等重要干道构成了北京城市意象空间的基本骨架，上述的环网格局包含了居民意象中最重要的边界和区域概念。城市重要标志物和节点穿插分布于上述道路骨架中，主要分布城市的中、北部地区，重点集中在二环以内，平安大道、前门大街、西单大街、东单大街所围的矩形区域又是标志物和节点分布的重中之重。这个城市意象空间结构与现实中北京城市空间布局的重点极为相似。另外，就城市意象构成出现的概率来看，标志物出现概率最大，其次是道路，节点出现的概率最小。研究还发现居住地点不同居民的认知差异。

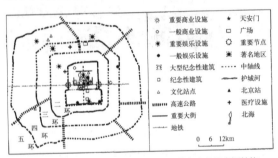

图3-20 基于323份认知草图的北京城市意象的空间结构

冯维波、黄光宇（2006）通过875份的问卷调研发现（图3-21），影响重庆主城区城市意象的八大因子按照其重要性分别是：第一，主要路桥和交通节点；第二，山地与河流；第三，广场与步行街；第四，文化遗产与古迹；第五，标志性建筑和公共绿地。作者发现，虽然主要道路与交通节点有较高的印象程度，但是其品质较差，山地河流也是如此，虽然印象程度较高，但是有75%的品质也较差。在标志性元素和公共绿地方面，品质较差的意象元素都占到了60%。意象评价比较好的是广场、步行街、文化遗产与古迹方面，印象程度和品质较好的超过了60%。这些都对重庆市的规划与建筑设计等专业

有良好的参考价值。

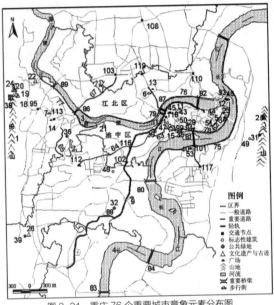

图3-21 重庆76个重要城市意象元素分布图

研究表明，意象除了环境中的实体方面以外，还取决于个人因素、环境的社会文化意义以及其被使用的频率，而这恰好林奇所忽视的或是故意忽略的。人们关于环境的知识通常包括：环境中的实质元素，事件的发生（入庙会、夜市）、个人或群体的情感属性和象征意义。所以环境意象的内涵要比环境的实质方面丰富得多。

蒋晓梅和翁金山（2001）的研究发现，台南市居民对城市意象因子的重要性排序分别为：① 古迹；② 公园绿地；③ 特殊建筑物；④ 广场、传统美食、民俗活动、水域资源；⑤ 重要道路；⑥ 交通节点、地标。

从意象元素的重要性和品质来说，居民普遍认为大多数民俗活动和传统美食这两项非实质意象元素的不仅重要而且品质较好，但普遍认为交通节点尽管重要但品质较差。居民认为地标、古迹、广场、重要道路的多数品质不佳，相反，认为尽管多数特殊建筑群的重要性低但品质较好。

Chapter4

第4章 步行行为与环境

Walking Behavior and Environment

任何场所或地点间的位置变化，都伴随着移动行为的发生。无论距离远近，无论采用何种交通工具，从自己的家到外面的某个场所，或从一个场所到另一个场所，都伴随移动行为的发生。特别是在距离相对较近的范围内，人们往往会选择步行这种既便捷又灵活的移动方式。

步行是人们最基本的日常生活行为之一。在步行的过程中，不仅只是行走的运动过程，也包括站立、停顿和休息等行为。步行可分为有明确目的地或目标的行为以及没有明确目的地或目标的行为。例如，上下班、回家、购物等是有明确目的地或目标的行为，而散步、逛街等通常是没有明确目的地或目标的较为随意的行为。

人在步行的过程中，会受到各种因素的影响，形成人与环境之间相互关联的动态关系。根据对环境的熟悉程度，步行行为分为路径选择（Path Choice）和路径探索（Wayfinding）行为。例如，上班和上学路上，是环境非常熟悉的一种步行行为，与初次寻找目的地的，对环境非常不熟悉的情况是完全不同的。路径选择是对从起点到终点的道路有一个整体认识，在步行的过程中选择最佳路径或最适合路径的过程。路径探索是在步行行进的过程中，对所在地点和终点的道路和空间关系不能很好地把握，需根据不断展开的道路状况和自身对环境的认知随时作出反应和探索到达目的地终点的过程。路径探索也是在环境信息不足或学习能力低下等情况下发生的路径选择行为，例如初次到某地时便会经常碰到路径选择和路径探索的问题。

此外，日常情况下的步行行为与紧急情况或非常时期等紧张和恐慌状态下的步行行为特征是不同的。在发生地震、火灾等紧急情况时，步行者必须在很短的时间内，根据当时所处环境条件的信息和条件，迅速地进行逃生和紧急避难。

4.1　路径选择

4.1.1　最短路径的选择

通常情况下，人们都有选择最短路径的倾向。这种现象在日常生活中不胜枚举，例如，公园草坪中踩踏出的斜向小路，不走人行横道而斜穿道路等行为。从起点到终点的距离、耗时是路径选择的一个基本要素。当两条或多条路径的距离明显不同时，步行者为了节省体力和时间，在起点到终点的宏观方向的指引下，通常会选择朝向终点方向的直线或接近直线的路径，即选择最短距离的路径。不过，当两条或多条路径的实际距离不完全相等而较接近时，由于步行者不易感知其差异，通常会倾向于将其视为相等距离的路径选择。

由于受内外条件的影响，有时步行者并不会选择最短路径，而是选择其他距离较长的路径，这样便会出现绕道的迂回行为。上下班时，在车站与家之间，人们有时会选择最简单易走的路径，而不是选择最近或最适合的路径。迂回行为会在终点方向的指引下被结构化，即在终点的宏观方向持续不断地引导步行者移行。步行距离越短，步行者越倾向于选择最短路径，而随着步行距离的增加，迂回行为也会增加。迂回行为的发生与道路的状况和步行者的身心条件等因素有关，如道路宽度、机动车通行量、路面铺装、沿街商铺等。

4.1.2　方向和方位的选择

1. 终点指向性

终点的指向性是指步行者所选择的步行方向是能够从宏观上把握整个路径的方向，在步行的过程

中选择指向终点方向的路径的行为。例如，当人们
从车站闸机口出站时，如果目的地的终点在闸机口
的右侧时，人们通常会自然地选择右侧的路径；而
如果在左侧时，会选择左侧的路径。

在棋盘状道路网街区中，从家到最近的轨道交
通车站之间的路径选择表现为大部分人会选择沿着
垂直于轨道交通轴线的道路行走，显示出具有较强
的选择边界线步行的倾向，也有一些人会选择起点
和终点之间接近对角线的之字形路径，终点的指向
性非常明显（图 4-1）。

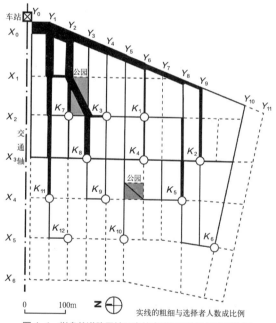

图 4-1　棋盘状道路网地区中从家到最近车站的路径选择

2. 空间与设施的引导作用

在建成环境中，由于空间功能和形态的不同，
人们会面临不同条件的道路和步行环境。在走道空
间或呈明显呈长向的空间中，空间的长轴方向具有
较强的吸引力和引导作用，在这个方向上的路径选
择率较高。环境设施中，作为建筑空间主要垂直交
通工具的楼梯设施，靠近身边的楼梯和中间楼梯的
选择率较高，两边的楼梯选择率较低，且楼梯的吸

引力比空间长轴方向的吸引力较强。

足立孝在关于人行横道、地下通道和人行天桥
的路径选择研究中指出路径选择的可能性从高到低
依次是人行横道、地下通道和人行天桥，其原因与
距离、直接性、上下可通行以及安全性、自由度、
好奇心和持续性等因素有关。在自动扶梯和楼梯同
时存在的情况下，一般选择楼梯的人较少。楼梯的
利用率因上下行、高低差、行进方向、是否设置在
上班路上、时间段等不同而不同。走廊型集合住宅
中的电梯和楼梯的选择，受终点方向的影响。如果
离终点方向附近有电梯厅的话，人们会首先选择离
终点最近的电梯厅中的楼梯和电梯，而回家时会先
到达家所在的楼层。终点的方向和电梯厅相反时，
就会呈现相反的选择方式。罗宾斯（Robbins）在
西雅图公共汽车站的选择调查中发现，在到达终点
前下车再步行到达终点的人占 71.6% ~ 85.8%，这
种方式比超过终点后再折返的人更多，这可能是想
要节约时间以及避免折返的心理所致。

3. 左转与右转

在选择路径时，人们经常用向左转或向右转
的方式选择路径。空间中的左转或右转，不同国家
和地区的人们有不同的倾向，这可能与社会文化和
生活习惯有关。偏向左行或右行的习惯可能也会导
致偏向左转或右转的行为。研究表明日本人有左行
的现象，户川久喜二在群体行为的研究中指出在
0.3 人 /m^2 以上的密度时，人们会自然形成左行，在
博物馆和展览馆的观众的步行行为轨迹追踪的研究
中显示出人们偏向选择左侧路径的倾向，人们是向
左转开始观看展品，甚至在通常的室内空间中，也
具有这种向左转的倾向。而在英国商业街人流动向
的研究中，人们更自然而然地选择偏向右行和向右
转的倾向。许多研究指出西方人有向右转的倾向。
在中国某高校图书馆所做的对称路径选择的步行轨

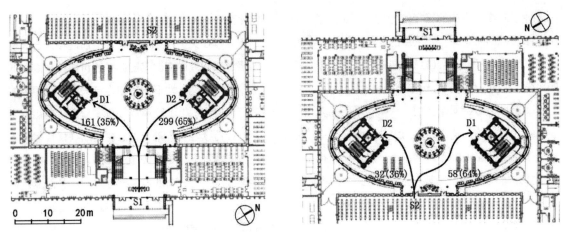

图 4-2　中国高校图书馆学生的步行轨迹

迹调查中，可观察到大部分学生倾向于选择右侧的路径，即使到终点的实际距离稍远时，仍然有更多的学生选择右侧的路径，且这种倾向与性别无关（图 4-2）。可以认为左侧或右侧路径的选择也会受到不同国家的社会文化以及人们的生活习惯的影响。

4.1.3　路径选择的影响因素

影响路径选择的因素主要有步行者主体特征、外部状况，以及步行者与外部状况的关系三个方面，如图 4-3 所示。

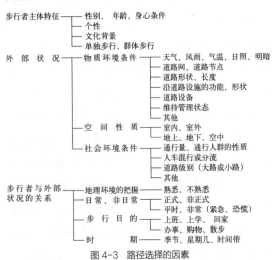

图 4-3　路径选择的因素

4.1.4　路径选择的模型

路径选择行为具有一定的规律性，如图 4-4 所示。从起点到终点之间的之字形路径可以认为是建成环境中实际的最短路径，它具有强烈的终点指向性。边界线上的步行虽然比最短路径远些，但在实际环境中它可能是比较适合步行者选择和使用的路径。迂回步行是远离最短距离和适合的路径的绕路行为甚至是迷路行为。整个步行行为按照终点的指向性，被结构化和被赋予方向性的特征。在朝向终点的宏观方向步行的同时，空间条件的意义得以具体化。空间条件包括空间的轴向性以及起点和终点的相对位置所导致的边界性。步行者会在这个被结构化的行为模式中保持安定的步行状态。如果要改变这种状态的话，需要有对步行行为具有强烈意义的符号性功能的改变，如改变步行环境的地面高差和道路状况等。行为要素和空间要素相互关联和影响，是路径选择的主要因素；环境的物质条件以及步行者及其所处状况或条件也是步行者路径选择的重要条件和影响因素。

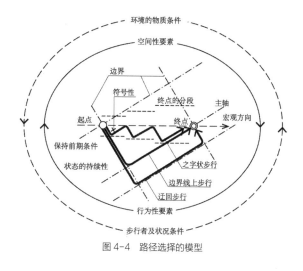

图 4-4　路径选择的模型

4.2　路径探索

　　路径探索（Wayfinding）一词最早出现于 20 世纪 60 年代凯文·林奇的《城市意象》一书中。路径探索是指步行者在不熟悉的环境中，利用各种信息进行探索和发现，到达目的地或达成目标的行为，它反映了步行者在空间中的行为状态以及与空间的相互影响。

　　路径探索可分为正常状态下和紧急状态下两种。正常状态下的路径探索是指在某些设施或环境中，根据场所提供的信息，为达到某个目的地或目标而进行的探索。这些设施或环境包括除自宅外的交通设施、工作环境、休闲娱乐设施及商业设施等。紧急状态下的路径探索是指火灾、事故等灾害发生时寻找疏散通道，紧急逃生和避难的行为。特别是在规模庞大、空间复杂、人流密集的建筑设施或地下空间中，灾害带来的损失将是巨大的，及时准确的信息对于紧急状态下的路径探索至关重要。此外，还有一种带有娱乐性的路径探索，有意地制造迷路

和障碍，使人体验探索中的惊喜和发现，如迷宫和游乐设施中复杂迷幻的空间和路径。

　　上述的路径探索，都是具有某一目标的探索，称为有目的地的探索。这个目标可以是一个场所，它的地点是确定的。在这种探索中，起点或现在的所在地与目标间的关系不仅作为路径的起承，而且根据其与距离、方位、标志物间的关系，可以在宏观上进行把握。实际上，在实际生活中的路径探索有时并没有明确的目标场所，或者说路径探索的目标是某种功能，即地点不确定而某种功能确定的探索，如寻找厕所或银行取款机等。

　　在现实中，许多迷路的人往往会将迷路的原因归结为自身的无知、错误或准备不足，且认为迷路这种行为多为个人的暂时现象，因此，对于改善设施环境的需求并不十分强烈。另一方面，建筑师和规划师也喜欢提倡一种迷宫式的"令人激动"的空间，而不是"单调的"易于识别的空间，他们更注重满足设施的实用功能，而较少考虑实际使用中可能产生的行动困难和心理影响。

4.2.1　与路径探索相关的主要因素

　　路径探索的过程是从环境中获取信息，在大脑中处理信息，再结合个人条件做出计划，最后在适当的地点将计划付诸行动的过程。路径探索与行为主体的属性条件、空间环境、环境认知以及步行行为有关（图 4-5）。

1. 主体的属性条件

　　根据主体身心状态的不同，可以将路径探索行为的主体分为健全者和障碍者两大类。因年龄、性别、性格、文化程度和健康状况的不同，路径探索的主体表现出的行为特征和能力是不同的。健全者是指身心健康、在认知和行动方面没有障碍的人群。然

而，这种没有障碍的人群有时很难明确界定，而且也不是固定不变的。例如，老人的视力和听力下降进而发生行为障碍，一个极度愤怒、受挫或疯狂的人会对道路标识暂时出现识别上的困难，推着婴儿车、购物车或携带重物的人会暂时失去身体的灵活性，刚出国的人会因语言不通而产生认识和交流的障碍等。因此，可以说没有人始终是没有障碍的。健全者尽管有时会出现身心障碍的问题，但是，这些问题通常是暂时的现象，属于正常的范围。

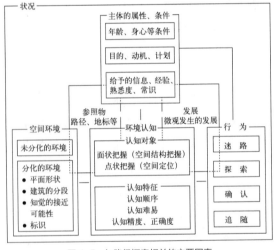

图 4-5　与路径探索相关的主要因素

障碍者主要是指那些身体和精神上有缺陷的人群，主要有知觉障碍者、认知障碍者、语言障碍者和移动障碍者。障碍者因其身体疾病的严重程度，表现出来的认知能力、反应能力及环境的应对能力是多样和复杂的。知觉障碍者主要包括视觉障碍者和听觉障碍者。视觉障碍者因年龄、眼部疾病等原因引起视力下降，对环境的视觉信息的获取和解读能力较弱，如老年人和白内障病患者等。视觉障碍是影响路径探索行为最严重的知觉障碍。全盲者无法像有视力的人那样可以直接发现或看到目标或目的地，也无法看到对路径探索十分有用的标识和地图信息，他们与外部环境的感知主要是通过听觉或

触觉来实现。完全丧失听力的听觉障碍者无法获取声音信息，失去了广播预告、口头指示等声音信息获取的渠道，只能通过书面语、手语或唇读（口语）来获取信息。听觉较弱甚至需要使用助听器的人，电磁干扰和环境噪声会对其获取信息产生不良影响。

认知障碍者是因信息过量或疾病、事故、年龄、遗传等引起的暂时性或永久性的认知混乱，主要包括情景认知障碍者和发育认知障碍者。情景认知障碍者主要指处于某种沮丧、困惑和压力等特殊情景下，在信息处理和决策反应时遇到困难和障碍的人群。发育认知障碍者是指生命的某个阶段，因发育、外界刺激或疾病造成认知障碍的人群，其记忆能力、空间认知能力和学习能力均较弱，如智障者和阿尔茨海默病患者等。

语言障碍者主要是指没有识字能力的文盲或识字能力较差的半文盲，以及不懂当地语言的外国人等。

移动障碍者指步行有困难的乘轮椅者和借助步行辅具的障碍者，如拄拐杖者等。

2. 信息、经验、熟悉度和常识

在路径探索的过程中，步行者会利用所获得的信息、经验、对环境的熟悉度和常识来完成探索任务，到达目的地。在熟悉的环境中，步行者熟知环境的结构，有较清晰的认知地图，对方法和目标之间的关系有比较系统的认识。按照已有的经验和常识，日常生活中的行为和活动近乎自觉化和日常化，也能应对发生的问题，环境与人之间已形成不同程度的密切关系。环境与人之间在认识层面的高度结构化以及情感羁绊联系，使人处于适当和安定的人与环境关系的系统中。但是，当人进入到新的环境时，原来与环境相适应的关系产生混乱，环境已不是熟悉和密切的关系所支撑的对象世界。在哪里有什么，向谁寻求什么样的帮助，这种基本构造的学习、能

否顺利地进行活动并营造新的关系等，成为必须面对的新问题和体验（南，1995）。

步行者对街道的熟悉程度不同，所获得的信息也不同，对街道的熟悉程度与能否从街道中获取有用的信息有着密切关系。首先，街道信息是从视觉中得到的。其次，把街道作为生活的环境来理解其意义。最后，从历史脉络和生活积累中获得街道环境的整体认知。步行者并不是综合所有的状况来判断街道所透露出的信息，而是从一定数量的信息中选择有特点的、对应于某种脉络关系的信息。因为选择信息的标准和信息间相互的脉络关系的不同，初次来访者、新定居的居民与祖祖辈辈长期定居的居民从同一街道中所获取的信息及其意义有很大的差异。

步行者在迷路时会利用环境中已有的指示牌、指南地图等标识以及问讯处获取有用的信息。根据个性、环境的信息条件，步行者在实际环境中信息使用的特征是不同的。有些步行者善于寻找、发现和利用标识的信息，做出正确的选择和判断，通过个人努力到达目的地，具有一定的独立性。有些步行者善于发现和使用建筑物或标志物等空间信息，与环境具有较好的沟通和交流。有些步行者在不确定或迷路时喜欢询问别人，借助别人的帮助来获取信息。从步行者对于信息的使用程度上可以反映出其应对环境的能力。

有准备的步行者会在制定探索行动计划时就尽可能利用地图、旅行指南、问人或网络查询等方法收集有关信息。这种事先准备的信息对于路径探索有很好的帮助和指导作用，查找信息的过程也是步行者对于将要探索的环境形成初步的认知地图的过程。如果这种认知地图与实际环境有较好的对应的话，会有利于探索者进行空间的视认和判断。通常，事先的准备越充分，对探索行动越有帮助。

在智能手机功能越来越强大的今天，具有定位功能的手机地图已经成了路径探索的重要信息来源。在路径探索的过程中，可以不需要看地图、指示牌等标识或问路，只需要打开手机，输入自己想要到达的目的地，地图上就会给出最方便的路径，并即时地引导步行者，为出行带来了极大的方便。

3. 空间环境

路径探索的空间环境指步行者在城市和建筑中为到达目的地或目标而接触到的室内外环境。从步行者可到达的范围来看，这种环境可以是地理上规模尺度较大的地域和城乡环境，也可以是范围较小的区域和市中心，以及范围更小的建筑单体。

从空间整体的角度来看，可以把这些环境看成未分化或未分割的环境。然而，真实的环境是由山川、道路、建筑或标志物等物质的和空间的要素组成，并把整体的较大的环境分割为尺度和范围相对较小的环境，这种环境可称为被分化或被分割的环境。在建筑单体中，平面布局形状的变化、建筑的分区或分段、知觉的可达性及标识引导系统也可将整个建筑进行分化或分段，被分化的环境有助于步行者逐步地分段地认识和探索环境（Gärling, 1986; Weisman, 1981）。

由于城市规模的扩大、建筑密度的提高、建筑功能的复合化和空间的复杂化，路径探索的环境也越来越复杂。因此，平面布局的清晰性和秩序性，对于路径探索至关重要。通常认为水平方向上简洁明了的平面布局，有利于步行者了解和把握空间，便于视认和记忆，但是在实际环境中步行者是否能理解这种空间的简洁性？例如，即使知道"这座建筑的走道是 T 形"的，那么对空间结构的把握真的能够深化步行者对环境的综合理解，并使路径探索更顺利吗？这涉及步行者的环境认知能力和个人差异。

建筑的分区或分段使非常均质的空间产生变化，有助于场所的记忆和认知。这些建筑的分节点或分段在建筑的整体布局上也许不一定十分明显，但是对于步行者却可能是比较特殊的地点或标志，这种被称为功能标志或潜在线索的特殊分节点对步行者是非常有帮助的。

知觉的可达性有助于步行者发现目标、寻找路径或作为参照物，如城市广场、开敞地带、开放空间以及建筑中的门厅和中庭等都是视线容易到达的空间，也是人们定位方向、选择路径、寻找信息的重要场所和地点。

标识引导系统是为步行者提供环境信息的设施和设备，如方向指示牌、指南地图、问讯处、自动指路机等。标识引导系统是路径探索中最常用和最有效的辅助工具之一。特别是在复杂而不规则的空间环境中，在适当的场所和地点设置恰当的标识，能改善环境的易识别性，对路径探索有直接的帮助。

4. 环境认知

环境认知（Environmental Cognition）是指获得环境知识的过程，包括感知、表象、记忆、思维等一系列心理活动。人们把从日常环境中获取的位置、空间、现象等信息在头脑中进行组织、编码、记忆和储存，这些经过加工的信息会形成人们对环境的认知地图（Cognitive Maps），它们通常以草图和图形的形式来反映人对环境的认识和理解程度。认知地图与日常生活中的路径探索、空间定向及环境评价等有密切关系。对于环境整体的面状把握，有助于确定和把握宏观的方向和位置。特别是在偏远地区发生迷路时，对环境的整体把握和理解有助于路径探索和摆脱困境。对于环境的具体的点状把握，有助于确定微观的目标、路径和参照物并有助于判断距离和方位。

环境的认知特征，如认知顺序、认知难易和认知精度、正确度等，不仅与物质环境本身的复杂程度有关，也与人脑的认知结构相关。易于识别和记忆的环境不仅具有愉悦感，更为步行行为、设施使用提供了便利条件。虽然在 20 世纪后期兴起的认知革命中，一些心理学家重新发现了记忆、思维、想象和问题解决等的复杂机制（史忠植，2008），但是与认知科学密切相关的环境认知也还有许多未知领域有待不断的探索，这也是路径探索研究的重要课题和难点之一。

5. 探索行为

路径探索行为包括迷路、探索、确认和追随一系列行为。迷路通常指迷失方向找不到路径而难于甚至无法到达目的地的现象。外在的行为上，迷路表现为停顿、犹豫、徘徊、往复、折返等动作。迷路时会绕道、走弯路，费时费力，偏离所要到达的目的地的最合理的距离。有时候，步行者虽然表现出犹豫、徘徊、停顿，甚至怀疑自己走错了路径，但客观上却做出了正确的选择。内在心理反应上，迷路表现为紧张和焦虑，在面部表情、语言和动作上会有一定的表现，如蹙眉、语速加快、手臂抖动等。在意外事故等紧急情况发生时，迷路更会使人内心恐慌。步行者在心理上对迷路程度的真实感受，需要通过询问步行者自述获得。

探索表现为寻找方向，寻找标识或标志物以及寻找和选择路径的行为，是步行者根据自身条件和对环境的认知在空间中寻找线索，在不断地寻找、发现和问题的解决中渐次到达目的地或目标，是一个"试错"和与环境"对话"的过程。常见的探索行为有：通过太阳方位确认南北方向，通过建筑的形象大体判断建筑的功能，通过标志物推断方位和距离，通过标识、指南地图寻找目标，通过向路人询问直接获取信息，等等。在某种程度上，探索是一种不断地自我修正的过程。例如，当步行者发现自己走进了一个不熟悉的地方，可能会折回到开始出错的地点重新开始，这样就修正了错误。有时，步行者错误地判断了从一座建筑物到另一座建筑物的距离或方向，但是，一旦找到了路径中比较关键的标志物，这个错误便可纠正过来。

确认是对节点、标识、标志物和目标的方位、距离、路径和位置等进行判断的行为。如果判断正确的话，将有助于路径探索的顺利进行，否则，步行者还需进一步探索下去。确认和探索时常是相互交错互为相关的行为。在寻找路径时步行者通常会边走边看边确认，特别是对某些关键的节点、标识或标志物进行确认后再进行下一步的探索。这样通过一个个次级目标的不断探索和确认，最终到达目的地并对其进行最后的确认。

追随是按照确认的目标和既定的路径步行，或跟随其他步行者步行。步行者在确认之后，按照确认地点与目标之间的路径朝下一个目标步行，其间会再度发生迷路、探索、确认。还有一种追随是步行者跟随大部分人流行进，其假定是其目标与大部分人流的目标一致，这种情况常常是在对环境熟悉度较低，无法进行确认时发生。

4.2.2 探索行动的计划与执行

1. 探索主体的动机和计划

为了到达目的地，步行者通常会根据经验、环境脉络、空间性质、标识、地图以及时间、安全等因素，经过思考和决策后制定一个最佳的行动计划。行动计划就像大脑中存储的心理意象与实际环境中探索之间的一座桥梁，可以帮助步行者完成路径探索。每次实施行动计划的成功和失败的经验都将储存在头脑中，形成对空间和路径的新的认知地图，

为今后的行动计划提供参考。

因对环境的熟悉度、自身条件和动机的不同，步行者进行决策和制定计划的详细程度也不同。例如，当要第一次到达某个陌生的目的地时，可能无法制定一个详细的计划，因为有些信息可能不够全面或与实际把握的情况不符。如果对环境的背景或脉络有所了解的话，虽然开始时计划仍可能比较模糊，但是在路径探索的过程中，计划可能会变得越来越清晰。对于视觉或其他障碍者来说，由于认知和行动能力的困难，则需要制定一个详细的计划。对于有特殊要求和动机的步行者，以及必须在规定时间内到达目的地的步行者来说，通常也需要制定一个比较详细的行动计划。

步行者为了到达某设施中的房间所制定的路径探索行动计划和执行的整个过程如图 4-6 所示。在根据认知地图、已有信息和环境特征制定路径探索行动计划时，步行者首先确定目标设施或目的地，然后对这个目标设施或目的地进行大致的方位判断，选择一条从起点到目标设施或目的地的路径，再根据时间、距离等因素选择可利用的交通工具，最后在到达某目标设施或目的地后，再在该设施中进一步地探索，直到确认地址到达终点房间。

2. 计划与执行

行动计划必须能够在正确的地点转化为正确的行为，这个过程是计划执行的过程。当执行行动计划时，步行者头脑中会有对该环境的认知地图。如果能找到与认知地图相应的路口、楼梯或广告牌等，那么步行者就可以继续执行行动计划。如果找不到环境中相对应的要素时，步行者就无法继续执行行动计划，而不得不制定一个新的行动计划。因此，路径探索有时不能够完全执行的行动计划，而需要不断调整，并制定新的决策和行动计划。认知地图对决策和判断具有非常重要的作用。正如步行者通

常会选择一条熟悉的路径，执行一个有记忆的、与环境认知有关联的行动计划，即使这种认知有时是局部的，但仍可以给步行者提供一定的空间定位的判断方法，或者至少提供一种相关联系。

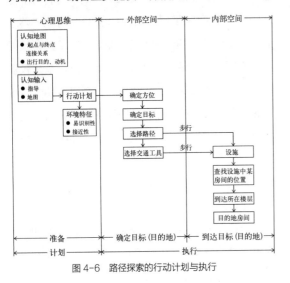

图 4-6　路径探索的行动计划与执行

4.2.3　路径探索的评价指标

　　评价路径探索行为顺利与否的指标可以分为客观指标和主观指标（李斌，2010）。客观指标有到达目的地与否、超越步行率、耗时、步速、看地图标识的次数以及迷路、犹豫、停顿、往复、徘徊的次数等。即使成功到达目的地，超越步行率也并不一定小，而未到达目的地时的超越步行率一般偏大。到达目的地与否、耗时、步速、看地图标识的次数以及迷路、犹豫、停顿、往复、徘徊的次数与超越步行率之间并没有明确的相关性。所以，评价路径探索行为顺利与否的关键指标是超越步行率。超越步行率指实际步行路径长度与最短步行路径长度的比率，最短步行路径长度指从出发点到目的地间的最短的路线长度。

　　主观指标有焦虑、不安、紧张等自身的心理感受。自身的心理感受与超越步行率的大小并不存在明显的相关性，往往与步行者个性相关，且在实际研究中较难把握。

4.2.4　研究案例

1. 轨道交通枢纽站的路径探索

　　李斌（2010）对上海的两个规模最大的轨道交通枢纽站——人民广场站和世纪大道站的研究发现，在两站的超越步行率分别是人民广场站 1.33，世纪大道站 1.90，世纪大道站的路径探索比人民广场站的难度更大（图 4-7、图 4-8）。其原因是，人民广场站每条线路有自己独立的站台层和站厅层，中间有共用的转换区，有利于给人留下清晰的印象，更容易被人理解和感知，便于路径探索。世纪大道站的两侧式候车站台虽然在平面上明了清晰，但是在具体的行为场景中这种空间布局的易识别性较差，造成了路径探索的困难。因此，应尽可能使所有线路的站厅层彼此直接联通或是几条线路共用一个站厅层，当站厅层彼此间隔或不能直接联通时，应设置连接间隔的站厅层的转换层，并保证其功能的独立性。站内线路相交时，最好保持垂直或平行关系，尽量避免钝角或锐角的转折和边界关系，使空间具备清晰的方向性。

　　路径探索是随着行进过程的推进而逐步地展开的，指路信息的内容和形式也应随着步行的进展而有所不同，应随着空间层次的变化分步骤地提供信息。如，在站台处提供站台上不同位置的每组楼梯所连接的出口及设施的名称，在站厅层提供换乘指示和内容清晰全面的站内平面图、地面层的区域平面图，在闸机口内外提供与其直接相连的出口的指示信息，在地面出口处提供指北针和附近区域的平面图。

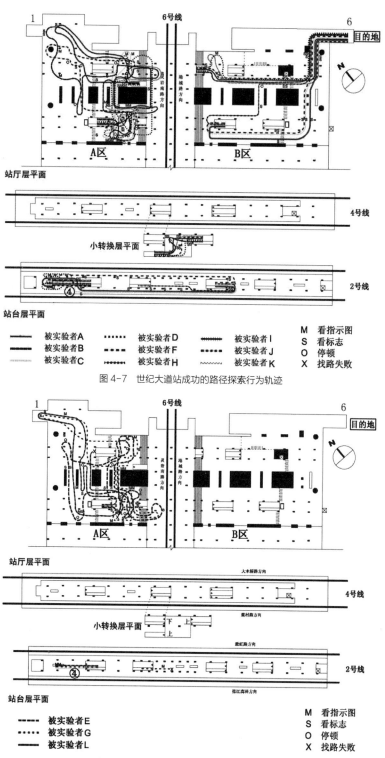

图 4-7　世纪大道站成功的路径探索行为轨迹

图 4-8　世纪大道站失败的路径探索行为轨迹

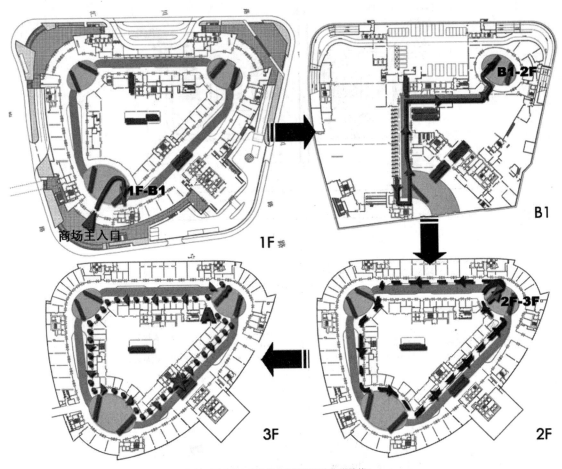

图 4-9　商业综合体路径探索行进路线

2. 商业综合体的路径探索

徐磊青（2011）在对复杂的商业综合体的路径探索和空间认知实验中发现，主入口和标志空间等有特点的空间，有助于步行者形成水平维度上的空间定位。步行者在辨认不同楼层的布局差异时，主要是利用对水平流线系统的概观认知，也依靠对地标的了解和认知。

视觉可达性对于理解空间的对位关系十分重要。垂直交通的规律性布局比错位布局更让人一目了然，使得垂直移动的距离认知更为清晰，更能帮助步行者在垂直维度上对空间进行判断和定位。具有一定空间定位能力的步行者，在路径探索行动中迷路现象较少，或者在迷路后，从空间中获取信息和参照的能力以及解决问题的能力也较好（图 4-9）。

3. 特殊人群的路径探索

乘轮椅者、双拐使用者、助行器使用者、听力语言障碍者和携带大件行李者等的特殊人群在心理、生理和行动能力上均有一定的特殊性，他们能否有效、便捷地步行直接关系到轨道交通枢纽站的环境评价。李斌（2015）的研究显示，高度障碍的乘轮椅者的超越步行率（1.84）远高于其他特殊人群（双拐和助行器使用者（1.57）、听觉障碍者（1.53）和携带大件行李的健全者（1.46）以及健全者（1.39），在路径探索时面临更多困难。除了乘轮椅者之外的其他特殊人群中，障碍程度较高者困难略大（表4-1）。这说明轨道交通枢纽站无障碍流线及导向设计相对健全者流线较薄弱。世纪大道站的平均超越步行率高于人民广场站和宜山路站，路径探索的困难较大。

听力障碍者在看标识平均次数上最高（8.65次）。

由于其听力缺失，因此格外关注视觉信息，频繁地查看标识。其他各组看地图的次数相差不大。而各组看标识的平均次数（6.71次）大大超过看地图的平均次数（0.66次），见表4-2。可见，只有在路径探索信息获取不足的时候，人们才倾向于选择信息复杂、难度较高的地图作为信息来源。

表4-1　超越步行率的比较

组别＼任务	人民广场站		世纪大道站		宜山路站		平均超越步行率
	任务1	任务2	任务3	任务4	任务5	任务6	
乘轮椅者	2.60	1.82	1.61	1.66	1.84	1.48	**1.84**
双拐、助行器使用者	1.37	1.22	2.79	1.36	1.38	1.29	1.57
听觉障碍者	1.33	1.26	2.29	1.25	—		1.53
携带大件行李者	1.36	1.13	—		2.02	1.32	1.46
健全者	1.20	1.10	1.80	1.17	1.88	1.16	1.39
平均值	1.44		**1.74**		1.55		—

表4-2　各组路径探索行为比较

编号＼行为		各路径探索行为发生的平均次数（单个任务）									
		看标识		看地图		停顿		张望		折返	
		个人	小组	个人	小组	个人	小组	个人	小组	个人	小组
乘轮椅者	a	5.8	6.15	0.5	0.50	4.7	**4.50**	3.1	**3.55**	2.8	**3.05**
	b	6.5		0.5		4.3		4.0		3.3	
双拐、助行器使用者	c	7.2	6.50	0.8	1.00	3.1	2.90	3.4	3.35	2.2	2.05
	d	5.8		1.2		2.7		3.3		1.9	
听觉障碍者	e	9.3	**8.65**	0.6	0.60	2.7	2.70	2.0	2.30	2.0	1.80
	f	8.0		0.6		2.7		2.6		1.6	
携带大件行李健全者	g	6.2	6.30	0.6	0.55	2.4	1.90	2.6	2.35	2.6	2.85
	h	6.4		0.5		1.4		2.1		3.1	
健全者	i	6.6	5.95	0.4	0.65	2.1	1.65	3.5	2.95	3.6	2.40
	j	5.3		0.9		1.2		2.4		1.2	
平均		**6.71**	—	**0.66**	—	2.73	—	2.90	—	2.43	—

乘轮椅的高度障碍者发生停顿（4.50）、张望（3.55）和折返（3.05）的次数更多，且往往出现在乘坐无障碍电梯前后的寻找和重新定位中。这说明乘轮椅者在轨道交通站中的路径探索较其他人群更为曲折和困难。

因此，为了使特殊人群能自主自由地进出站和换乘，无障碍流线与健全者流线应尽量保持一致，并分段设置——地面通站厅的无障碍电梯设于非付费区，站厅通站台的无障碍电梯设于付费区内。同时，应把特殊人群使用的无障碍电梯尽量靠近健全者流线的出入口、自动扶梯、楼梯，以降低寻找困难和差别对待感，也便于不同人群使用（图4-10）。同时，站内标识、地图表达方式应简洁明了，加强标识的设置，为特殊人群在路径探索关键区域（如无障碍电梯周边）提供充分有效的路径探索信息。

4. 外国人的路径探索

秦丹尼对日本轨道交通站中外国人与日本人路径探索进行了比较分析。行为追踪调查显示，某外国人在日本大阪轨道交通站中，因为语言等信息获取能力的障碍，造成了路径探索的困难（图4-11）。

通过利用主成分分析和层次分类可知，第1主成分（横轴）是表示"迷路程度"的轴；第2主成分（纵轴）是表示"步行量"的轴。所有路径探索案例的被分为五类。类型Ⅰ和类型Ⅱ停顿次数较少和超越步行率较低，步行速度较快，路径探索困难较少。虽然，类型Ⅲ停顿次数较少，但是步行速度慢。类型Ⅳ的停顿次数多、超越步行率高、步行速度较慢，路径探索困难较大。类型Ⅴ停顿次数最多、超越步行率最高、步行时间最长，路径探索困难很大。尽管外国人和日本人属于Ⅰ、Ⅱ、Ⅲ类的人数较多，但在Ⅳ、Ⅴ类中只有外国人，由此可以看出，外国人路径探索比日本人更加困难，甚至存在较大的障碍（图4-12）。

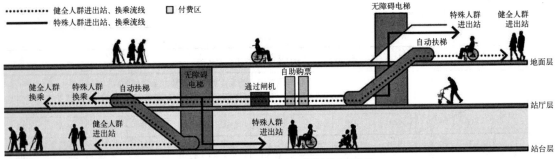

图4-10 特殊人群及健全人群进出站换乘流线

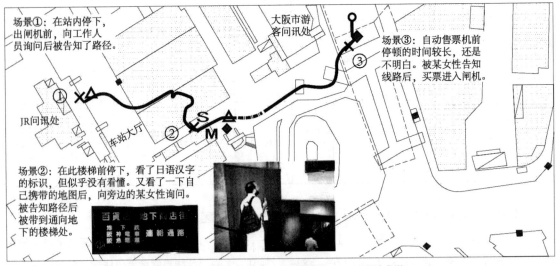

图例：×停顿 S看标识 M看携带地图 △问人 ◆别人给予指路 ┅┅由别人带路

图4-11 某外国人在日本大阪轨道交通站中的路径探索

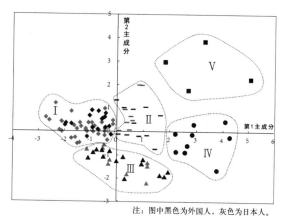

注：图中黑色为外国人，灰色为日本人。

图4-12　外国人与日本人路径探索案例的分布

4.3　步行行为与环境设计

4.3.1　环境的易识别性

1. 易识别性与环境设计

　　由于土地资源的限制和人口的集中，现代城市的环境日趋高密度化和立体化。为了缓解城市拥堵的问题，道路和轨道交通的开发建设使得城市结构也越来越复杂。不熟悉环境的初次到访者对复杂城市环境的认知越来越困难，即使是长期居住的居民，原来熟悉的环境也变得陌生起来，在城市中迷路的现象时有发生。此外，因行动、认知、语言和文化等的差异，相对于健全者，老年人、障碍者和外国人等特殊人群的环境认知以及路径选择和探索往往更加困难。

　　城市的易识别性指人对城市空间形态和结构的整体认知和把握的容易程度，它包括对城市的空间方位、道路网结构、标志物和地形地貌的认识和理解，以及这些城市构成要素在人脑中所形成的认知地图在行为表征上的难易程度。一般来说，结构清

晰、层次分明、标志醒目、方向明确的城市容易使人感知、记忆和识别，也方便人们的出行行为，特别是对于目的地或目标明确的路径选择和探索行为。凯文·林奇指出，一个可读的城市，它的街区、标志物和道路，应该容易辨识，进而组成一个完整的形态，它不仅是美丽和令人愉悦的城市的重要特征，也可以扩展人们对环境经验的潜在的深度，对于城市的尺度、时间性和复杂性方面也具有非常重要的意义。道路、边界、区域、节点和标志物是构成城市意象的物质形态的五种元素，它们对于人们体验、感知和认知城市以及路径探索具有非常重要的作用。有独特个性、结构和意蕴的环境意象，便于人们对该环境形成清晰的认知地图，特别是具有城市公共意象的标志物，它不仅是城市的重要标志，使人们产生心理上的认同感，在物质环境上也成为人们识别空间方位的重要的参照物。例如，北京的天安门、上海的东方明珠和巴黎的埃菲尔铁塔等都成为城市的公共意象，对于认识和理解城市的空间方位和路径探索等方面发挥了很好的作用。

　　城市的易识别性是一个比较复杂的问题，它与人的认知水平、个人差异和所处状态等有直接的关系。有时我们无法明确地意识到环境的这种易识别性，或者说很难直接回答究竟什么样的环境是易识别的。因为，这里所说的环境究竟指什么？对于某些人来说某个环境是易识别的，那么就可以说这个环境一定是易识别的了吗？初次到访者、老年人和障碍者等对环境不熟悉的人难以深入地理解当地的语言、习惯和风俗等环境的社会文化特征，也就较难理解对其他人群有意义的城市易识别性。即使对于所谓的居民来说，也往往存在诸如不知道某些设施在哪里，或到哪里可以得到怎样的服务等问题。

　　事实上，把所有的目的地等同看待并做到环境

的易识别是非常困难，也是几乎无法实现的。然而，根据使用目的的不同，将环境按重要程度进行排序却是必要的。例如，避难路径的易识别性应该是最优先考虑的问题。此外，根据是否有时间限制以及处于怎样的心理状态等状况，环境易识别性的重要程度和意义也不同，也就是说，处于有限时间内的焦急状态下，环境的易识别性便显得格外重要。另一方面，难识别的空间和环境对于唤起人的好奇心并诱发探索行为也可以说具有某种特殊的魅力，如何处理好环境易识别的安全性与环境不易识别的新奇性的矛盾，这也是环境设计中值得探讨的问题。

具有易识别性的环境设计应该能够促使包括老年人、障碍者、外国人和到访者以及活动频繁的城市居民等多种人群自由交流和活动的城市空间。致力于环境的易识别性和环境友好的社会的公共性是城市环境的重要和普遍的价值之一，它不应仅停留于物质上的无障碍化，也应包括消除信息、认知、制度和意识等方面的障碍，这对于更广泛意义上的可达性具有十分重要和积极的意义。

2. 城市的易识别性的比较

在较大的空间尺度上，由于地理、地形、文化、习俗、规范等因素的不同，导致不同的城市呈现出不同的格局和风貌，因此，不同城市的环境易识别性也不同。整体上，道路网规整、道路名和地址标识系统清晰的城市环境比较易于识别，反之比较难于识别。

李斌（2007）在中日城市和建筑的比较研究中指出，日本城市的识别性低的原因是以町为基础的街区方式的地址标识系统和高密度的道路网，中国的城市采用以路为基础的道路方式的地址标识系统，具有较高的识别性。日本城市采用的是以町为基础的街区方式的地址标识系统。一般来说，城市的道路没有路名，即使有，道路名与地址号码也没有关系。

町和町之间是横向并列的关系，不存在任何联系，一个町中，街区号码之间的关系也是完全独立的，没有一个明白易懂的系统。对一个陌生人来说，借助这种地址标识系统，在日本找路确实不是一件容易的事，因为即使能知道自己现在所处的位置，也无法把握现在位置和目的地之间的关系（图4-13 a）。

中国和其他大多数国家的城市都采用道路方式的地址标识系统。虽然，在道路方式的地址标识系统中，具体的标识方法有所不同，但是，道路方式的地址标识系统的共同特点是，建筑物的定位与道路存在着明确的联系。在这种地址标识系统中，人们在道路上可以迅速地确定自己现在所处的位置，同时也可以把握现在位置和目的地之间的方向关系，并预测到达目的地的距离（图4-13 b）。这种标识系统，无论对熟悉地区结构的人来说，还是对第一次访问的人来说，都是平等的，对陌生人是开放的，没有街区方式的地址标识系统的对外封闭性。对城市来说，地区空间具有较高的识别性。

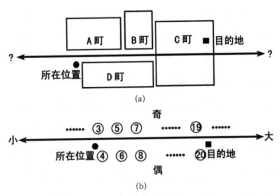

图4-13 中日路径探索模式比较

(a) 日本城市中的路径探索模式；(b) 中国城市中的路径探索模式

3. 易识别性和空间文化

围绕着日本城市的地址标识系统所带来的路径探索困难的问题，舟桥国男从社会文化的视角上指出，日本城市没有一个对人们来说简单易懂的地址标识系统是导致路径探索困难的原因，而街区方式的地址标识系统与日本城市的水平向延展有关。在空间上，日本城市不是以垂直的要素，而是以平面的不同区域来划分，并在层层展开的过程中，显示出逐渐深入的"奥"的空间特征。他指出这种没有几何学的秩序性、通透性和知觉可达性的日本式的空间结构不是一种"城市"的空间结构。对于那些已经习惯于这种空间结构并将其作为自身文化的一个部分的日本人来说，日本的城市更倾向于"村庄"的概念，这种"村庄"是难于接受"其他人"的公共性有欠缺的世界。也正是因为这一点，东京也被揶揄为世界上最大的"村庄"。如果承认这种日本式的空间结构是由日本固有文化和传统导致的话，那么就无法回避其城市难于识别和路径探索困难的问题。要使得城市环境易于识别，各类群体都能没有障碍地易于使用，实现现代社会的公共性的普遍价值，就不得不与社会文化和传统发生冲突。如何解决环境的易识别性与社会文化传统的冲突，这本身也是一个未解的课题。

4.3.2 步行环境设计

1. 步行环境的必要条件

如表 4-3 所示，良好的步行环境需满足安全性、健康性、便利性和舒适性的要求，在满足安全性和健康性的基本需求的基础上，便利性和舒适性是创造具有吸引力的更好的步行环境的必要条件，也是评价环境质量的主要因素。在进行步行环境的设计时，城市道路、广场和步行通道是设计的重点，它们不仅应满足通行、停留和活动的基本功能，还应考虑步行者主体属性、需求及与其他设施相互辅助和协调的要求。

安全性是指免受自身伤害、避免交通事故和避免犯罪，这是步行环境设计首先必须具备的最基本的条件。近年来，障碍者、老年人、孕妇、病人等步行行动的弱势人群的需求受到社会的广泛关注，相应设施也得到了较大的改善，致力于营造所有人都能够共同使用的安全的步行环境已成为社会的共识。

表 4-3 步行环境的必要条件

设计目的	创造更具吸引力的步行环境
a. 安全性	a-1. 避免自身伤害（绊倒、跌落等）的安全性： 减少需要步行者上、下的通道部分（地下通道、步行天桥、自动扶梯等）；改善表面处理（洞口、不平处、易滑处、松软处等） a-2. 避免交通事故： 描述和确保步行空间（将步行者和机动车分开，或使他们处于一个安全的有良好平衡的如人车混行的复合空间中）；限制机动车 a-3. 避免犯罪： 避免不安全地带；提供良好的照明并提醒人们保持警戒
b. 健康性	b-1. 步行者可达性： 改善物理环境以引导步行行为（使步行道路等处于同一平面内并有良好的建造方式；多注意上下坡道、楼梯、自动扶梯、电梯等）；提供更多的遮挡（如遮挡风、雨、雪、热、冷、直射光等）；减少使环境质量下降的因素（噪声、空气污染、粉尘、垃圾） b-2. 可休息设施： 设置休息区、卫生间、化妆室等
c. 便利性	c-1. 可识别性： 改善外观意象；改善环境信息的质量和数量（场所名称、街区名称、道路、问讯处、派出所、来访者服务中心标识、地图和其他标识） c-2. 接近性： 减少步行距离；使步行通道更直接

续表

设计目的	创造更具吸引力的步行环境
c. 便利性	c-3. 流动／通畅性： 改善步行通道的连续性（创造步行道路网，扩大非限制步行空间）；减少通行障碍（大量人流、停车、电气设备孔洞、招贴广告、废弃罐；通向地下和步行天桥的台阶不要做高踏步）；减少等待时间（如信号灯，改变交通形式及其他等待时间）
d. 舒适性	d-1. 丰富性： 增加步行行为机会的数量（距离、通路、步行方式、休息方式）； 改善步行环境的质量（丰富性、空间趣味性、吸引人的环境的物理资源） d-2. 趣味性和休闲性： 创造有趣的散步、购物、橱窗展示环境；创造有趣的人与场所的观赏环境（吸引人的环境）；创造可独处的非直接的步行环境；创造与他人相遇接触和产生社会性的环境

健康性是指步行者的可达性和在途中有可供停顿休息等设施，对步行者的健康和方便出行具有重要作用。由于步行行为总是同时伴随着停顿、休息、等待等多样行为，因此，环境设计也应为其提供相应的设施和空间，如座椅、公共卫生间等。

便利性是指步行环境的可识别性、接近性和通畅性，这是促使步行行为发生和改善环境品质的重要条件。步行环境应为不同目的和动机的步行者提供多种选择的条件和可能性，空间和场所的物质环境不仅应考虑有特定目的地或目标的步行者的行为，还应考虑散步、闲逛等没有特定目的地或目标的步行行为。步行不仅是出发地与目的地之间单纯的移动路径，还是符合人体尺度、知觉、认知和行为特点的环境设计。步行环境应考虑步行与自行车、汽车、地铁和火车等公共交通工具的衔接通畅。

舒适性是指步行环境的丰富性、趣味性和休闲性，这能吸引人更多地选择步行行为，是改善步行环境品质的重要件，甚至能够触发和产生更多的社会交流。由于生活节奏的加快，交通方式的改变以及从某种程度上城市安全性的相对降低等因素，城市生活中人与人之间的交流和交往也变得越来越少，有时选择步行出行的方式并不是一件易事，因此，良好的步行环境设计应致力于营造促使多样化交流和交往行为发生的场所和环境。

2. 标识系统的设计

路径探索的过程中，步行者从环境中不断获取空间信息和标识信息，根据这些信息制定相应的行动计划，并在适当的地点将该计划付诸行动直至达到目标地点。空间信息可以帮助步行者理解和认识所处的环境，标识信息能够为步行者直接提示方位和场所，是路径探索中重要的辅助工具和手段。

标识系统是用文字、符号和图形为步行者指示方向、位置和道路等信息的设施和装置，主要包括有引导标识、指南地图、设施标识、问询处或服务中心和自助式指路机等，它是一种与设计、制作、安装、管理以及考虑步行者和环境变化等因素的信息引导体系。不同类型的标识在信息内容、信息量和信息的形式上具有不同的功能和特点，通常会在某一设施内配合使用，以发挥各自的信息功能，方便步行者使用。

引导标识是为步行者提供方向、出入口和道路等信息的标识，通常设在道路的交叉口和空间的节点处，它可以帮助步行者正确地判断空间方向，寻找合适的出入口和选择正确的路径，是一种最为简洁和有效的信息提供形式。在城市中心、大型商场、地铁等空间环境中，引导标识是不可或缺的信息引导标识。日常生活中，经常会看到步行者寻找引导标识并按其所指示的方向和路线行走。

指南地图为步行者提供了环境的俯瞰式全景信息。从指南地图中，步行者可以直观地了解环境的总体布局、道路结构以及建筑物和道路相互之间的方位和距离关系，能够帮助步行者确认当前的所在位置，找到目标地点并判断其与当前所在位置间的方位和距离，进而制定合适的路径探索计划。在正交的直线道路，或者较规则的长向走廊中步行时，步行者可以获得对距离的比较精确的认识和理解（Thorndyke, 1982）。但是，在有许多非正交路径的复杂环境中，地图是步行者了解空间关系和路线的最为有效的工具（Moser, 1988）。指南地图中通常含有大量的环境信息，与引导标识相比较，指南地图需要更多的阅读时间和记忆存储，同时也与步行者的识图能力有关。特别是对于复杂的室内外环境，指南地图应能够将宏观的环境整体布局、空间构成和道路网结构以清晰、概括和简洁的方式表达出来，让步行者易于理解、记忆和学习。同时，图中还应提供建筑物名称、道路名称和公共设施符号等较为详细的信息。因此，对于规模较大的环境和建筑设施，可采用分层级的方式将指南地图从概述到详细以不同尺度和规模的方式和信息内容分别表示在不同的地图中，如广域指南地图、周边环境指南地图和当前位置详图等。

马丁·莱文（Levine, 1982）的研究指出，在指南地图的设计和设置时应注意结构匹配（Structure Matching）和"前上等同"（Forward-up Equivalence）原则。结构匹配的原则是指，把环境中的已知点对应到地图中，使步行者不仅知道他（她）现在在哪儿，还知道在地图上相对应的位置，这样便可使看图者能够准确地把地图和环境匹配起来，如在地图中提示"你在这里"。"前上等同"的原则是指，在

地图上位于步行者前方的目标在实际环境中也必须在步行者的前方，地图上位于步行者右边的目标在实际环境中也必须在步行者的右边，这对于确保步行者能够更容易地理解和使用地图至关重要。然而，现实中经常会看到不少指南地图没有按照这个原则，而是以"上北下南"或是旋转某个角度设置。步行者要把地图与现实环境对应起来比较费力，有时还不得不扭转身体，努力试图把方向调整过来。在机场、商店和写字楼等公共建筑中违背这一原则的指南地图，不仅会给步行者来不便，在紧急疏散时还可能会导致更加严重的后果。

设施标识设置在建筑物或构筑物上，显示建筑物或构筑物的名称，为步行者提供确认目标地点的信息。机场、车站等大型城市设施的设施标识应醒目且明确，但是现实生活中设施标识常常缺失，为步行者最终确认目标地点带来困难。

问讯处有时也称服务中心或游客信息中心，主要是为来访者提供城市信息、交通指南和生活信息的窗口，常设在旅游景点、城市中心或规模较大和空间复杂的设施中。在机场、地铁枢纽站和大型商场里，经常可以看到人们向问讯处进行咨询和寻求帮助的情景。在迷路时，问讯处也经常被用来作为获得信息的有效手段。资料齐全、信息丰富和服务良好的问讯处常备有免费的城市指南地图、站内指南地图和各种活动宣传单供来访者取用。这些资料常以母语和英语的形式进行标注，有时一些重要信息，如城市地图和地铁线路图等也会使用多国语言。此外，问讯处还常备有电话簿，以及销售地铁卡、电话卡和介绍当地文化的书籍杂志等以提供更多的服务和帮助。在为来访者提供指路信息方面，问讯处的工作人员不仅可以提供口头上的方向指示信息，还会在指南地图上画出步行路线并做详细的解释。工作人员周到细致的服务可以为步行者带来很大的

方便（Qin, 2002）。

自助式指路机是一种用户可以根据自己的需要自由选择和查询信息的电子信息交互系统。随着计算机与信息技术的发展，自助式指路机可以为人们提供旅游景点路线、公交站点方位，以及飞机、火车和长途汽车时刻表等大量丰富的信息，也可以通过点击"选择目的地"查询任何想去的地点，指路机可以很快地提供多种路线，如果需要的话，还可以把选定的路径打印出来以备途中使用。指路机目前在国外的交通枢纽中已用得非常普遍，比较起来我国现在使用的还相对较少。上海虹桥交通枢纽站虽然设有多台指路机，但是使用的人较少，更多的步行者仍喜欢向附近的问讯处询问或查看站内设置的指南地图，这可能与许多人现在还不习惯指路机这种查找信息的方式有关，特别是中老年人。不过，有些年轻人已感受到指路机信息功能的强大，相信今后这种智能化的查询方式会被越来越多的人所接受，自助式指路机也会在更多的场所和设施内安装和使用。

标识系统应简单易懂、广泛应对，具有安全性、亲切感、美观性。标识系统的设计不应仅满足健全者的需求，还应能够广泛应对特殊人群和特殊条件的需求，如，设置触摸地图和声音引导等特殊人群专用或优先使用的标识，以及仅需要较少维修管理的，在夜间、雨天及紧急情况下亦可使用的具有耐久性的标识等。标识系统的安全性包括允许步行者出现一时性的错误，使用时没有障碍且感到安全和放心。标识系统的美观性指具有良好造型感的设计。标识系统的亲切感指具有独特个性，容易使人产生亲近。标志设计在信息内容、数量和设置上还应注意保持信息的一致性和连续性。

标识的设计者不仅只是完成设计标识的任务，同时也是标识的使用者和设计的合作者。完整、有效和良好的标识设计不仅应该能够充分发挥其信息功能，作为具有艺术美感的环境要素的标识，它也应具有城市景观的作用并成为整体环境的有机的组成部分，甚至标识本身就是一个优秀的艺术作品。

第5章 Privacy, Personal Space and Realm
私密性、个人空间和领域

很多情况下人们必须与别人一起共享空间。人们通过在公共空间中的行为，来建构、表达、解释与别人和社会的关系，也就形成了人们在空间中的社会行为。这些社会行为在不同层次的公共空间中表现得特别明显，在工厂和学校，在办公室和休息厅，在地铁和公园里，人们借实质空间来调整他们与社会和物质世界的关系，并把实质环境当作自己行为的扩展，所以行为在空间中的分布不是随意的。

5.1　私密性

大多数研究人员都将人们的社会生活分成开放和私密两个方面。例如哈普林（Halprin, 1989）强调城市生活可以分成两类：第一类是公众性和社交性，属于外向活动而且彼此相互关联。这一类城市活动特别与城市开敞空间有关，广泛地发生在街道、广场、公园绿地和有活力的商业区和旅游地区等。第二类则是私密性，即私密性、内向性和个别拥有的宁静与栖息所需要的私密空间，此两者的结合紧密形成关联，为人们提供一个具有创造性的生活环境。

5.1.1　私密性的性质

1. 私密性的功能

威斯丁（Westin, 1970）提出了私密性的四种功能：① 个人匿名；② 情感释放；③ 自我评价；④ 有限和被保护的交流。纽厄尔（Newell, 1994）建议说私密性提供了个体系统的维护与发展。奥特曼（Altman, 1975）认为，空间的社会行为核心是私密性。他给私密性确定了在某些方面与传统用法

相反的定义，即私密性是"对接近自己的有选择的控制"。这一定义的重点是有选择地控制。它意味着人们（个人或群体）设法调整自己与别人或环境的某些方面间的相互作用与往来，也就是说，人们设法控制自己对别人开放或封闭的程度。当私密性过多时就对别人开放，当私密性太少时就对别人封闭。奥特曼的理论实际上既包含了传统上的私密性概念，又包含了开放性的概念。这个定义的两个核心是：对个人信息的支配权和对社会互动的支配权。

佩德森（Pedersen,1997）对文献中提到的20种私密性功能进行因子分析，发现存在五种基本的私密性功能：自主（Autonomy）、倾诉（Confiding）、恢复（Rejuvenation）、沉思（Contemplation）和创造性（Creativity）。

2. 私密性的形态

私密性的基本类型最早由威斯汀（1970）提出，其中独处是最常见的。独处（Solitude）指的是一个人待一会儿且远离别人的视线。亲密（Intimacy）指的是两人以上小团体的私密性，是团体之中各成员寻求亲密关系的需要，譬如一对情侣希望单独在一起，这时他们的亲密感最大。导师与研究生一起探讨先生的研究计划，也是亲密的例子。匿名（Anonymity）指的是在公开场合不被人认出或被人监视的需要。保留（Reserve）指的是保留自己信息的需要。无论在公开场合还是私下里你都不想让别人知道太多关于你的信息，特别是那些私人的、比较羞于见人的，甚至是一些生活上的污点。为了防止此类信息为人知晓，人们必须建立一道心理屏障以防止外人干涉。与实质环境关系密切的主要是独处和亲密。

私密性的类型也在后续研究中不断调整。如佩德森（1999）在文献的基础上通过调研提出六种私密性的形态：分别是亲密（家人）、亲密（友人）、独处、隔离、匿名和保留。于是，佩德森得出了如

图 5-1 所示关于私密性功能与类型的图解。这个图解说明任一种私密性功能可能有六种私密性形态。

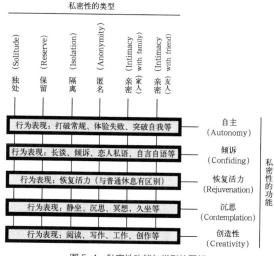

图 5-1 私密性功能与类型的图解

3. 动态调整过程

四种行为机制并非单独工作的，为获得私密性，我们会组合几种机制共同作用，有时把重点放在语言上，有时则把重点放在空间，见图 5-2。

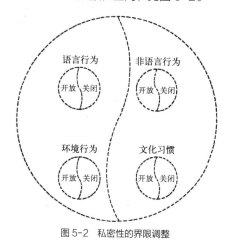

图 5-2 私密性的界限调整

5.1.2　私密性的影响因素

私密性调整过程是受到个体因素与情境因素的

双重影响的。个体因素包括个体的私密性需求、个体吸引力、人际关系技巧和个性，以及使用私密性控制机制的能力。情境因素包括社会的和实质环境的方面。社会因素包括是否在场、意愿、社会交往对象的个性等。实质环境指各种环境特征如边界、位置、布局和距离等。

随着实质环境和社会氛围的不同，不同的人对私密性的行为、信念和喜爱度方面都有很大差异。文化环境的不同、个性的不同、社会经历的差异会使得某些人对私密性的要求比别人更强烈。不同的实质环境，譬如住在和开敞空间，对人们的私密性也有不同的影响。毫无疑问某些时间和某些社会环境中人们更强烈地渴望私密性。

1. 个体因素

男性与女性在私密性方面存在着明显差异。瓦尔登，尼尔森和史密斯（Walden, Nelson & Smith, 1981）对大学一年级新生做了问卷调查，住在两人间里的男大学生精心布置他们的房间以尽量保证每人的私密性不受干扰，住在三人间里的男大学生则采取了一种走为上策的回避策略，他们并没有煞费苦心地安排自己的房间，而是有机会就远离这个烦人的地方。与此相反，住在三人间里的女大学生待在公寓里的时间相当长，并表现出积极的态度。

"妇女则一开始就具有那些使人与人之间的交流更容易的感觉能力，体力上和心理上成熟得较早，说话流利，口头表达能力早熟……更可能从人的、道德的和美学的角度看待世界"赫特（Hutt, 1973）。

女人是社会—情感专家，一些研究说女人对付高密度情境比男人更积极，上述的工作只是为这个结论又增添了一个注脚。其原因可能是在高密度情境中女人们更同病相怜，比在同样情形下的男人们更喜欢或同情她们的室友与同伴，因而她们之间的合作要好于男人。也有可能女人们对高密度情境有更有效的私密性调节机制。

除了性别以外，在有的研究案例中也发现自尊感、个性因素会对人们的私密性有影响。

2. 实质环境

人们在不同环境中有不同私密性的要求。工作人员对私密性的满意与周围空间的可封闭程度密切相关。私密性满意的最好的预报因子，是工作人员工作台周围的隔断和挡板的数量。私密性的满意度可以看成是环境能提供的单独感的函数（徐磊青，杨公侠，2002）。马琳斯和严（Marans & Yan, 1989）对美国工作场所做了全国范围的调查，发现无论是在封闭办公室里，还是在开放式办公室中，私密性名列工作环境满意度诸要素的第四和第五位，仅次于空间评价，照明质量和家具品质。在稍后的一个调查中，斯普雷克尔迈尔（Spreckelmeyer, 1993）选取了不同的样本。他发现在封闭办公室里，言语的私密性名列满意度诸要素的第三位。在开放式办公室里，视觉私密性名列满意度的第三位，仅次于照明质量和空间评价，并在家具品质之上。

工作人员偏爱在较私密的传统办公室，不喜欢开放式的大办公室。甚至布鲁克和斯托克斯（Block, Stokes, 1989）通过一个实验室实验也说，办公室中理想的工作人员的数目为 3 人以下，当办公室里人数超过 3 人时，被试的满意度就下降了。

但是，马绍尔（Marshall, 1972）对住宅研究工作发现，那些生活在开放平面住宅里的居民偏爱较少的私密性。此结论与开放式办公室的很多同类调查所得结论完全相反。

总体上开敞空间中人们的私密性要求是与住宅相比是较低的，人们更愿意开放和社会交流。但是这并不表明开敞空间中人们不需要私密性。本文认为，开敞空间私密性的应该首先考虑小团体的私密性，即 2 ~ 3 人的小群体活动的私密性。可惜专门针对开敞空间私密性的实验研究非常少。

3. 社会环境

社会环境同样影响私密性，这包括是与谁在一起，你在做什么，当时的心情如何等。私密性是一种事过境迁的过程，有千变万化的情态。人们私密性的满意程度因社会环境的变化而变化，但本书还是把注意力集中在实质环境对私密性的影响方面。

5.1.3 总结：私密性与公共空间设计

城市空间可以组织成从非常公开到非常封闭的空间序列，在这个序列里，最外面的就是城市开敞空间，互不相识的人可以在此相遇。视觉接触、声音传递，公共空间里的大多数此类交流，或大或小都未经计划，是例行公事。在公共空间的设计中考虑使用者的私密性，就是对空间进行合理安排，使陌生人之间的例行接触平静和有效。

私密性与公共空间设计的关系更多地反映在理论的建设上。私密性是一个中心概念，它在个人空间、领域性和其他社会行为之间起着桥梁的作用。在开敞空间设计中必须考虑的是，开敞空间必须提供某些手段，譬如空间中的障碍、植物、高差、距离、方向等，使得人们在使用空间和活动的过程中，能够利用这些某些设施或空间来达到私密性的平衡，如图 5-3 所示。

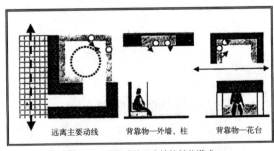

图 5-3 广场座位私密性的某些模式

5.2　个人空间

5.2.1　什么是个人空间

　　罗伯特索莫（Robert Sommer, 1969）曾对个人空间有生动的描述："个人空间是指闯入者不允许进入的环绕人体周围的有看不见界限的一个区域。像叔本华寓言故事里的豪猪一样，人需要亲近以获得温暖和友谊，但又要保持一定的距离以避免相互刺痛。个人空间不一定是球形的，各个方向的延伸也不一定是相等的……有人把它比作一个蜗牛壳，一个肥皂泡，一种气味和'休息室'。"

　　所以个人空间是人们周围看不见的界限范围内的空间，人们走到哪儿这一空间就跟到哪儿。基本上它是一个包围人的气泡，有其他人闯入此气泡时，就会导致某种反应，通常是不愉快的感受，或是一种要后退的冲动。

　　另外，个人空间是立体的，在环境中它会收缩或伸展，它是能动的，是一种变化着的界限调整现象。而且，尽管个人空间主要指的是人际距离，但它也不排除社会交流的其他方面，如交流方向和视觉接触等。吉福德（Gifford, 1987）还认为，个人空间不是一种非此即彼的现象，也就是说个人空间这个气泡并没有一个明确的边界，更多的是一种生理和心理上的梯度变化。

5.2.2　个人空间多大

　　中国的杨治良、蒋韬和孙荣根曾对160名20～60岁的成人被试进行实验研究，这些被试相互陌生，男女各半，有干部、有工人，文化程度也各有不同，有的是大学生，有的只有初中文化。研究

揭示了中国人个人空间的一些数据。他们发现陌生人之间不管同性间的接触也好，异性间的接触也好，确实有一定的人际距离。实验测定，女性与男性接触时平均人际距离是134 cm，这是在所有组里最大的，当女性与女性接触时平均人际距离是84 cm，可见两者相差悬殊。而男性与女性接触时平均为88 cm，男性与男性接触时平均为106 cm。可见男人之间的人际距离要大于女人之间的人际距离，而且男人与女人接触时显得相对放松，特别是与女人和男人交往以及男人之间的交往相比，这种关系显得更清楚。研究人员认为总体上中国人的人际距离要小一些（图5-4）。

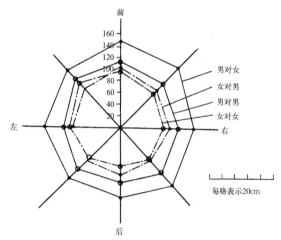

图5-4　女人与男人接触、男人与女人接触、男人与男人接触和女人与女人接触四种情况

5.2.3　近体学

1. 豪尔（Hall）的近体学

　　豪尔（1966）的理论有两个中心点。首先他说，北美人在日常交往中有规律地使用4种人际距离，即亲密距离、个人距离、社交距离和公共距离。人们使用这些人际距离是随场合的变化而变化的。譬如公开场合就与私下场合不一样。此外，作为人类

学家，豪尔认为不同文化背景的人们，他们的个人空间也不一样。譬如阿拉伯人之间就保持较近的距离，而德国人在交往时距离就比较大。

（1）亲密距离：亲密距离的范围为 0 到 18 英寸（约 0 ~ 45 cm）。它包括一个 0 到 6 英寸（约 0 ~ 15 cm）的近段和一个 6 到 18 英寸（约 15 ~ 45 cm）的远段。在亲密距离内，视觉、声音、气味、体热和呼吸的感觉，合并产生了一种与另一人真切的关系。在此距离内所发生的活动主要是安慰、保护、抚爱、角斗和耳语等。亲密距离只使用于关系亲密的人，譬如密友、情人或配偶和亲人等。在北美文化里陌生人和偶尔相识的人不会用此距离，除非是在个别有规则的游戏里（如拳击比赛等）。一旦陌生人进入亲密距离，别人就会作出反应，如后退，或给以异样的眼光。豪尔说，一般来说成年的中产阶级美国人在公开场合里不使用亲密距离，即使被迫进入此距离，也常是紧缩身体，避免碰着他人，眼睛毫无表情地盯着一个方向。

（2）个人距离：个人距离的范围从 1.5 到 4 英尺（约 45 ~ 120 cm）。它包括一个从 1.5 到 2.5 英尺（约 45 ~ 75 cm）的近段和一个 2.5 到 4 英尺（约 75 ~ 120 cm）的远段。在近段里活动的人大多熟识且关系融洽。好朋友常常在这个距离内交谈。豪尔说如果你的配偶进入此距离你可能不在意。但如果另一异性进入这个区域并与你接近，这将"完全是另一个故事"。个人距离的远段所允许的人范围极广，从比较亲密的到比较正式的交谈都可以。这是人们在公开场合普遍使用的距离。个人距离可以使人们的交往保持在一个合理的亲近范围之内。

（3）社交距离：社交距离的范围从 4 到 12 英尺（约 120 ~ 360 cm）。它包括一个 4 到 7 英尺（约 120 ~ 200 cm）的近段和一个 7 到 12 英尺（约 200 ~ 360 cm）的远段。这个距离通常用于商业和

社交接触，如隔着桌子相对而坐的面谈，或者鸡尾酒会上的交谈等。豪尔认为这一距离对许多社交而言是适宜的。但超出这一距离，相互交往就困难了。社交距离常常出现在公务场合和商业场合，就是不需过分热情或亲密时，包括语言接触目光交接等，这个距离是适当的。

（4）公共距离：公共距离在 12 英尺（约 360 cm）以上。它包括一个 12 到 25 英尺（约 360 ~ 750 cm）的近段和一个 25 英尺（约 750 cm）以上的远段。这个距离人们并非普遍使用，通常出现在较正式的场合，由地位较高的人使用。比较常见的是在讲演厅或课堂上，教师通常在此距离内给学生上课。讲演厅里的报告人离与他最近的听众的距离通常也落在此范围里。据说在赎罪日战争之后，阿拉伯与以色列和平谈判时，双方代表的座距正好是 25 英尺。一般而言公共距离与上面三种距离相比，人们之间的沟通有限制，主要是在视觉和听觉方面的。

豪尔强调说，距离本身并不是重要因素。说得更恰当一些，距离提供了一种媒介，许多沟通可以通过此媒介发挥作用。在亲密距离内视觉的、听觉的、嗅觉的、触觉的等感官都可以发挥特殊的作用。随着距离的增加，视觉和听觉越来越成为重要的感官。

2. 人际距离的分布

豪尔的理论来源于他独具慧眼的观察和思考，但他的观点在多大程度上得到了证实呢？奥特曼和温瑟尔（Altman & Vinsel, 1977）考察了 100 项关于个人空间的定量研究，这些工作都提供了实际测量到的距离。这些实验采用了不同的方法，实验中有些由男性参加，有些只有女性参加，还有一些研究男女都有。有的研究是在关系亲密的人之间进行，有些则测量了陌生人之间的行为，另有一些则涉及了不同文化和种族的人，所以两人所回顾的研究涉及了相当宽的情况和因素。

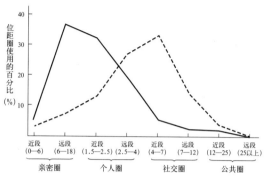

图 5-5　人际距离近段和远段的分布

图 5-5 是奥特曼和温瑟尔（Altman & Vinsel, 1977）的分析结果。图中两条曲线分别表示站着的人（实线）和坐着的人（虚线）。一般而言，坐着的人要比站着的人之间的距离大。当人们站着的时候，用得最多的距离是亲密距离的远段和个人距离的近段，平均在 18 英寸（45 cm）左右。这与豪尔假设的人们日常公开场合的交往距离相当。由于这些资料来自许多类型不同的人，所以此结果令人印象深刻。只有极少数的人站在亲密距离的近段，也只有极少数人使用社交距离和公共距离。

虚线代表了坐着的人的比较资料，这里的距离明显较大，人们倾向于使用个人距离的远段和社交距离的近段。他们之间的距离（测量两个人之间或测量两把椅子之间）大概是 4 英尺（120 cm），这比站着的人增加约 1.5 英尺。这增加的距离是由于人腿长度造成的。因而当人们坐着的时候，他们的距离既不太近也不太远，好像他们知道并选择一个标准的和可接受的彼此间的实际关系。

5.2.4　个人空间的影响因素

许多研究是针对个人空间的差异方面，譬如性别、年龄、社会经济地位、文化（包括民族、种族、文明等）等对个人空间的影响，很明显这种差异是

存在的。

1. 个人因素

虽然豪尔没有强调个人空间的个体差异，但这依然是一个令人感兴趣的题目。个人因素包括个性、简历和人口统计方面的一些变量，如年龄、性别和身高等。普遍的看法是人们对那些明显不正常或在容貌上和身体上有缺陷的人保持较大距离。

（1）年龄

一般而论，个人空间随着年龄的增长而增长。在一项由特尼斯和达布斯（Tennis & Dabbs, 1975）引自吉福德（Gifford, 1987）主持的工作中，曾讨论年龄、性别和环境等对个人空间选择的影响。被试包括一、五、九和十二年级，以及大学二年级的学生，他们是以同性为一对，在实验室里的角隅和中央接受实验。之所以选定角隅和中央位置是因为以前由达布斯主持的另一个研究中发现，在房间角隅的被试，当有其他人接近时，他所保持的个人空间比在房间中央者大。

特尼斯和达布斯研究显示，一般而言，年龄大的被试所保持的空间比年龄小的被试大。男性保持的空间比女性大，在角隅者又比在中央者大。应用模拟法也有类似的结论。在一项由儿童用挑选出的某一种尺寸的圆圈，来代表他们自己的个人空间的工作里，Long 等人发现被试挑选出来的圆圈尺寸的大小，随着年龄的增长而增长。

但个人空间和年龄之间的比例关系并不是一成不变的，老年人的个人空间比较小。赫什卡（Heshka）和尼尔森（Nelson）曾进行了一次现场调查。他们不引人注目地测量了正在交谈中的两人的距离，测量好了以后，再分发有关个人特点的问卷。他们发现较年轻的和较年老的组与中年的组相比，人与人之间保持的距离较小。最大的间距是 40 岁组所保持的。

老年人的人际距离也小。对后者我们可以解释为老年人的各个感官不再如以前那样灵敏，因而希望依靠不同线索包括空间来部分地补偿此种能力的降低。老年人喜欢靠近其他人，以增加触觉和嗅觉等刺激作为信息沟通的手段。

（2）性别

在性别方面，男人的个人空间比女人大，而且同性之间交往时的人际距离是与异性之间交往时的人际距离不同的。杨治良、蒋韬和孙荣根的调查说明，男人们交往时他们的人际距离为 106 cm，女人们接触时她们的人际距离为 84 cm。女人与男人接触时她需要 134 cm 她才觉得舒适，而男人与女人交往时他只要 88 cm 就够了。从杨治良等的研究，我们可以清楚地看到女性与男性接触时的个人空间要远大于男性与女性接触时的个人空间。作者解释说此与社会化过程有关，除了传统上"三从四德""男尊女卑"等思想作怪以外，女性还有害羞的心理，这些都导致女性与他人接触时十分小心，有一种防卫心理。而反过来男性则不然，男性与他人接触时胆子较大，心理压力也较小。

当个人空间被闯入时，虽然男性和女性都会感到困扰，但男性比女性的感受更糟。闯入的方向也有关系。当别人从侧面闯入时，女性比男性反应更消极。而男人对从正面侵入的反应比女性消极得多。

（3）教育水平

不同文化层次的人，对人际距离的需求也不一样。杨治良等人的工作表明，在当男人与女人接触的一组实验中，大专生所需的人际距离平均为 98 cm，而初、高中生所需的人际距离总平均为 81 cm。男人间交往的一组就更明显了，大专生所需人际距离平均为 110 cm，初、高中生所需的人际距离总平均为 99 cm。可见不同文化层次的人对空间的需求是不同的。

2. 社会因素

个人空间是人们相互沟通的工具。社会因素也会影响个人空间的大小，这些社会因素包括人际关系，交往的性质，以及社会地位等。

杨治良等人在实验中考察了干部与工人的个人空间，他们发现不同的社会角色对空间有不同的需求。在男人与女人接触的实验里，干部所需的人际距离总平均为 97 cm，而工人的人际距离平均为 82 cm，所以干部所需的人际距离要明显大于工人的。巴拉什（Barash）曾应用角色概念，通过改变助手的打扮来观察学生们的反应。这位助手穿了上衣和领带打扮成一个讲师，到图书馆里坐在离学生很近的地方，结果学生们纷纷远而避之。但当他穿牛仔裤和 T 恤一副学生模样，学生们的反应就不这样消极了。

空间是很珍贵的东西，人们有很大的能力控制人际的交往，并利用空间使这种控制进退自如。人际关系亲密程度可以直接表现为亲密的距离。一个次要角色的人，一个地位卑微的人，宁愿与一个重要角色、社会地位高的人保持较大的距离。此种非语言的沟通，明明白白地告诉别人两者之间的关系，这正是近体学的本义。

3. 文化

文化人类学的工作告诉我们，文化对人类行为有很大影响。譬如豪尔把中东和地中海的人描绘成是重感觉的，这些社会里的人在交往时距离很近。以亲密距离的远段为例（6 到 18 英寸），成年美国人通常不使用这样的距离，但在阿拉伯世界里，此种距离相当普遍，很多情况下这意味着信任。在地中海的奥斯特里亚，人们聚会时可以接受此种距离，但在美国人的鸡尾酒会上此距离就显得过于亲密。

豪尔认为阿拉伯文化与其他文化相比，倾向于保持高度接触。在阿拉伯人的交往中，拥挤、浓重气味和密切的接触扮演着极重要的作用。阿拉伯人很少感到入侵或别人靠得太近的感受。当阿拉伯人凑到对西方人而言是亲密距离和个人空间之内时，西方人会显得非常反感。有人把美国学生和在美国读大学的阿拉伯学生进行比较，当学生们小组讨论时，阿拉伯学生和美国学生相比座位靠得更近，更直接地面向对方，视线接触更多，互相触碰更多，说话声音也高。

不过，美国人的个人空间并不是各种文化里最大的。索莫（Sommer）曾用模拟法让来自5个国家的人按相互关系放置玩具娃娃，结果他们的结论与豪尔一致，来自意大利南方和希腊的人，放置的娃娃比来自瑞典和苏格兰的人所放置的近，美国人使用的只是中等距离。

普遍的看法是德国人的个人空间比较大，而且德国人对侵犯个人空间非常敏感。

5.2.5　个人空间与座位布置

研究人员希望发现怎样的座位布置有最佳的效果，能对人们的沟通有促进作用。他们希望通过自己的工作为建筑师、环境设计师提供建设性的信息。确实，个人空间可能不是环境设计的基础，但它对环境设计依然有着重要的参考价值。

1. 座位的距离

索莫（Sommer, 1959、1962）在一连串的实验里，曾探讨了人坐着时可以舒适地交谈的空间范围。两个长沙发面对面摆着，让被试选择，他们既可面对面，也可肩并肩地坐。通过不断调整沙发之间的距离，他发现当两者相距在105 cm之内时，被试还是愿意相对而坐。当距离再大时，他们都选

择坐在同一张沙发上。坎特（Canter）后来也找了一些完全不知道索莫工作的学生重复了此实验，他测量到面对面坐的极限距离是95 cm。考虑到测量中可能出现的误差，可以认为这两个距离是相同的，而且显示出此结果不随时间和地点而改变的性质。

除了距离以外，角度也同样重要。索莫的老师一位有远见的精神病专家奥斯蒙德（Osmond, 1957）经过长期观察发现他所在的医院尽管条件很好，给病人提供了足够的空间，但病人都不喜欢相互交往，一个个愁眉苦脸的样子。奥斯蒙德就找了索莫一起选择餐厅作为实验地点，通过大量观察，他们发现餐厅的不同位置与人们的交往有一定的联系（图5-3）。

2. 基本座位与辅助座位

基本的座位形式包括凳子和椅子，这一方面提供给需要迫切的各类使用者，另一方面又要顾及对座位的需要不是太多的场合。盖尔（Gehl, 2002）认为，只要有足够的空闲座位，人们总是会挑选位置最佳、最舒适的座位，这就要求有充裕的基本座位，并将它们安放到精心选定、章法无误的地方，这些地方能为使用者提供尽可能多的有利条件。

开敞空间中的基本座位在使用高峰时段中往往数量不够，还需要有许多辅助座位，如台阶、基础、梯级、矮墙、箱子等，以应一时之需。国外的研究表明，台阶特别受欢迎，因为它们还可作为很好的观景点。

根据相对较少基本座位与大量辅助座位的相互关系所做的空间设计还具有一个优点，它能在只有少量使用者的情况下合理地发挥作用（图5-6、图5-7）。否则，众多空空荡荡的凳椅容易造成一种萧条的印象，似乎此地已被人抛弃和遗忘。这种情形在淡季的露天咖啡座和度假村中都可以见到。

图 5-6　基本座位

图 5-7　辅助座位

3. 社会向心与社会离心的布置

奥斯蒙德（1957）把鼓励社会交往的环境称为社会向心的（Sociopetal）环境，反之则称为社会离心的（Sociofugal）环境。奥斯蒙德并未把这两个术语限制在桌椅布置上，譬如他说走道式病房是社会离心的，环形病房是社会向心的。这两个术语用在桌椅布置方面实在合适。最常见的社会向心布置就是家里的餐桌，全家人围桌而坐，共享美味佳肴，其乐融融。机场休息厅里的座位布置则是典型的社会离心式，多数机场的候机楼里，人们很难舒服地谈话聊天。这些椅子成排地固定在一起，背靠背，坐着的人脸朝外，而不是面对同伴，如图 5-8、图 5-9 所示。

显然，社会向心布置并非永远都是好的，社会

离心布置也不是都坏，人们并不是在所有场合里都愿意和别人聊天。在公共空间设计中，设计师应尽量使桌椅的布置有灵活性，把座位布置成背靠背或面对面是常用的设计方式，但曲线形的座位或成直角布置的座位也是明智之选。当桌椅布置成直角时，双方如都有谈话意向的话，那么这种交谈就会容易些。如果想清净一些的话，那么从无聊的攀谈中解脱出来也比较方便。

图 5-8　社会向心座位

图 5-9　社会离心座位

桌椅的布置需要精心计划，现实中许多桌椅却完全是随意放置，缺乏仔细推敲，这样的例子俯拾即是。桌椅在公共空间里自由飘荡的布局并不鲜见。

设计师在设计中多半考虑的是美学原则，为了图面上的美观而忽略使用上的需要。造成的结果是空间里充斥着自由放任的家具，看上去更像是城市里杂乱无章的小摆设而不是理想交谈和休息的地方。事实证明人们选择桌椅绝不是随意的，里面暗含着明确的模式。重要的是为人们提供选择，即无论人们之间是否愿意聊天，椅子的设计和布置都能适应，如图5-10所示。

图5-10 既向心又离心的曲线型椅子可为人们提供选择（南京西路）

5.2.6 边界效应

沿建筑四周和空间边缘的桌椅更受欢迎，并且人们倾向于在环境中的细微之处寻找支持物。位于凹处、长凳两端或其他空间划分明确的座位，以及人的后背有高靠背的座位较受青睐，相反，那些位于空间划分不明确之处的座位受到冷落。

人们普遍喜欢坐在空间的边缘而不是中间，因此，广场的边缘或边界应该在适当位置设计休息和观光的空间。一个笔直的边界与许多凹凸变化的边界相比，所能满足的用途相对较少。一般来说，希望人们逗留的开敞空间，其边界设计得越丰富，边界上的人们就越多。

荣格（Jonge，1968）为此提出了颇有特色的边界效应理论。他指出，森林、海滩、树丛、林中空地等边缘空间都是人们喜爱的逗留区域，而开敞的旷野或滩涂则少人光顾，除非边界区已人满为患，此种现象在城市里随处可见。

边界区作为小坐或逗留场所在实际上和心理上都有许多显而易见的优点。个人空间理论可以做出完美的解释。靠墙靠背或有遮蔽的座位，以及有支持物的空间可以帮助人们与他人保持距离，当人们在此类区域逗留或小坐时，比待在其他地方暴露得少些。个人空间也是一种自我保护机制，当人们停留在建筑物的凹处、入口、柱廊、门廊和树木、街灯、广告牌边上时，此类空间既可以为人们提供防护，又不使人们处于众目睽睽之下，并有良好的视野。特别是当人们的后背受到保护时，他人只能从前面走过，观察和反应就容易多了。此外，朝向和视野对座位的选择也有重要的影响。

5.3 领域性

人们在环境中建立领域的现象非常普遍，这种对领域的渴望似乎与生俱来。国与国之间需要勘定明确的边界否则摩擦不断甚至导致战争；学生们为了在图书馆阅览室里占有一个座位，便在桌子上放些书或是本子；孩子们很快学会用"我的"一词来指他的玩具；对停车难感到头痛的公司会花钱租一些私有停车位；居住区纷纷用围墙围起来，入口处设置了大门并由专人看守等。

5.3.1 领域性的性质

1. 领域性的含义

领域必有其拥有者。这些拥有者小至个人、集体，大到组织或民族。领域有不同的规模，小到物体、房间、住宅、社区，大至城市、区域和国家。最后，领域常常标有记号以显示出拥有者的存在。人们在环境中有建立领域的愿望，这就是人的领域性。领域性指的是个体或团体暂时或永久地控制一个领域，这个领域可以是一个场所或物体，当领域受到侵犯时，领域拥有者会常保卫它。

2. 领域的类型

奥特曼和切莫斯（Altman & Chemers, 1991）提出，他们认为所有的领域可归纳在三个类别里，即首属领域，次级领域和公共领域。首属领域就是由个人或首属群体拥有或专用，并且对他们的生活而言是重要的、基本的和必不可少的。卧室、住宅、办公室和国家等都属于首属领域。虽然领域的规模和领域拥有者相差悬殊，但这些领域对其所有人而言在心理上极其重要，它承担着重要的社会化任务，并满足人们的感情需求。这些领域通常受到拥有者完全而明确的控制，是与他们融为一体的地方。

次级领域（Secondary Territories）和社会学中的次级群体有关。次级群体中的人可能是重要的，但他们只涉及个人生活的一部分。典型的例子就是组团或同一楼里的邻居。次级领域和首属领域相比其心理上的作用较少，拥有者也只有较少的控制权。组团绿地、住宅楼里的门厅和楼梯间，大学里的公共教室等都属于次级领域。此类地方与住宅或专用教室相比其重要性低，其中的流动性也很大，但这些领域无论对人们的生活，还是对首属领域来说都很有价值。

公共领域（Public Territories）是对所有人开放的地方，只要遵守一般的社会规范，几乎所有人都能进入或使用它。公园、广场、商店、火车、餐厅和剧院都是公共领域的例子。公共领域是临时性的，通常对使用人而言重要性不大。

城市开敞空间主要属于次级领域和公共领域。在该类领域中领域拥有者对外人只是表现出某种程度的控制权，并且与陌生人共享或轮流使用该地方。所以此种控制和使用是不完全和间断性的，这是容易造成冲突的原因。

5.3.2　领域性行为

从领域性的定义可以看到领域性行为涉及很多方面。不同类型的领域性行为可能是按不同的规则起作用的。但人们涉及领域的行为通常与领域的占有和防卫有关，对领域性行为的研究也只强调了少数几个主题。

1. 个人化和做标记

确立领域的基础就是要得到旁人的承认。想做到这一点，需要明示或暗示领域的归属。国界线上的界标就是一种明示。所谓暗示就是在策略性的位置上安排一些线索来告诉旁人领域的归属。徐磊青和杨公侠（2002）将它们归纳为两种领域建立线索的行为，即：个人化和做标记。

个人化就是为领域建立明示线索的行为。人们往往在首属领域和次级领域中建立个人化的标志物。与此相比，做标记则常常发生在公共领域里，如学校、餐厅、街道等。学生们为了使自己在图书馆阅览室的位子不被别人占据，在离开时会放上一些书。做标记就是为领域建立暗示线索的行为。在拥挤的火车上，旅客为了不使座位被别人抢走，动身去餐厅前也会在座位上放上一些小东西。

2. 领域标志品

领域限定的实质要素从强到弱依次为墙体、屏障和标志物。墙体把人们隔离在两个空间里。墙体的材料、厚度和坚实程度决定了隔离的程度。屏障，包括玻璃、竹篱、浴帘等比墙体更有选择性，它们通常只分隔一到两个感官的接触，因而它们既把人们分开，也把人们联系起来。

标志物可以分为两种，一种是空间方面的。譬如房间顶棚的高低，低坪标高的不同，铺地材料和方式的变化，灯光颜色和造型的变化等。比这更明确的标志物是字符性的，包括数字和符号。譬如校长室、经理室，某人的住宅等，这些又可称为个人化的标志。最后，领域限定中最模糊和最暧昧的元素就是物品。放在空间里的东西可以视为空间的分隔物，其本质是一种阻碍。城市广场上的雕塑可把空间分开来。两家共用庭院中的一根柱子可以把空间在感觉上分开。

除了一些建筑物品以外，领域性研究也重视在公共空间中那些带着人的体温和呼吸的物品。索莫（1969）曾报道了他主持的几个领域标志品使用情况的调查。

从领域限定的要素而言，墙体、屏障、标志和物品都属于领域标志品。应该注意的是，人们常常使用其中的两项甚至更多来为自己的领域服务。在首属领域和次级领域里，人们通常使用限定性强的标志品。而通常在开敞空间中，人们使用限定性弱的领域标志品。

3. 占有和使用

领域的控制常常用标记和其他标志品表示所有权。通常人们也认可这些东西所表达的内容，并回避这些场所。其实简单地占有和使用场所也是向人们表明对领域控制的一种方式。一个地区的特性常常由占有者的存在和其活动决定。上海外滩就是很好的例子。在改建以前，它是著名的情人幽会的地方，也不知从何时开始，这个特性就形成了。晚上情人们总是倚在江堤上面向黄浦江，谈情说爱，灯火阑珊。虽然这里没有什么明确的领域标志品，但其他人群很少在这个时候涉足此处。仅仅是情人

们的存在及其独特而明显的特性就给人以强烈的领域感。

由于公共场所的某些地点反复被一定的人群占用，因此该地点的领域特权就可能被人们所默认。譬如在公园里，某个地方被一些人占领了，其他人就会避免纠缠绕道而走。不同的群体在公园里都有自己的地盘，尽管这些地方表面上没有任何标记，占有者对此区域也没有任何合法权利，但大家都心照不宣，其他人很少闯入。

有时一块绿地在时间上会有不同的特色。早晨，老太太们在此处挥舞木兰剑。放学后，这里或许是孩子们踢球的操场，而到了晚上这块地盘就完全属于青年男女了。在这些事件中都没有明确的界限或标记以表明所有权。使用方式就足以明确领域的归属。这种同一空间不同时间内由不同群体轮流使用，对我们这种高密度城市环境特别有利。

4. 领域的防卫

当领域遭到侵犯时常会发生保卫行为。对领域的防卫可分为两个阶段。一是预防，二是反应。为领域建立个人化的标志或其他领域标志品都属于预防。一旦领域受到侵犯，接下来就是反应。需要注意的是领域并非经常被侵犯，而且在受到侵犯时，并不总是防卫它。这要看谁是入侵者、侵犯的原因、侵犯的地点和领域的性质。

一般而言，如果人们在公共领域中建立了个人化标志或领域标志品，而侵犯者忽略了这些标记，通常不会发生强烈的领域保卫行为。譬如别人占据了自己在广场上的座位，那么被侵入者会放弃这个位子而不是主动防卫它。

5.3.3　领域性的影响因素

领域性行为是人类行为中一种很明显的模式，

但在各种情况下领域性行为有复杂的表现形式。有很多研究探讨了个人、社会和文化的各方面差异对领域性行为的影响。

1. 个人因素

领域性因年龄、性别和个性的不同而有变化。譬如，男人的领域性似乎强于女人的领域性。在一个经典的现场研究中，史密斯（Smith）考察了海滩上游客的行为。太阳浴者通常用收音机、毛巾和雨伞来做领域标记。他发现女性声称她们的领域小于男性，男女混合组和人数多的组的人均空间，要比同性别组和人数少的组小。莫瑟尔（Mercer）和本杰明（Benjamin）对大学公寓的调查也得出相似的结论。他们请大学生画一张他们与人合住公寓房间的示意图，并指出哪一部分是他自己的，哪一部分是另一位室友的，哪一部分又是共享的。结果是，与女人相比，男人所画的属于自己的领域更大。

2. 社会环境与文化

领域的合法拥有者对领域更关心。譬如房东和租房者都控制住房，但合法拥有权使前者的领域性行为比后者多。邻里的社会气氛也影响领域性行为。泰勒，戈特弗雷德森和布劳尔（Taylor、Gottfredson & Brower, 1984）发现和睦愉快的社会气氛往往和积极的领域感联系在一起。在和睦相处关系融洽的邻里中，居民们能更好地把无端闯入者从邻居中辨认出来。他们对邻里空间有较强的责任感，所以碰到的领域性问题也较少。

文化背景不同，领域性行为也不尽相同。有跨文化、跨种族的领域侵入时，人们普遍表现出强烈的反应。这种侵入所产生的心理唤醒和活动要比同种族同文化所引起的大。文化方面，与美国人的领域性相比，德国人对领域所做的标志最多，法国人似乎领域性较差。可惜本文没有找到中国人领域研究的例子。

领域大小与团体性质也有关系。一般来说，人数多的组的人均空间较小，男女混合组声称的人均空间较小，以及女性的人均空间较小。

3. "不受欢迎的人"与空间私有化

影响领域性的社会环境因素，较负面的就是某些人似乎不受环境的欢迎。似乎开敞空间是属于某些人，而不属于另一些人。美国等发达国家的开敞空间有排斥穷人的现象，那些无家可归者、酒鬼、乞丐等人往往无法进入某些开敞空间。我国由于贫富差距越来越悬殊，这种现象也已经开始出现在某些城市中，那些衣衫褴褛之士在进入某些"高档地区"时常常受到阻挠。作者在调研静安寺广场时发现，有看上去像民工模样的人刚在广场上待一会，广场保安就立刻上前干预，希望他能快些离开。

公共性质的开敞空间应该属于所有大众，而不仅属于那些外观打扮良好的人，可是现在很多"高品质"开敞空间却越来越仅对部分人开放。这个过程是与"空间的私有化"，或是"私有空间的公共化"有关。由于政府无法负担庞大的建设费用，鼓励企业进行开发、经营和维护一些公共的开敞空间，与这个过程相伴的是街道上开始有企业雇佣的保安巡视。毕恒达（1998）在对台北开敞空间的反思时说：

"街道上开始有私人雇佣的警察和警犬巡逻，事先规定的活动取代了随兴的街头表演，公园增加了许多有关穿着与行为举止的规定，游民被赶出车站，集中到地下室，在规定的时间内才能进入与离开。"

5.3.4 领域性与公共空间设计

领域的建立可使人们增进对环境的控制感，并能对别人的行为有所控制。领域性理论对环境设计的重要意义存在于确立一种减少冲突、增进控制的设计，提高秩序感、安定感和安全性的设计。

领域性对公共空间设计的主要意义在于，对那些希望人们停留的空间而言，应鼓励明确的划分空间，并将空间划分得更小。通过树木、座椅、座墙、空间高程、雕塑、小品，甚至是闲坐或穿行的人群，为开敞空间提供一种围合感以及同交通相分离的领域感。

另外，如果停留空间的界定是通过相邻建筑的围合，那么空间与建筑之间的过渡也应该加以考虑。例如，如果窗户朝向广场或街道，那么广场或街道上的人就不允许走得太近，否则建筑和广场的使用者将侵犯彼此的个人空间。植物（室内或室外的）、高程变化以及反光玻璃都是可能的解决方法。

大型开敞空间如广场应该通过各种方式的空间限定，来分成许多小空间以鼓励使用。没有植物、街道设施或人的大型开敞空间对大多数人来说是不舒服的，他们更喜欢围合而不是暴露；与此情形对应，人们的行为会表现为快速穿过广场或待在广场边缘。

马库斯和弗朗西斯（Markus & Francis, 2001）介绍说在西雅图的一个广场，许多使用者把空旷的东广场视为他们最不喜欢的空间；他们最喜欢的地方是南部阶地，那里布置了一些台阶以及半私密庭院，这些庭院能够照到阳光而且提供了庇护和私密。空间划分可以借助于地面高程、植物、构筑物、座椅设施等的变化，不仅在广场上人较少时创造出美观的视觉形象，而且能使人们找到属于自己的位置并逗留一会儿。

Chapter6

第6章 使用后评价
Post-occupancy Evaluation（POE）

6.1　背景

6.1.1　缘起

　　一般对建筑物的关注大多随着工程的竣工而停止，建筑师往往并不知道他们所设计的环境的真实状况。使用后评价（Post-occupancy Evaluation，POE）的出现弥补了这一遗憾。

　　POE 早在 20 世纪 50、60 年代就出现于英国科学园（Science-based）建设的大潮中。建筑建造的最后阶段 M（反馈）于 1963 年被英国皇家建筑师协会（RIBA, The Royal Institute of British Architects, 1963）列入"设计团队的工作计划"中，即建筑师将检验建筑作品的成效。

　　最早的使用后评价学术研究是范德瑞恩和西尔弗斯坦（Van der Ryn & Silverstein, 1967）的伯克利学生宿舍研究。此类研究给建筑师提供了关于设计成败的有用信息，以减少他们设计的盲目性。1968年，美国环境设计研究协会（The Environmental Design Research Association, EDRA）成立，主要从理论模型上以及集中在使用者满意度的心理学方面支持了使用后评价的实践。在同一时期，苏格兰 Strathclyde 大学的建筑性能研究所持续开展反馈研究，出版 "*Building Performance*"（Markus, 1972）一书形成广泛的影响。所以，学术领域的POE 已经有四十多年的历史。

　　早期的 POE 被看作是环境设计研究的子领域，有"环境分析"（Environmental Analyses）的别称，在英国叫作"建筑评估"（Building Appraisals）。最著名的 POE 研究当属 Newman（1973）对 100个公共住宅的评价研究，其成果在国家的层面影响了住房政策，并被《*Time*》杂志广泛宣传。比较复杂的 POE 研究例如 BOSTI 办公室评价，用 5 年时间对 70 个办公环境进行评价，访问了 5000 个办公室工作者，研究了特定环境物理因子、工作满意度、生产率和办公室环境可交流性以及建筑性能等方面的内在关系，其成果影响相关设计导则的建立。使用后评价成长为一个相对独立的科目，有两个标志性事件：一是佛罗里达 A&M 大学开设使用后评价的研究生专业，二是普雷瑟等人撰写的"*Post-occupancy Evaluation*"一书（W.F.E. Preiser, 1988）。

　　为什么会出现使用后评价这一领域呢？这与20 世纪 50、60 年代欧美的社会发展和学术状况密切相关。第二次世界大战后的欧美 20 世纪 50 年代处于生产恢复期，建设领域的工业化是主流，建筑被看作为一种产品，产出后需要一个质量检验的过程，这是 POE 出现的直接动因。另外一方面，系统论和控制论的思想在学术界占有主导地位，建筑设计和建造被看作一个系统的过程，反馈思想被加入其中，于是出现了前文提到的英国建筑建造的 M 阶段。缺少反馈的系统是不完整的，对建筑的反馈评价，即是对建筑产品绩效的评价。

6.1.2　内涵

　　从哲学上看，评价与价值的关系密切，评价是主体对客体的价值的判断（叶文虎，1993），它本质上是一种人类掌握世界的意义的观念活动，是对特殊对象的特殊反映（马俊峰，1994）。评价有以下几个方面的特点：① 主观性，它是主体对价值事实的主观反应；② 评价有主体性特征；③ 要借助于标准或规范；④ 评价结果服务于主体的时下选择和行为方向。

　　所以，评价是主体对客体与主体需要间的价值关系的主观判断。

尽管关于使用后评价有不少的不同称谓：如弗里德曼等（Friedman et al.1978）提出的"环境设计评价（Environmental Design Evaluation）"，J. 维舍尔（J.Vischer，1996）的环境审计（Environmental Audits），建筑使用中评价（Building-in-use-assessment），"建筑病理学（Building Pathology）""建筑诊断学（Building Diagnostics）"，建筑性能评价等，但作为通用的术语，POE 的内涵是明确的并得到广泛的认同，故本书也沿用此术语。

从狭义来理解，使用后评价是指在规划设计项目建成若干时间后，以一种规范化、系统化的程式收集使用者对项目使用的评价数据信息，经过科学的分析了解他们对目标项目的评判。由心理学家、社会学家与设计师、某方面的技术专家（如评估图书馆需要图书管理方面的专家）共同组成的评估组，全面地鉴定设计项目在多大程度上满足了使用群体的需要。通过可靠信息的汇总并与原初设计目标作比较以发现设计上的问题，为以后同类项目设计提供科学的参考，以便最大限度地提高设计的综合效益和质量。

广义而言，POE 是指根据特定的项目建设目标，利用定量或定性的方法，收集某类使用状态下的设计环境的"硬"或"软"问题方面的性能数据，并与特定评价基准相参照，以判定目标环境的性能状况和需求状况，给设计者或设施管理者提供决策反馈信息用于增进环境质量的改善。其要点包括：第一，在环境使用状态下实施评价；第二，以使用者为主体，有各方利益相关者参与；第三，有严谨的结果反馈机制。所以，POE 的结果是面向设计者、业主和管理者的，而不仅仅是使用者群体，这就要求 POE 技术构成的全面性，换句话说就是评价指标体系的完备性和系统性，符合专业规律。近年来，比

较技术化的 POE 倾向逐渐向全面的建筑性能评价发展，并得到许多行业协会的鼓励，如美国材料与试验协会（American Society of Testing Materials, ASTM）、英国注册设备工程师协会（Chartered Institution of Building Services Engineers CIBSE）等专业协会都有相关的技术要求。后面我们还要谈到有关内容。

6.1.3　使用后评价在建筑与城市规划领域中的作用与应用前景

有一个例子很说明 POE 的价值。美国联邦政府自第二次世界大战以来提供资金建设了 160 个新的法庭，在每个项目结束后都要进行 POE 评价工作，通过调查、访问和行为观察获得的数据，重塑了美国的"法庭设计手册"，使之成为法官、建筑师、项目管理者和开发商必备的文献。这个例子透露两个信息：一是美国联邦政府投资的公共建筑，一般必经一个建成后的反馈过程，即 POE，以评判项目的得失；二是 POE 所形成的有关设计导则，对项目开放和设计有较强的引导作用。那么，由此推出 POE 的两个主要应用功能：其一，有助于设施管理水平提高，增进设施的环境质量；其二，以反馈程序获得建筑在使用状态下的性能和评价数据，通过设计导则不断提升人工环境的品质。

POE 发端于学术研究，但商业应用和政府的推动是 POE 能在欧美快速成长的重要原因。它的应用方向一是学术领域，二是商业领域，具体就是在环境研究、建筑与城市设计、设施管理等相关领域。相比而言，中国 POE 20 多年来的发展缺乏商业支持，使得这一领域长期局限于较小的学术圈子中。

截至 2011 年 5 月，在 Google 搜索的关于术语 Post-occupancy Evaluation 的相关网页标题达

35 200 条查询结果，对比 2002 年左右时间的 2700 个相关结果，8 年内 POE 的信息量扩大了十多倍！2021 年 6 月进行同样的搜索，则有 182 000 个包含 POE 术语的相关网页标题，足见这一领域在近年来的加速发展。我们应该对 POE 的应用前景充满信心！

6.1.4　POE 的价值与现实障碍

普雷瑟（Preiser, 1988）在《使用后评价》中总结了 POE 的若干优势，按三个时间框架来说明。

1. 短期价值

① 明确并解决设施的使用问题；

② 积极的设施管理以响应用户的取向；

③ 增进空间利用率并反馈到建筑性能当中；

④ 提高用户对建筑的关注度；

⑤ 理解预算削减下的建筑性能改变；

⑥ 更好地有助于设计决策并理解设计结果。

2. 中期价值

① 建立一种适应组织改变和成长的内在机制，包括设施功能的改变；

② 节省投资；

③ 提高建筑绩效。

3. 长期价值

① 长期增进建筑性能（包括性能参数的定量标准）；

② 建立设计评价数据库，改进建筑标准、规范和导则。

总之，这些好处既针对已建成的建筑，也针对将来的未建建筑。中短期一般是 3 ~ 5 年，长期为 10 ~ 20 年的时间。简而言之，POE 的价值在于为设计从业者提供了一种检验设计成败的技术手段。

虽然近年来业主和建筑师对建筑性能的兴趣增加了，信息技术和互联网技术也使得 POE 数据库发挥了更大的作用，但无论是西方还是中国等发展中国家，POE 在实践中都遇到了许多难题，有经费来源问题、有技术上的问题，还有学界和社会对它的认识问题等等，都阻碍其发展。这些现实障碍归纳起来如下。

（1）经费来源。一般 POE 不是设计过程所必需的服务，很少有业主愿意为它付费。

（2）设计者和业主对同类建筑的兴趣在工程结束时已经转移，POE 往往被忽视。

（3）技术地、逻辑地获取数据困难导致 POE 难以实施。例如使用者不愿意参与评价，建筑性能数据保密，建筑师和设施管理者难以掌握复杂的评价方法等问题。

（4）评价和建筑诊断所发现的问题对环境设计者和业主的声誉不利。

（5）实施 POE 的时间通常是在建筑建成约 2 年后，这早已不在设计和建造的时段内而被忽视。

（6）评价技术比较复杂，建筑师无法独立完成 POE。

（7）设计和物业管理方缺少易用的 POE 知识管理，他们有时候是有心无力。

（8）对建筑性能缺点的暴露，可能会引发项目质量方面的法律诉讼。

6.1.5　使用后评价与环境行为研究的关系

使用后评价与环境行为研究密不可分。早期的使用后评价研究主要关注环境行为问题，与环境心理学结下了不解之缘。可以这样说，早期环境行为的快速发展推动了使用后评价与设计的结合。在研究方法方面，环境心理与使用后评价采用了许多共同的数据收集方法，如问卷、访谈、观察等，只是具体技术会有不同。在许多西方的环境心理学课本中，使用后评价是其中的一个重要内容。可以这样理解，在环境设计领域，POE 作为一种研究工具，它是研究环境行为规律和设计环境使用状况的主要手段，因而使用后评价可以看作为环境心理学在设计领域的主要应用。

虽然环境行为研究的主要目的也是为了增进人工环境的质量，其研究目的本质上与 POE 不会相差太远，但是，POE 与环境行为研究是有明显区别的。贝克（Becker）曾指出，相对环境行为研究而言，POE 是一种相对简单的实践导向型研究，并归纳过两者的区别（表6-1）。

表6-1　环境行为研究与 POE 的比较

	环境行为研究	POE
1	半系统化	系统化
2	严格抽样	非正式抽样
3	宽泛的研究兴趣	较窄兴趣点（建筑性能）
4	极简的研究设计	程式化的研究设计
5	测量态度和行为	满意度要素测量
6	时间和地点的偶然发现	谨慎选择时间和地点
7	最少的数据分析	详尽的数据分析
8	单一案例研究	比较案例分析

环境行为研究往往注重科学化和严密性，为特定的研究目的选择较少的变量，并有清晰的公式化研究设计、规范的人口抽样，数据分析时通常需要进行统计检验以判定被试组的内在差别或检验假设。而 POE 的原初假设往往是设计的目标，其研究的变量注重完备性和独立性。环境行为研究往往需要更多的时间和研究技巧，因为其结论需要延伸为公理体系，相反 POE 的结论难于泛化。

6.1.6　建筑设计过程与使用后评价

POE 最初结合到设计当中时，是将它视为建筑交付后的一个反馈阶段。许多研究者的研究证明，POE 的结果对设计有长期的作用，它既是一个设计循环的终点，所获取的信息也是下一个设计的开始。霍尔根（Horgen et al.1999）认为设计过程就像一个游戏，业主和评价的作用是有助于阐明不同群体的动机。[1] 所以，POE 被应用于建筑策划在北美由来已久。

POE 的出现，使建筑设计程序和模式进一步科学化。把评价引入建筑环境设计中，使设计过程不再遵循"策划——设计——实施"这样单一线性的程序，而是经历"评价——策划——设计决策——设计实施——使用后评价"的循环过程，如图 6-1 所示，从而使设计程序更为合理化、科学化。POE 作为一种反馈机制，可以对设计过程的各个阶段产生影响，使环境质量持续地提升。

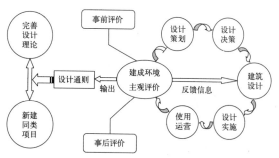

图6-1　建成环境主观评价与建设过程的关系图

POE 立足于使用者的需求，是设计中"以人为本"思想的技术保障手段。作为一种设计决策的辅助手段和反馈机制，它对从根本上提高设计决策和管理的科学性，提高建设质量，创造更美好的人居环境都有重要意义。

---

[1] T. H. Horgen, M. L. Joroff, W. L. Porter, D. A. Schon. Post-occupancy Evaluation of Facilities: A Participatory Approach to Programming and Design [J]. Facilities, 1996, 14(7/8), 16-25.

6.1.7 设施管理与使用后评价

设施管理（Facility Management, FM）的概念来源于美国，是指管理使用中的建筑的方方面面的工作，从"人、物、空间、信息"等角度综合把握建筑环境。其目的不仅仅是为了建筑更好地运行，保持良好的状态以防止建筑与设施老化，更重要的方面是根据用户的需求，采用相应的策略保持建筑处于最佳的服务状态。

管理方对建筑性能的兴趣来源于怎样发挥投资效益和提高生产率，建筑早已被认为是一种商业资源。如果把建筑看作为一种产品，其交付使用后必然有一个"售后服务"的问题，这一系列的工作就是设施管理的任务。它是沟通用户与设施业主的桥梁。要管理好建筑，必需全面了解其性能，了解使用中的不足。POE 作为反馈循环中的重要一环，其手段可以满足设施管理的基本需要。特别是基于建筑性能的 POE 逐渐成熟后，作为一种全面考察建筑空间环境性能的方法，POE 对设施管理的作用越来得到这个行业的重视。美国设施管理委员会（FFC, The Federal Facilities Council）很早就鼓励在管理中使用 POE 方法，其专业杂志 *"Facilities""Journal of Facilities Management"* 刊登有不少 POE 学术文章。曾经有一段时期，美国设施管理协会中从事 POE 研究的人数超过 EDRA 的研究者数量。2001 年，美国设施管理委员会（FFC）组织编写了 *"Learning from Our Buildings: A State-of-the-Practice Summary of Post-Occupancy Evaluation"*（2002）一书，介绍了 POE 的最新理论与方法。

那么，管理者在评价中的角色是怎样的？实践证明，物业管理者可以通过系统了解建筑的技术性能以及综合用户的反馈信息，来更好地认识自己的

作用和责任。管理者在评价中也是主体中的一分子。

早在 20 世纪 80 年代，POE 方法就广泛应用于实施管理中，许多学者如普雷瑟（Preiser）起到了知识推广的作用。美国设施管理委员会的倡导也起到很大的作用，甚至有一段时间，设施管理方面的 POE 应用要多过环境行为学、建筑学方面的 POE 研究。

6.1.8 使用后评价的类型和功能

POE 领域著名的学者克雷格·齐姆林（Craig Zimring）在《环境心理学手册》中详细论述了 POE 的主要功能类型：

① 调适建筑适用性；

② 作为诊断工具的 POE；

③ 检验设计及其设想；

④ 决策支持和策划；

⑤ 保持工程质量；

⑥ 作为机构了解建筑绩效的工具；

⑦ 研究工具：有序的设计反馈信息系统，建立导则和数据库。

POE 作为一种科学的设计与设施管理研究工具、一种环境研究的思维方式，它的功能和应用方向有：

① 全面评价建筑物的性能，以便针对使用中所暴露的问题采取补救措施；

② 检验建筑设计的品质，发现潜在的问题和新的使用需求，为改进当前的设计提出科学的论证意见；

③ 检讨建筑策划的内容和目标；

④ 为各种建筑类型的开发与设计积累科学经验和使用反馈信息，以不断提高人居环境的设计质量；

⑤ 促进建筑科研的发展，提出新的研究课题，为修订设计准则提供可靠依据。

6.1.9　使用后评价的发展概貌及其最新进展

1. 发展概貌

国际上与 POE 相关的活动已经有近 50 年的历史。总的来说，其研究历程大致经历了四个阶段：20 世纪 60 年代的初创期、20 世纪 70 年代的成长期、20 世纪 80 年代的成熟期、20 世纪 90 年代以来的大发展期（发达国家 POE 发展概貌归纳于表 6-2）。其中 20 世纪 80 年代是一个承前启后的黄金时代。

美国是 POE 研究和实践中心，这一时期的发展，具备了作为一个独立科目的主要条件，此后，POE 在欧洲、澳大利亚、新西兰、加拿大等英语国家的发展非常迅速，并结合到政府的计划和市场咨询服务中。例如，RIBA 的网站广告就有介绍 POE 咨询公司的情况。发达国家 POE 的发展概貌，见表 6-2。

近 20 多年来，POE 在欧美以外也得到很好的发展，日本、巴西、沙特、以色列、中国等国家的研究方兴未艾，成果颇丰。

表 6-2　发达国家 POE 发展概貌

年代与分期	20 世纪 60 年代：初创期	20 世纪 70 年代：成长期	20 世纪 80 年代：成熟、商业化	20 世纪 90 年代：大发展	2000 年以来：困惑与探索
重点评价范围	宿舍、监狱等个别主题	公屋（群体建筑）、办公、养老院	比较广泛：办公、医疗、政府建筑	以办公、学校、医疗等公共建筑为主	应用范围在扩大，涉及绿色建筑
评价规模	小	较大	大	大	大
实践数量	少	少	快速增长	成倍增长	很多
资金来源	研究项目	政府、私人机构	多来源	政府；机构；项目业主	政府；机构；项目业主
评价变量	少数可感知的空间环境因素：如采光等	定性或非物理变量增加：如管理因素	强调技术、功能和行为因素的全面指标	技术指标的完整性与灵活性结合	强调建筑性能的全面指标
代表著作	"Dorms at Berkeley：The Ecology of Student Housing"（Van Der Ryn, 1967）	"Sociology and Architectural Design" "Building Performance"（Markus, 1972）	"Post-occanpany Evaluation" "Building Evaluation"（Preiser,. Rabinowitz, White, 1988）	"Building Evaluation Techniques"（Baid et al, 1996）	"Assessing Building Performance"（Preoser, vischer, 2005）"Learning from Our Buildings：A State-of-the-Practice Summary of Post-Occupancy Evaluation"（FFC, 2002）
代表机构	Building Performance Reaearch Unit	私人商业机构	GSA IFMA	ASTM CIBSE FFC	CABE
研究特点	强调严格的行为研究	技术、功能和行为因素同时考虑；建筑性能的概念与标准和测量联系起来，运用复杂统计分析	Preiser 的系统化的评价程序得到认同；评价方法的多元探索：一是基于规范的低技应用，二是复杂化的研究取向	综合化、技术化的倾向；外延在扩大；应用于建筑策划中	POE的应用范围在扩大，成为业界检验建筑性能的重要手段被广泛认同，许多标准化的评价工具基本成熟；但是难以发展出统一的理论和方法

我国的建成环境使用后评价及相关工作，是从20世纪70年代末80年代初开始的。常怀生先生于1982年在哈尔滨建筑工程学院介绍建筑环境心理学，并于1984年翻译出版了《环境心理学》一书，其中介绍了日本的环境评价工作。1992年常先生着手调查全国9个城市123户住宅、4个城市7家医院近60间病房，以及深圳6栋办公楼近40间办公室。其评价实践偏重研究人与微观环境的心理互动关系。后来，他又在1999年《室内环境设计与心理学》一书中介绍了POE的理论和方法。

关于建筑物理环境的专项使用后评价方法的研究也在20世纪80年代陆续展开。例如，杨公侠先生于1984年出版的《视觉与视觉环境》一书，结合视觉环境进行环境评价研究。

吴硕贤院士于20世纪80年代研究厅堂音质的评价方法，并在此基础上，扩大到对居住区生活与环境质量的使用后评价。[①]1990—1993年间，在国家自然科学基金及浙江省自然科学基金的资助下，对4座城市17个居住区居民进行居住区生活与环境质量使用后评价。以人群的主观评价为核心，利用量化的方法，初步建立了居住建筑环境综合评价的科学架构。

胡正凡和林玉莲先生在"环境——行为"理论研究的基础上，利用"语义差异法"（Semantic Differential, SD）做了校园感觉品质的评价研究。他们在《环境心理学》（2000）一书中，还介绍了POE的一些基本知识和特点。

庄惟敏院士结合建筑策划理论研究，在《建筑策划导论》中系统地发展了以"语义差异法"为中心的建成环境评价方法，并强调利用社会学的调查

研究方法评价现状环境的实态。

同济大学徐磊青先生在"上海居住环境评价"研究中发展了环境满意度模型，其特征是强调体验到的环境变量（包括社会、空间、设施三个方面）。并在《环境心理学》教材中系统介绍过POE的理论与方法。

华东师范大学心理系俞国良、王青兰、杨治良等学者在吸收国外有关理论基础上，利用层次分析法建立居住区环境综合质量模型，利用社会心理学方法对上海和深圳的541户居民进行抽样调查，在此基础上提出居住区环境质量评价模型。

陆伟、罗玲玲等学者多年来致力于POE的研究，并在中国的POE推广中起关键的作用。

华南理工大学朱小雷在《建成环境主观评价方法》一书中，明确提出"结构——人文"主观评价方法理论，是POE方法论的一次重要探索。

近20年来，EBRA在推广POE方面做了大量的工作，学术界研究POE的势头也比较好，特别是近几年来，不少博士论文均以此为研究方向，极大地推动了该科目在我国的发展。

目前，国内对POE的认识尚不充分，其实践还得不到社会的广泛支持，应用市场处于起步阶段。我国改革开放40多年来，城镇化加速发展，建筑业呈现一种大规模、粗犷型的高速发展模式。国家已经意识到建筑业需要走向高质量的绿色建筑发展之路，未来逐步实现碳达峰与碳中和的中远期战略目标。2016年印发的《中共中央 国务院关于进一步加强城市规划建设管理工作的若干意见》，提出要"建立大型公共建筑工程后评估制度"，使用后评价将落实为建设程序的必要环节，这给大规模推广POE带来机遇。

总体而言，早期的POE学术界强调建筑的行为因素，建筑界则重视技术和功能因素，到20世纪80年代这三方面因素被整合在一起，形成了系统化的POE理论模型。建筑性能的概念被广泛接受，并

---

① 吴硕贤，张三明，霍云，李劲鹏. 居住区生活与环境质量影响因素的多元统计分析与评价［M］// 李建成，孟庆林，杨海英，张帆. 泛亚热带地区建筑设计与技术［M］. 广州：华南理工大学出版社，1998.

成为 POE 的主要内核。20 世纪 80 年代末至 20 世纪 90 年代，POE 集中于建筑环境满意度的研究，缺乏完整的理论框架并与设计实践脱节。20 世纪 90 年代后，建筑设计观念在可持续发展理念的影响下，建筑系统的绿色性能被高度重视和广泛研究，POE 实践有综合化、技术化的倾向。这种技术化的倾向使 POE 希望借助于全面的技术标准来实现其简单、省时的运用，但是行为因素是多变的，难于标准化，所谓标准的建筑性能评价并不完美。另外，从 20 世纪 80 年代起，POE 人性化的核心思想内核被结合到包括策划在内的设计各个阶段之中。1997 年，普雷瑟将 POE 结合到设计和建造的过程当中，把 POE 发展为广义的建筑性能评价（BPE，Building Performance Evaluation），进而提出通用设计性能评价的理论。这是一种标准化的努力，反映了 POE 的技术化发展倾向。

当然，在学术领域 POE 的运用就灵活很多，POE 被看作一种工具，其主导思想是在设计环境（Designed Environment）使用的状态下，以设计反馈的姿态，现场研究人工环境的人性化性能。就环境行为学的角度而言，POE 方法是一种准实验的环境行为研究技术。总的来说，POE 的生命力在于与环境设计及其研究的有机联系，与设施管理的密切结合，而不仅仅是设计成果的检验过程，其最终目标是通过建立设计导则或标准从根本上持续地增进人工环境的品质。

2. POE 的最新进展

（1）不断加强与设计之间的联系

虽然早在 20 世纪 80 年代 POE 就被运用于建筑策划中，但却未能挽回业主长期对建筑评价丧失兴趣的颓势，导致 20 世纪 90 年代后评价又被寄望于设计师团体。许多主流的设计公司认识到，更好地了解他们所设计的建筑在实际使用中和随时间推移

过程中的表现，是公司生存的根本。许多实践表明，POE 和设计的联系比以前加强了。比如 HOK、RMJM 等大型设计公司都有定期开展 POE 工作。

（2）多学科的综合化，试图建立标准框架

这方面的努力可以从普雷瑟（2005）的著作 "*Assessing Building Performance*" 窥见一斑，他和合作者们基于通用设计理论，试图建立统一的标准评价体系。这一努力必须多学科的参与，英国的 BREEAM 评价体系就是一个多学科结合的典例。随着可持续发展设计目标的确定，综合性 POE 要求涉及建筑的节能、CO_2 排放等方面的技术评价，所以，目前 POE 对学科交叉更为依赖。

（3）学科独立的趋势

随着 POE 外延的扩大，综合性能评价涉及面越来越广，建立统一理论的努力强化了学科独立的要求。实际上很多综合性的评价不是某个专业群体就能独立完成的，需要建立完善的多专业研究团队。随着其技术体系、专家群体、学术研究和市场等因素的逐渐成熟，学科独立的条件也初现端倪。

（4）教育机构的重视与传播

美国较早就设立了 POE 方向的硕士和博士学位。在亚洲，例如我国主要建筑院校的环境心理学课程中，大多有介绍 POE 的内容。

（5）POE 与社会机制结合方面的探索

这是 POE 发展的必由之路。例如齐姆林（Zimmring）在 POE 的执行层面，对"组织化的学习机制"进行了大量研究，增进了 POE 的生命力。

（6）POE 实践逐步融合于绿色建筑评价实践中

2001 年以来，在有关基金的支持下，清华大学等科研单位合作完成了从《中国生态住宅技术评估手册》《绿色奥运建筑评估体系》到《绿色建筑评价标准》的绿色建筑评价体系三部曲。之后国家补

充出台多项技术政策和技术细则，成立相关管理机构促使"绿色建筑评价标识"工作走上正轨。这一变化为 POE 在中国建筑实践中的发展带来了机遇。2016 年国家重点研发计划专项"基于实际运行效果的绿色建筑性能后评估方法研究及应用"项目，反映了绿色建筑技术领域的 POE 研究已成为我国建筑科学界的热点课题。

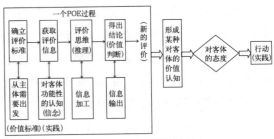

图 6-2　使用后评价过程的图式

6.2　使用后评价的多元理论、范式和体系

6.2.1　POE 的基本原理

从评价机制上看，POE 是一种研究主客体价值关系的实践过程，其研究方向可以在与评价相关的认知和观念活动层面，以及外显的主体实践和客体属性层面去寻找。描述评价过程的图式如图 6-2 所示，该图表示了评价的内部机制。说明评价的信息来源于实践：主体对客体属性的认知；评价的标准取决于主体需要；头脑的思维得到评价结论——价值判断；评价被看作为一个信息的处理过程。

从内在机制看，POE 需要考察使用者的需要、环境态度、环境感知和认知、行为方式以及物质环境客观属性等因素。那么，从实践看，环境评价基本存在主观和客观两种评价范式。许多研究证明，主观评价与客观物质条件有分离的现象。正确评价建成环境，只考虑专业技术性因素的客观评价是不完善的。

虽然不同的 POE 理论模型对主客观评价及其关系的认识不完全一致，但对 POE 主要是揭示用户对建筑性能的体验这一核心问题方面，没有太多的异议，这也决定了其研究内容。

6.2.2　使用后评价的主要理论模型和范式

POE 目前没有统一的理论框架，先考察一下主要研究者的观点（表6-3）。

表 6-3　POE 的主要代表人物和理论

序号	代表性人物	核心观点和方法	备注
1	Friedman et al. (1978)	"结构——过程"评价方法，关注建筑交付过程中的五要素：建筑、使用者、设计过程、环境文脉、社会历史文脉	写作 *Environmental Design Evaluatio1*[①]
2	Horgen et al (1996)	基于"技术理性"的过程建筑学，强调评价和开发商在设计过程中的作用	参见 *"Post-occupancy evaluation of facilities: A participatory approach to programming and design". "Facilities"* 14(7/8), 16–25
3	Parshall and Pena (1983)	"寻找设计问题"的评价方法，POE 的结果应用于策划	出版 *"Problem Seeking: An Architectural Programming Primer"*

---

① A. Friedmann, C. Zimming, E. Zube, Environmental Design Evaluation [M]. New York: Plenum, 1978.

序号	代表性人物	核心观点和方法	备注
4	Preiser, Rabinowitz and White（1988）	基于绩效的 POE 模型，提出描述性、调查性和诊断性三种研究深度	出版 "*Post occupancy Evaluation*"
5	Preiser and Schramm （1997，2005）	将 POE 发展为全面的建筑性能评价整体框架	出版 "*Assessing Building Performance*"
6	LH Schneekloth and RG Shibley（1995）	决策过程应该有社会参与，提倡可对话的场所制造过程（A Dialogic "placemaking" process），强调评价与设计的互动	主要观点参见 "*Placemaking: the art and practice of building communities*"
7	C. M. Zimring（2001）	在制度层面探索 POE 输出与"组织性学习"机制的整合方法	写作 "*Hand book of Environmental Psychology*"
8	J. Vischer（2001）	提出标准化的评价思路：BIU 问卷	
9	PROBE team（Bordass, Bromley, & Leaman, 1995；Cohen et al., 2001 a）	"建筑及其工程系统的使用后评价"方法 "*Post-occupancy Review of Buildings and their Engineering*"（PROBE），提出标准化的使用者问卷和建筑物理性能检测方法。将设计与评价结果联系起来	评价实践刊登在 "*Building Service Journal*"
10	Judith Heerwagen（2001） Kaplan & Norton（1996）	"平衡的评分卡"（The Balanced Score Card Approach）评价方法：常规的评价过程（使用者的反应）和性能临界点，包括经济和非经济的输出	主要观点刊登在 "*Learning from Our Buildings: A State-of-the-Practice Summary of Post-Occupancy Evaluation*"（2002）
11	Gerald Davis（1996）	STM（Serviceability Tools and Methods）基于使用者角度的环境评价量表，关于建筑可服务性调查	文章载于 "*Building Evaluation Techniques*"

　　分析目前的主要研究者的观点和理论发现，由于 POE 是一种目的导向型的环境设计实证研究，加上多重主体、外延的宽泛性等因素，使其理论和方法的多样化，并集中在技术体系及其应用方面的研究成果较多。归纳起来，使用后评价的主要理论模型和范式有综合性评价范式和焦点评价范式两类。

1. 综合性的 POE 评价范式

　　（1）Preiser, Rabinowitz, White 基于建筑性能绩效的 POE 范式

　　使用后评价方面的重要学者普雷瑟及其合作者，发展了一套严谨而完善的 POE 理论和方法体系（表6-4）。其核心是强调建筑"性能"概念和评价者的价值冲突问题。早期建筑性能方面的工作是关于加州学校建设系统的研究，后来美国国家标准局的先进技术研究院发展了这些成果。英国 Strathclyde 大学的建筑性能研究所（BPRU）、美国住房和城市发展处、GSA（the General Services Administration）等机构都做了很多相关工作。普雷瑟认为不同的评价人、评价团体和组织机构对性能标准的认识不同，其不同的目标和目的导致价值的冲突。

　　普雷瑟认为性能的维度包括：技术、功能和行为三大基本要素。作为背景要素，使用者的特征（性别、年龄、亚文化群）、环境的尺度和特征、评价主体的目标、地点等都应该被全面考虑，如图6-3所示。

表 6-4　Preiser 及其合作者的 POE 过程模型

		阶段 1	阶段 2	阶段 3
层次	层次 1：描述性评价	计划	实施	应用
	层次 2：调查性评价	计划	实施	应用
	层次 3：诊断性评价	计划	实施	应用
步骤		1.1 踏勘和可行性研究	2.1 现场调查：数据收集过程	3.1 报告发现
		1.2 资源计划（人、物、财力等）	2.2 监控和管理数据搜集措施	3.2 推荐行动
		1.3 研究计划	2.3 分析数据	3.3 结果回顾

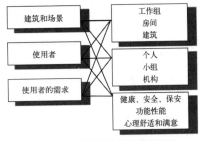

图 6-3　建筑性能要素及其背景关系

POE 的结果是如何持续地影响建筑性能呢？普雷瑟根据美国的建设体系和技术服务体系的运作，指出 POE 的结果一般集中在国家的数据库、信息系统或数据交换所（例如 National Academy Press），这些数据被有关研究机构按建筑类型进行分类和应用。于是出现了 POE 数据的研究机构，例如 AEPIC（The Architecture and Engineering Performance Information Center位于马里兰大学内）的建立就是负责收集和传播有关建筑技术失败

的信息。实践中建筑的性能标准和设计导则往往从上述数据库或信息系统发展进化而来，出版相关的设计手册或指引。这些按建筑类型划分的性能有一定的基准，并作为评价新建建筑环境的参照。在这一反馈循环中，建筑环境的质量得到不断提升。

在其 POE 模型框架中，普雷瑟针对建筑环境性能绩效，建立了系统而严谨的技术程序，并区分三个水平层次的评价，以选取程度不同的评价方法，适应评价对象和环境资源的特点，见表 6-5。

1997 年，普雷瑟及其合作者将 POE 发展为一个"建筑性能评价的整体框架"（Preiser, Schramm, 1997）。其目的是扩展 POE 的反馈基础，以期能影响投资者和决策者，使之能较早地与设计过程相关联，并贯彻应用于建筑交付、使用和生命周期的全过程。相关理论可以参见《建筑性能评价》一书。

表 6-5　Preiser 的建筑性能评价研究层次

层次	目的	方法	时间	特点
层次 1：指示性评价	快速反映建筑的成败和问题，为设施管理提供及时改进的依据	管理文献研究 Walk-through 自由访谈	短期检视（如 1～2 天）	范围并不广、深度也不深，快速、简单
层次 2：调查性评价	评价建筑性能方面更细节的问题，提供更加具体和详细的改进建议	问卷 结构访谈 Walk-through	中期的（数周～数月）	范围比较广、深度比较深，是在得知建筑设施的主要问题后对细节问题的进一步研究
层次 3：诊断性评价	对建筑性能提供全面的评价，其数据为将来的设计和类似设施的建筑标准提供数据和理论支持	复杂的数据收集和分析方法，问卷、访谈、现场调查、物理测量	长期的（数月～几年）	调查最深入、费用最高，提供建筑规划、策划、设计、建造和使用方面的指南

（2）英国"建筑及其工程系统的使用后评价"体系 "Post-occupancy Review of Buildings and their Engineering"（PROBE）

开始于 1995 年英国的"建筑及其工程系统的使用后评价"方法体系（Post-occupancy Review of Buildings and their Engineering, PROBE），是英国政府（环境部、国土交通部）与研究团队合作的典范，是被实践证明比较成功的 POE 评价体系。被广泛应用于商业和办公建筑为主的公共建筑的使用后评价之中。到 2005 年，其使用者调查问卷已经在 500 多座建筑实施取得良好的效果。PROBE 一般要求在建筑建成后 2~3 年后进行评价。其目的是为建筑设计、建造、使用和管理运行提供关于建成建筑的成功要素方面的反馈信息，当然也包括建筑失败和难题。PROBE 的主要贡献人有博达斯（Bordass）、布罗姆利（Bromley）、利曼（Leaman）、科恩（Cohen）等人，其研究团队是一个多学科合作的典范，他们把 POE 看作为建筑业中对常规建筑环境质量可靠测量的主要方式。其应用成果多发表于英国机电工程协会（CIBSE, The Chartered Institution of Building Service Engineers）会刊 "*Building Service Journal*" 上。PROBE 目前得到了政府、建筑业界和客户的广泛支持，其实践成果给建筑业带来可持续的环境性能提升。

PROBE 技术体系包括三个模块：技术性能模块、能量模块和使用者满意度模块。技术性能模块关注建筑服务系统是如何影响使用者的行为，包括可管理性、维护、控制方面的问题。能量模块是用比较的方法评价建筑的能源消耗、二氧化碳排放量。这两个模块都是利用客观数据进行评价，即所谓的客观评价，满意度模块则是主观评价。

其方法体系有两个主体部分：

① 使用者调查方法：BUS（Building Use Studies）问卷由利曼（Leaman）领导的专业公司开发；

② 能量评价方法：基于英国国内的 EARM（The Energy Assessment and Reporting Method）和 OAM（Office Assessment Method）两个体系发展起来的方法。

PROBE 的技术体系非常严谨，是 POE 理论与方法的一个典范。其过程模型如图 6-4 所示，可以了解其理论和方法概貌。

PROBE 的成功之处是完美结合了能量和使用评价两部分，符合建筑业界可持续发展的大趋势。限于篇幅，本书主要介绍其中的使用者调查部分（BUS），这一部分也是建筑师使用 POE 工具必须了解的重要信息。

20 世纪 80 年代，利曼（Leaman）领导的建筑使用研究公司就开始对实际的建筑病症进行广泛的研究。在长期的研究中总结出标准化的 BUS 问卷，目前该问卷从最初的 12 页精简到目前的大约 2 页的 A4 页面，特点是快速、简单、易用。精简的体系避免了被试者的疲劳和信息过载导致分析成本的增加。调查信息包括：

① 背景（年龄、性别等）；

② 建筑的整体要素（设计和需求的满足度）；

③ 使用者的个人操控（制冷、照明设备的可控制性）；

④ 管理对环境问题的反应速度和效率；

⑤ 温度；

⑥ 空气流动；

⑦ 空气质量；

⑧ 照明；

⑨ 噪声；

⑩ 整体舒适性；

⑪ 健康；

⑫ 工作生产率；

⑬ 其他研究者有兴趣的要素。

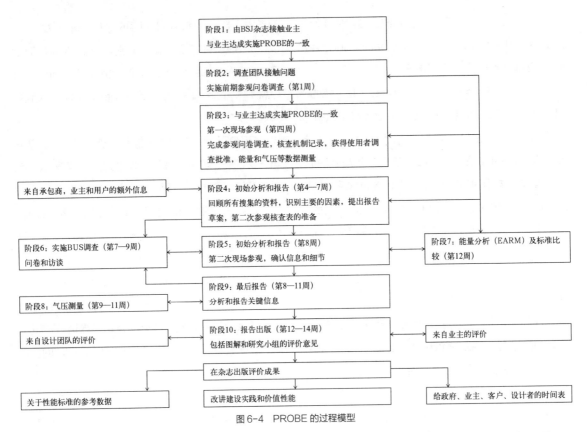

图 6-4　PROBE 的过程模型

问卷通常要求有 100 ~ 125 个受访者，受访者包括职员、学生、专家小组等。问卷一般与焦点小组访谈一起实施。参加访谈者一般是研究者、使用者代表及大楼管理者。

问卷的指标使用了最小规模的关键性能指标（KPIs, Key Performance Indicaters），这些指标针对所有类型的建筑，可以节约资源。当有必要时，指标可以扩大或改变。

为了快速描述使用者的反应，BUS 给出了两个概括性的指数：① 舒适性指数：汇集了冬夏的舒适性物理要素；② 满意度指数：这些指数是依据 PROBE 的调查数据库计算的。一般来说，舒适度和满意度不是因果关系。舒适度低可能满意度却高。

BUS 问卷在实践中有非常好的表现。在办公建筑使用评价的应用中发现照明、热工、噪声的高可控

性和靠窗的布局是使用者满意度的主要预报因子。

（3）满意度研究

满意度概念实质上是一个市场学的概念。当把建筑作为一种产品时，就有一个用户对产品是否满意的问题。它关注的是产品的综合效益。现代主义建筑运动将建筑作为工业化产品，在高度市场化阶段，建造者了解使用者的满意度就变成一种必要的生产开发营销程序，以不断提升建筑产品的市场竞争力。

与满意度最直接相关的内容是使用者的需求，包括物质和精神两个方面。20 世纪 50 年代后，现代主义建筑在西方由于缺少人性的一面而开始受到质疑。设计师、开发者也开始重视使用者的全面需求（不仅仅是建筑功能需求）。可以讲，建筑环境的评价工作也是随着满意度的研究而逐渐兴起并发

展起来的。50 多年来，西方建筑界进行了大量关于各类建筑空间环境的满意度研究，尤其以办公和居住空间环境方面的满意度研究成果最丰富，为设计理论的发展奠定了坚实的基础。

满意度目前没有公认的定义。有人认为它是对生活品质的判断（A. Campbell, 1976）；有人认为它是使用者与环境之间、人们的期望、需要与实际居住状况之间的一个平衡状态（E. Wiesenfeld, 1992）。朱小雷（2005）认为满意度是衡量使用者需求、理想与现实环境状况间相互关系的尺度。满意度评价研究与使用者主观使用体验有关的各种要素，以全面的视角了解他们的实质需求，以期设计出更为人性化的生活空间。广义而言，任何主观评价都涉及满意度。目前，英美开发出来的许多标准化评价工具如 BUS 都有满意度模块。

在 POE 研究领域里，研究办公空间的满意度是最为普遍的。下文谈到的许多标准化评价工具，大多从办公空间的研究中发展而来。这里以居住环境为例展示满意度的理论研究。

居住环境（住房、邻里、社区）的满意度也是早期西方社会学家、环境心理学家研究较多领域。较有代表性的满意度理论有：

① 坎特（D. Canter）的住房满意度模型。坎特于 1982 年用"块面分析"（Facet Analysis）的方法建立了多变量满意度模型。这是对环境评价问题进行分类的方法。此后，他又将块面法与场所理论结合起来，发展成一个"元理论"——块面理论。其他学者在此基础上提出了许多综合评价模型，如 1985 年唐纳德（I. Donald）的"场所评价综合模型"。表 6-6 是坎特的多变量满意度的全面标记语句示例。

② 吉福德（R. Gifford, 1987）的住宅满意度综合模型。该理论强调人口统计特征的区别。其他的居住满意度评价实践和理论，主要在评价因子的选择上有所区别。

表 6-7 列出的因素对居住环境的满意度评价较重要。

表 6-6　坎特和里斯（D. Canter & K. Rees）的多变量满意度的全面标记语句

块面一：相互作用的层次（L）	块面二：相互作用的范畴（R）	块面三：关注点及程度（F）
住房本身 地点 邻里	社会冲突 空间 服务	全面的 一般的 特殊的 → 1. 一点也不是 2. 不太多的 3. 有点 4. 较多的 5. 相当的 6. 很多 7. 确定非常多

表 6-7　对居住环境满意度评价较重要的因素

显著性因素	内容	代表研究者举例	国内相关研究
人口统计特征	生命周期内使用者偏爱的变化	米切尔森（W. Michelson, 1977） 纳萨（J. L. Nasar, 1981, 1983）	—
人的经济地位	收入水平影响满意度	塞亭（H. Satting, 1981）	—
个人的角色	丈夫与妻子的地位不同导致某些问题上的态度差别	米切尔森（W. Michelson, 1977），坎特和里斯（Canter & Rees, 1983）	—

显著性因素	内容	代表研究者举例	国内相关研究
时间	与过去或理想中的住宅相比较	威森菲尔德（E. Wiesenfeld, 1992）	—
可视的物质品质	外观、空间、交通、邻里的关系质量、设施、绿化等	安德森、乌弗莱克和奥登尼尔（J. R. Anderson, D. I. Butterfield &. O'Donnell, 1982）	吴硕贤院士的四城市居住质量评价
住房的社会背景因素	住客的构成、家庭人口密度、成员的社会关系（Ahrentzen, 1989）	韦比尔（W. Weibel, 1981）	杨贵庆对上海住宅的社会学研究
偏爱不同的住宅类型	对独户住宅的偏爱（如北美）；高层住宅有消极面，或优缺点并存	马兰斯（R. W. Marans, 1986）	杨贵庆的上海住区研究
社区活动特征	户外活动对社区的意义；交往的意义；社区气氛和文娱活动	吉福德（R. Gifford, 1984,1985）	—
社区文化认同	文化对居住的意义	拉卜普特（A. Rapoport, 1985）	—
户内使用的适应行为	空间的安排；家中的休闲活动（D. Canter, 1993）；户内领域空间	坎特（D. Canter, 1993）阿特曼（I. Altman, 1984）	—
私密性	空间大小与私密性无关	曼特和格雷（Mant &. Gray, 1986）	中国小康住宅调查
噪声	噪声与满意水平的关系	温斯坦（N. D. Weinstein）米切尔森（W. Michelson）	吴硕贤院士的研究
社会生活质量	福雷德（M. Fried, 1961）的社会纽带因素。但他1982发现物质品质比社会因素重要；也有人认为邻里关系是关键因素（Rivlin, 1982）；社区活动的感染力（Jan Gehl, 1987）	伊利诺斯HR&D小组（Illinois HR&D, 1982）	杨贵庆、徐磊青的居住区调查研究
安全	可防卫空间（Newman, 1972, 1984, 1989）	吉福德和佩科克（Gifford & Peacock, 1979）	吴硕贤院士、杨贵庆的研究
管理和维护	管理、特定的设计、社会因素是三个重要的因子（Francescato, 1979）伊利诺斯HR&D小组认为两者均是突出因子	弗朗西斯卡托（G.Francescato, 1979）	
美学品质	形式要素	威狄盖里（D. Widgery, 1982）	
领域感	象征性障碍物因素，社区感	麦克唐纳和吉福德（Mac Donald & Gifford, 1993）	

（4）基于感知质量的使用后评价

建成环境感知质量评价既与满意度评价有联系又有区别。国内不少研究将两者等同对待。一般来说两者内涵是有区别的，满意度评价的社会心理学意义更多些，而环境质量主观评价更关注物质环境要素及其主观感知的状况。比较而言，个人背景特征、组织气氛等主体因素更多地影响到满意度的判断，但它们却不是感知质量评价的决定因素，因为环境质量有客观实在性，基于感知质量的使用后评价是一种主体对客体的客观描述，人群对环境状态的感知在特定条件下有一个相对固定的趋势，而满意度则因人群的取向不同而有较大的变异性（主观影响因子更多、趋势不稳定）。总之，建成环境感知质量评价是对环境客观属性所处状态的主观描述，是对环境本质属性的公共认知意象，具有相对客观性。

国外在景观感知质量评价方面的研究比较成熟。在建筑环境研究中，它不如满意度的研究普遍，但满意度研究常结合环境的感知质量评价。目前，从主观感知和认知方面研究环境质量，以视觉和听觉质量研究领域的成果最多。

国内对环境感知质量的评价大多是在建筑技术研究等少数领域开展。例如在建筑的声、光、热等专业领域内的研究。

关于环境质量评价因素的建构，一般来说，这类 POE 的评价因子宜以建成环境系统的物质要素为主，社会、心理要素为辅，目的是得到质量状态的客观描述。比如，以客观物质指标的形式构成环境质量构成评价因素集合如图 6-5（物质因素可以从社会心理标准去选取）所示。

建成环境质量的一般心理标准
自然，对人生存无害——健康； 身心的需要——舒适； 生活、工作、出行方便——便利； 生存的保障——安全； 经济上的考虑——效益； 造型、色彩、装饰上考虑——美观； 社会需求——私密性； 自我实现需要——有意义的； 人是社会性的动物——可交往性。

基本物质维度	设计环境的物质要素
物理要素	声、光、热微气候水平、空气质量
材料	材料的性能、安全、健康
结构	结构牢固性
设施设备	设备（水、电设、空调设施）；生活辅助设施；环境活动辅助设施；服务设施；防火设施；防盗设施；电梯楼梯
空间形式	大小、尺度、方向、朝向、适用性、灵活性、体量、虚实、色彩、造型装饰
交通	停车；道路；大小、舒适度；城市区域可达性；人车流组织
自然要素	绿化、水体（污染）、石和土、阳光、空气；自然景观：树、木、花草

图 6-5　一般心理评价标准与环境物质要素的关系

总之，基于感知质量的使用后评价是与建筑物质要素关系最密切的一种评价，在评价时应能充分考虑使用者的心理质量标准及其与行业标准的关系，建立完备的因子集，全面地描述现状环境。

（5）景观评价

景观的字面意义表示自然风光、地面形态和风景画面，包括主客观两个层面的要素，反映了人—地关系的重要概念。景观评价（Landscape Evaluation）是指运用美学、心理学、生态学、社会学、建筑学、地理学等多门学科和观点，对现状景观环境的价值做出科学判断。景观评价从 20 世纪 60 年代到 80 年代末的近 30 年的发展已经相对成熟。

景观系统有不同的分类方法。按照景观的自然与人文属性，可分为开放景观（包括自然、半自然、农业和半农业景观）、建筑景观和文化景观；按地理空间特征，景观系统可分为自然景观、城市景观和乡村景观等多种形态。所以，景观评价的研究对象一般包括自然要素、人工要素与人文要素三部分。

景观评价的价值体系包括美学、生态、功能和人文等层面。实际操作中往往采用综合的价值取向。按主客观评价的不同侧重，景观评价的类型大致可分为：景观视觉感知评价、景观生态（资源）评价。

景观感知评价被建筑学领域关注较多。景观感知评价是指基于个体或群体的某种价值标准对景观价值的判断，包括景观偏好和风景美的评价。传统的景观感知评价比较注重视觉要素。近年随着"声景"概念的传播，声景观的感知评价方兴未艾。景观视觉质量评价分为客观方法与主观方法，主要有专家评估法、公众偏好法、综合法（心理物理法）等评价范式，实际操作中景观感知评价一般采用专家与公众相结合的技术路线。当前，这个领域比较注重计算机可视化模拟评价和评价方法可靠性的研究，生理性反应的测量也被加入评价过程之中，如风景美评价中加入脑电 EEG 的测量并进行相关分析。下面简单介绍两种景观感知评价方法：

1）心理物理评价法

心理物理评价法在 20 世纪 70 年代后逐步成熟起来。其理论模型分为两部分：一是测量公众的平均审美态度得到一个反映风景质量的评价量表，也叫美景度的测量；二是对构成风景的各物理成分的测量，将评价量表与各风景成分之间建立数学关系模型。美景度量表的测量方法，比较成熟的有两种，其一是丹尼尔（Daniel）等学者发展的 SBE（Scenic Beauty Estimation）法，该方法是让被试者按自己的标准给呈现在幻灯片上的风景进行评分（0～9分）；其二，是布霍夫（Buhyoff）等发展的 LCJ（Law of Comparative Judgment）法。该方法是让被试者比较一组风景（照片和幻灯）来获得一个美景度量表。

心理物理评价法还在远景风景评价（Buhyoff，1978）、娱乐风景评价（Anderson, 1984）、大气属性与风景审美评价（Latimer, 1981）、风景社会因素影响评价（Anderson, 1981）等领域获得广泛应用。

2）公众偏好评价法

公众偏好评价法主要是利用心理学的方法对个体或群体的景观经验进行多元分析，它与前者的操作有些类似，但在解释公众对景观的选择时主要是采用心理学的概念。这类方法发展了一些理论模型，如 Kaplan（1983）的风景审美理论模型、Ulrich（1991）的心理进化理论。研究兴趣点也比较广泛，例如塔尔博特和卡普兰（Talbot & Kaplan，1986）对原生态自然体验的研究，结果发现野外环境体验者更能关心他人，自信心、自我认知和生活计划性等方面更强，并表现出无意支配自然的情感；尼曼（Niemann, 1986），从个人、生产活动等社会活动的各个侧面对自然环境机能进行评估，涵盖生产技能、环境保护机能、搬运机能（空间资源机能）、审美机能和伦理机能 4 个方面。

2. 焦点评价范式

焦点评价是对各类建成环境子系统的评价。与设计最密切的焦点评价包括：空间使用方式评价、某物理要素的舒适性评价、交通可达性评价等。焦点评价的目的和内容比较灵活，主题宽泛。

下面试以使用方式评价为例说明焦点评价的特点。

使用方式评价是指对环境功能适用性（包括空间使用上的灵活性、方便性等可用性能）的评价，也就是观察实际使用方式与期望使用方式之间的差异，推知空间质量的状况。从这类研究中总结出来的行为模式或空间模式，是设计人性化空间的客观依据。例如，对公寓内各种套型中住户的使用方式评价，可了解所设计的居住空间在适用性能上的效用，了解住户更真实的使用要求。国外大多利用观察法在真实场景中调查建成环境的使用方式，并利用问卷、访谈法进行检验。

空间的私密性、领域性和公共性，是使用方式研究中的基本心理控制变量。一般从个人空间和社会空间两方面去决定评价的内容和规模。影响个人空间和社会空间使用方式的因素有：

① 人口特征及背景因素：如性别、年龄、社会地位、个性及民族等因素。

② 社会文化因素。在我国，地区之间、城市内社会群体之间、城乡之间仍有社会学意义上的文化差异，导致空间使用方式上的差别。

③ 场所内在的使用特征和意义。评价关注研

究对象内在使用特征——即处于核心地位的行为模式。

④ 领域的私密性和公共性特征。不同领域形式调整着空间的私密性状态，在使用方式上也有不同的特征。通过观察异用或误用行为、适应性行为，或者是对环境所做出的局部空间改变，就能推论设计环境对人们行为需求的适应程度。

⑤ 空间微环境状况有较强的行为控制力，如微气候、声、光、热的水平等，对使用方式也有直接的控制作用。

总之，空间使用方式评价是对建成环境本体要素的研究，其目的在于判断空间在"有用"方面的性能特点。领域特征和物质环境特征与条件，是使用方式研究中最基本的两个控制性变量，是具体评价研究中的分析视角。

6.3 POE 的研究设计、方法与操作程序

6.3.1 技术逻辑

1. 评价主体

评价是社会实践。环境评价离不开对主体需求及其制约因素的考察。评价不仅要考虑作为个体的人的需要，还要考虑作为社会人的需要，且离不开社会发展水平和时代观念的制约。

从需求的角度看，不同类别的 POE 主体的心理和社会需求以价值观的形式列于表 6-8。

开发和管理者注重从物质效益去评价环境，往往与使用者的目标有冲突。

表 6-8　POE 的主体需求与价值目标

POE 的主体	需求的价值目标
使用者（个人、小组和机构）	基本的需求和发展；"为我"的观念
开发者	以市场需求为导向，经济效益为主导
设计者	平衡矛盾，满足各方面需求（实现设计者个人理想，创造价值）
政府	满足建筑规范，达到最佳综合效益
物业经营管理者	良好的运营，达到经济效益目标

设计者的心理因素最复杂，因为他们处于使用者和业主之间，作为一个协调人而存在。在建筑本体意义上，使用者是环境服务对象因而是最终的决定者。这样，以使用者的视角去评价客体环境的价值意义，是建筑学中的一项基本任务。一般来说，综合性的 POE 评价都涉及各个利益相关群体的需求，焦点性的评价则多关注某个群体的利益目标。

由上分析可知，主体需求和环境客体的价值意义是 POE 两个根本的制约因素和研究内容。

2. 评价标准

基于建筑性能的 POE 是一种比较全面的评价，许多学者都认为包括"硬指标"的客观评价和涉及"软"指标的主观评价（陆伟、罗玲玲，2003）。[①]客观评价具有一种决定论的倾向。它以建设行业的技术性质量规范为标准，借助于仪器获取数据进行精确分析与评估；主观评价的标准则大不相同，它更直接地与主体需要联系在一起。尽管不能游离于行业的技术标准以外，但它更多地表现为隐性的心理标准。这种主观标准表现为一定时代、一定地域范围内的社会心理标准。西方很多 POE 咨询公司除了采用行业的环境性能标准之外，还利用自身长期开展评价积累的 POE 数据库，建立一种建筑性能的

① 罗玲玲，陆伟. POE 研究的国际趋势与引入中国的现实思考 [J]. 建筑学报，2004（8）：82-83.

平均参照标准。许多评价实践证明，不同国家、地区和时代的使用群体对环境有不同的取向和标准。在这一问题上应采取辩证的观点，以变化、发展、开放的眼光看待 POE 评价标准。

在我国，根据时代的特点和生活水平，人们对建成环境的期望标准大致可以用以下几个方面的指标来描述：① 功能的实用性；② 安全感；③ 健康、绿色、环保；④ 秘密性；⑤ 便利性；⑥ 美观性；⑦ 舒适性；⑧ 生活趣味性；⑨ 回归自然性；⑩ 生活的意义性。这十大标准包含了环境显性和隐性的要素，构成一般评价中的基本参考框架。

3. 评价因子的选择

环境评价因素的构建，是 POE 研究计划的第一步，也是整个评价的关键。只有经过这一评价概念的具体化过程，使用者的主观评价才是可测量的。

建构评价因素集合可分两步走：

（1）澄清评价概念的内涵与外延

建筑环境质量，一般分为软、硬两方面要素，也有的学者分为物质环境质量和感知环境质量（Rapport，1977）。目前，建筑"性能"的概念被业界所认同。

（2）维度构建

从理论上讲，分析概念所包含的维度是厘清评价因素的前提。从系统的观点看，维度有层次性，它是一个层级系统。一个概念有许多维度，必定有一些高层次的基本维度可概括概念的本质特征。有时评价的目标就是寻找基本维度。

建成环境的维度组成，目前有许多不同观点。代表性的观点例如勃罗德彭特从人、环境、建筑物三种系统协调过程的观念出发，归纳出有关因素如表 6-9 所示，他主要强调建筑活动本身的相关要素，这是比较符合 POE 评价对象特点的，与普雷瑟、拉比诺维茨（Rabinowitz）及怀特（White）把

评价因素分为技术、功能、行为和美学三大标准很相似。

表 6-9　勃罗德彭特的环境、建筑、人三大系统的内容

环境系统		建筑系统		人的系统	
文化文脉	物质文脉	建筑技术	内在环境	使用者要求	业主的动机

朱小雷建议（2005），按层次性、主从性的原则从"人——环境——建筑"这个大系统中构建评价维度，以直接的使用群为主，将设计者、管理者等利益相关人一并考虑在内，根据评价的内容、对象、目的、主体人群以及所采用的评价工具特点，来灵活地构造评价因素集合。三个子系统的构成如图 6-6 所示。

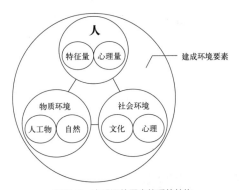

图 6-6　主观评价因素的系统结构

第一子系统：物质环境层面的因素。包括三个方面，第一是研究对象本身的物质要素系统，其构成包括自然和人工的物质空间与实体的性能及其标准；第二是自然环境要素；第三，与研究对象有关的场所信息。

第二子系统：社会环境层面的因素，即制约研究对象的社会制度、法规、生活方式、习俗、文化、经济环境、亚文化群体、社团、单位、公司制度与文化等因素。社会要素又分为环境心理层面的因素（如私密性、领域性、公共性、拥挤感等），以及社会

文化方面的因素（如管理、习俗、文化、法规等）。

第三子系统：人的因素（个人或群体）。POE 以群体为分析单位，人的因素主要有统计方面的人口变量：如性别、年龄、居住（工作地）、职业等社会学方面的统计资料。这些变量常作为评价中的控制变量。

一般评价因素选择和指标建构的原则如下：

① 完备性：即覆盖上述三个子系统的内容；

② 独立性：独立的评价指标区分度、可测度较好，可减少研究时间和花费；

③ 区分度：区分度佳的指标则敏感度好，可以用较少的指标达到目的；

④ "中心——边缘"原则：每类场所都有自身的社会特质和最基本的功能（即"意义核心"）；评价指标的设计应倾向环境特质的中心，不宜对各个要素平等对待；

⑤ 理论的延续性原则：前人的指标体具有提示作用；

⑥ 评价指标与评价方法统一起来；

⑦ 专家集体把关原则；

⑧ 项目指标难度切合评价主体的认知能力。

6.3.2　研究设计

1. 评价研究设计的模式

评价研究设计本质上是一个控制各种评价方法和研究策略之间平衡的过程，即研究方案的比选过程。以逻辑实证主义作为研究取向的分界划分研究设计模式如下：

（1）量化的研究设计模式

这主要指标准的实证范式，在逻辑上表现为一种单一链条状形式的研究设计模式，如图 6-7 所示，其中的工作步骤一环扣一环。

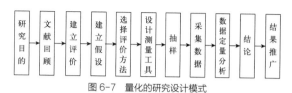

图 6-7　量化的研究设计模式

（2）非量化的研究设计

这一类有许多种形式，大多数都只需提出研究的问题提纲，且并不重视操作步骤的顺序关系。有时在初步发现问题后，会修改原来的方法，带着新问题继续研究。还有一种循环的模式，认为研究中各部分为循环演进的过程，需在多次反复中接近目标。例如多间隔时间取样的现场观察法，每一次观察都与前一次工作联系起来，不断修正资料。所以，这是一种自我调适的研究策略。

（3）复合研究设计模式

朱小雷（2005）认为，评价结论的可靠性一般难以通过某种单独的方法途径或一次评价而达到，通常需经多种评价途径的印证，或经多次评价才能达到目标。[1]

2. 评价研究的控制方式

POE 重视在真实环境的使用状态中进行研究，所以实验研究方式极少被使用，更多的是以准实验和非实验的方式进行评价。

非实验研究方式是一种描述性的研究策略，可以揭示变量间的相关关系，但难于研究因果关系，但它的效度颇高。

对于设计理论研究型的 POE 常采用准实验研究方式。典型的准实验设计模型有：① 相关设计（Connectional Designs），通常指交互分类设计，它的形式近似于两组无前测试验，一般无法排除其他变量的影响；② 时间序列设计，是一种在多个时

---

① 延伸阅读：罗玲玲，陆伟. POE 研究的国际趋势与引入中国的现实思考 [J]. 建筑学报，2004（8）.

间序列中多次测量的实验设计方式，可观察环境的
变化趋势。

3. 评价主体的确定

环境类型不同，其使用者群体的构成也应随之
变化。例如，如果所研究的广场是在校园中，则校
内学生、教师及其家属是主要使用者。城市中心的
广场，则有更多的使用群体类型。研究目的不同，
主体范围也不同。通常以设计理论研究为评价目的
的主体范围要比以前期研究为评价目的的研究范
围大。

确定评价主体时，必须与评价研究的分析单位
区别开来。评价中的分析单位可以是一定范围内的
环境、人群、行为及行为产物等。主观评价通常关
注个体单位。在观察中，分析单位一般是环境的使
用方式（即行为事实），评价主体通常是非确定性
的。有时需要以使用者群体作为分析单位，了解不
同使用群体间的需求差异。大多数情况下，主观评
价不太关注个体差异，只是希望从个体分析入手来
了解群体与环境的互动关系。

因为不可能调查所有的使用者，所以要利用抽
样技术来确定被调查的对象（关于抽样的方法请参
见有关统计书籍）。

关于样本数。统计学中大于 30 为大样本，但社
会研究中常以 100 以上为大样本。[1]一般认为，如
果针对某个建筑单体如无须再对样本进一步划分研
究，30 个就是大样本，否则需要根据统计方法决定
样本数，并不少于 100 个样本。中观尺度的空间环
境一般要求 100 以上的大样本。还可以根据抽样误
差水平要求来确定样本数，通常误差 E 在 5% 时，
样本数 $N = 400$；E 在 10% 时 $N = 100$。

4. 评价研究的信度与效度

信度和效度是评估建成环境主观评价研究质量
最基本的指标。有时信度是最根本的，一项评价对
研究没有可信度，那么它必然是无效的。效度可用
评价结果与评价目标的相关程度来判断。

（1）信度的评估

信度是指两次利用同一评价工具或方法实施测
量时数据结果的一致性，或指评价方法的可靠性。它
是评价方法及其评价质量的基础。信度一般用相关系
数（信度系数）来度量。信度系数的取值在 [0，1]
区间。信度的检测方法有三种，如表 6-10 所示。

表 6-10 信度的检测方法

重测法	复本法	折半法
对同一群被试用同一种测量，计算在不同时间之后两次测量结果的相关系数	对同一群对象使用形式和内容完全相同的复本进行测量，计算得分的相关系数	将一次测量中的结果按项目分成两半，以两半结果的相关性评信度高低

目前通过计算结构问卷（量表）的内在一致性
来评估信度是一种流行的方法。如 SPSS 软件就提
供判断量表一致性的 Cronbachα 系数[2]和折半法
计算功能，[3]为建筑师的评价工作提供便利。但对非
结构化的评价，可用多次测量的方法解决信度评估
问题。

（2）效度的评估

效度指评价的有效性，即评价在何种程度上得
到了所要了解的环境信息或达到某种研究目的之程
度。效度也可理解为评价的真实性和准确性。效度
决定评价能得到何种结论，它与评价中的经验操作
技术有关，如对评价概念操作化方法，直接决定评
价指标的针对性。

① 参见：袁方. 社会研究方法教程 [M]. 北京：北京大学出版社，1997.
② Cronbachα 系数：即信度系数，$\alpha = 0.8$ 指评价得分方差的 80% 取决于环境特质的真实方差，而 20% 取决于评价方法的误差方差。
③ 参见：苏金明，傅荣华，周建斌，张莲花. 统计软件 SPSS for Windows 实用指南 [M]. 北京：电子工业出版社，2000.

目前流行的观点认为结构效度①是基本的、包含一切的效度概念。它包括内容效度②、表面效度③、预测效度④以及内在和外在效度⑤。对评价效度的评估，主要从表6-11中的几方面来判断。无论如何，评价方法至少应满足表面效度、内容效度和内在效度三个方面。

5. 数据收集与分析

（1）数据收集方法

本教材前面章节论述的许多环境行为研究方法，大多适用于POE。在多年的POE发展过程中，确实演化出一系列的比较适合于使用后评价特点的方法（表6-12）。数据采集方法的选择，在很大程度上取决于评价的环境类型、内容、目标和深度，以及主客观条件（人力、物力、财力、时间等）等等。针对某一评价项目，可能有最适合的方法，但没有唯一的方法。归纳起来，数据收集方法包括文档数据收集方法、建筑性能调查方法、使用者调查方法三类。

表6-11　效度的检测方法

效度类型	涵义	检测方法
1. 内容效度	测量指标与评价目标间的逻辑一致性	专家判断法；因子分析法
2. 准则效度（交叉效度）	用另一种不同以往的测量方式对同一对象测量时，将原来的方式作为准则，把新方式的结果与之比较，如果效果相同，则证明其有准则效度	相关检验；利用成熟问卷作为判据
3. 表面效度	评价指标可明显地测量某个环境因素的程度	专家判断法
4. 内在效度	评价变量间存在关系的明确程度	统计相关性的显著水平，检验分析项目与总评价目标的关联度

表6-12　常用于POE的数据收集方法比较

序号	数据收集方法	优点	不足	适用于POE?	备注
1	建筑巡检（Walk-through Survey）	便宜、简单	主观的	是	尤其适用于检视技术系统
2	建筑日志分析（Diary Analysis）	数据详尽	难于执行，无用户的回答	可选	—
3	焦点组讨论（Focus Group）	经济，可结合问卷补充细节	需要熟练的设施管理者操作	是	特别适用于设计小组的评价
4	个人访谈（Individual Interviews）	较优的高级管理方法	费时、技巧要求高	是	特别适用于了解细节
5	文档分析（Documentary Analysis）	必要的建筑简报	需了解更多得背景	?	—

---

① 结构效度参见：［美］安妮·安娜斯塔西，苏珊娜·厄比纳. 心理测验［M］. 缪小春，竺培梁，译. 杭州：浙江教育出版社，2001：148-149.

② 内容效度：指评价所涵盖的评价概念意义的范围。

③ 表面效度：指评价指标可明显地测量某个环境因素的程度，如住宅布局的灵活性水平就是适用性的重要指标之一。

④ 预测效度：从行为标准出发确定的效度，假如认为设计良好的中心绿化是制定居住区外部环境质量标准之一。那么，测量中心绿化的各种特性的效度在于确立两者间的关系。

⑤ 内在效度：指评价结果的可应用性，即结果可以应用到其他时空背景中的程度。外在效度：指评价结果的可应用性。它与研究设计有关。

续表

序号	数据收集方法	优点	不足	适用于 POE?	备注
6	平面分析 (Plan Analysis)	很好的数据来源	信息过载	是	—
7	设备运行数据 (Supplied Data)	便宜的数据来源	不易看懂	是	适用于节能评价
8	检测数据 (Monitored Data)	精确的、定量的	花费大，需要抽检	是	
9	问卷调查	广泛应用，可定性和定量	易失去发现关键问题的机会	是	特别适用于收集基本数据

1）第一，文档数据收集方法

① 建筑文档资料收集与分析

通常需要收集的资料包括有关建筑设计图纸、维修记录及设计变更的情况。若是欲进行绿色建筑评估，则还应包括用电、耗能的记录资料。

② 设施管理文档分析

例如，分析物业公司中使用者改变空间使用功能的记录，可以了解使用者是否及如何变更设计和改动原设计空间的使用功能等信息，可判断设计者的意图与实际使用之间的差异。这些反馈信息提示设计者今后在设计类似建筑和布置同类设施时，应特别注意加以改善的地方。

2）第二，建筑性能调查方法

① 现场踏勘

在初始介入评价时组织研究小组进行现场踏勘，其目的是熟悉欲评价之建筑及其环境。

综合评价还应包括必要的测量：如：如光学、声学、热工学与室内空气品质测量等。

② Walk-through 调查

组织专家和管理人员对建筑运行的问题进行现场研究。

③ 对管理者进行访谈

一般是利用结构化的访谈法，获得管理者对建筑问题的思考。

④ 专项性能测量

目前很多聚焦于建筑运行性能方面的 POE 需要测量建筑的可持续性能，如能量消耗、二氧化碳排放量、污水利用、雨水回收等方面的性能数据，经计算相关的评估指标后与业界的技术标准比较得到评价结果。我国有专门的绿色建筑评估认证体系，绿色建筑的能耗、水耗、二氧化碳排放量的使用后评估标准尚处于初步建立的阶段。建筑设计领域的 POE 评价则集中于研究用户的需求和价值。

3）第三，使用者调查方法

① 标准化问卷

国际上有不少成熟的标准化问卷体系可以参考。例如，前面提到的评价工具 BUS、BIU、IEQ 等都是这类问卷，他们都有固定的量表可供选择，可根据评价对象的情况具体选择指标。

② 使用者访谈与焦点小组

使用者访谈有很多技巧，可参考前面章节的内容。焦点小组主要是将利益相关者集中起来讨论建筑的优缺点，提纲一般由研究者给出。

③ 拍照与录像

定期或不定期地对人们如何利用某一建筑空间或设施的行为加以拍照、录像，可作为直接观察和草图记录法之补充。

④ 以仿真技术进行主观优选试验

吴硕贤院士（2009）认为，何种设计方案和建筑空间环境更为使用者所青睐？欲对此有所了解有时可利用相片、设计图案、计算机仿真乃至虚拟现实技术提供给被调查、访问的对象，供他们进行主观择优试验。

通常可采用二者比较择一或多者比较排序的方法。所提供的供择优、排序的图片或虚拟仿真场景，最好在某一参量上加以变化，而其他参量尽量保持不变，以便了解被试者对某一参量的优选意向。由于计算机仿真技术容易做到仅让单一变量变化，故特别适宜于此种主观优选或排序试验。至于所提供的图片或场景是否需要十分逼真，则应视所进行的试验目的而定。通常只要被试者能做出优选、排序判断即可（吴硕贤，2009）。

⑤ 基于互联网的调查数据与工具

网络问卷调查是一种重要的评价数据获取方法，虽然它有节省投资、反应快的优点，但数据真实性的判读稍微麻烦。例如，BIU 问卷目前在发展的网络版本，是在原来纸面工具的基础上开发的；IEQ问卷目前都是网络版本。与环境使用者行为关联的网络大数据是近 10 年发展较快的领域，包括社交网络数据、消费点评数据、APP 交通出行大数据等新的行为数据源，都是推进环境评价的新力量。

⑥ 基于使用者时空位置数据的评价工具

GIS 平台可以处理使用者的时空分布数据，并可以利用计算机进行灵活的空间分析。与之关联的使用者时空位置数据包括：GPS 数据、公交刷卡数据、ICT 数据、室内传感器定位数据等，这类数据最大的价值是包含了空间位置信息。要注意的是，空间行为大数据往往只反映了使用者行为的某些侧面，并不能替代传统的调查数据。

（2）数据分析方法

POE 采集到的数据可以分为定性和定量数据两类，分别采用不同的分析方法。

数据的量化分析以统计分析方法为主。统计方法的选用需要匹配评价数据的属性并契合评价目的。

定性分析是一个资料的简化、描述、分类、综合和归纳并最后形成对概念的规律性认识的过程，如图 6-8 所示。"内容分析法"比较常用，该方法主要是对记录文档的关键词进行统计分析，可以使用有关的文本分析软件或 R 语言进行分析（限于篇幅不再详述）。

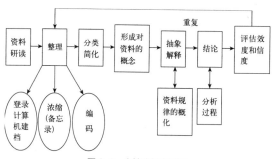

图 6-8　定性分析步骤图

6. 结果表达

关于 POE 报告的内容，设计研究型的评价通常要列出详细的数据分析依据和过程，并清晰表达评价结论和对建筑改进的建议或设计导则。面向客户的 POE 报告则主要利用数据统计图表来展示结果，一般可省略数据分析过程，并由评价小组给出的评价结论。通常报告要附上调查的指标或问卷等信息。例如，PROBE 评价报告的结构包括：

① 建筑特征介绍；

② 能量消耗和二氧化碳排放；

③ 使用者调查结果；

④ 主要的设计教训；

⑤ 设计师对反馈结果的回应。

6.3.3 POE 方法的技术特征

1. 评价方法的基准

作为通用的 POE 技术程序和方法，必须有一定的基准。英国 CIBSE 提出了如下要点：

① 有一个广泛的业主群体；

② 可应用在广泛的建造类型；

③ 涵盖全部的细节；

④ 尽量地简明，但不过分单纯化；

⑤ 实用的，强调现实而不是理论；

⑥ 现场的快速管理，结果的快速反馈；

⑦ 对建筑管理者是可以接受的，以便一个建筑正常使用不被过度地干扰；

⑧ 有处理从一个建筑和试运行业主到下一个业主细微变化的能力；

⑨ 提供明确的实际数据，这些数据能很好地表述以及容易被说明；

⑩ 相对便宜；

⑪ 基于一个有活力的方法论核心，它能从不同的立场满足严格的标准，例如，学术的（假设研究）、设计从业者（诊断学和反馈评价）以及物业管理者（如改造管理）；

⑫ 具有前后连贯性；

⑬ 如果需要，具有国际应用的能力。

探索通用性的使用后评价方法一直是学界努力的主要方向。CIBSE 提出的这个标准，是比较高的要求。从手段上来讲，使用标准化的软件产品是达到上述标准的主要途径。

2. 多元范式下的 POE 评价方法

研究外延的多样性决定了 POE 方法的多样化。POE 方法的分类有多种标准：

① 按是否预设评价因素来分，有确定性的构造型评价方法和非确定性的非构造型评价方法两类；

② 按评价的空间关系来分，可有现场评价、非现场调查评价、非介入性评价、准实验方式评价等四类方法；

③ 按评价技术与语言的关系来分，有基于语言的评价方法和非语言的评价方法；

④ 按使用者的介入程度分，有介入性评价方法和非介入性评价方法之分；

⑤ 按数据采集的方法来分类，大致有：问卷法、访问法、观察法、量表法、影像分析法、认知地图法、物理行迹分析法、文档资料分析法等多种方法，例如比齐特尔（R.B.Bechtel）对 POE 方法的 14 种分类；吉姆林（C.M.Zimring）提出的七种 POE 方法，如表 6-13 所示；

表 6-13   按数据采集方法分类的 POE 方法

Bechtel and Srivastava (1978) 的 14 种 POE 方法	Craig M. Zimring 划分的 7 种 POE 方法
1. 开放式访谈； 2. 结构访谈； 3. 认知地图； 4. 行为地图； 5. 行为日志； 6. 直接观察； 7. 参与性观察； 8. 时间间隔拍照； 9. 问卷调查； 10. 心理测验； 11. 心理测验； 12. 形容词核查表； 13. 文档数据； 14. 动态图像分析法	1. 游览式调查； 2. 讨论会； 3. 访问调查； 4. 问卷调查； 5. 使用者行动时间记录； 6. 观察法； 7. 物理场景评价法

⑥ 按评价方法应用途径可分为：其一基于性能绩效的使用后评价方法：应用于建筑性能评价、设施管理、建筑诊断、满意度研究；其二以设计研究为目标的使用后评价方法：应用于建筑使用方式研究、空间规划、建筑策划等。

POE 技术程序是系统的、整体的、过程的体系，是一个从构建问题到运用分析技术并得到科学结论的系统过程。欲在工程实践中推广应用 POE，需要开发通用的、标准化的方法。

3. 技术难点

POE 涉及的因素十分广泛，除了环境的客观要素（"硬指标"），更多的是与人的心理需求（"软"指标）相联系，从而给评价方法的操作带来许多难点，主要表现在：

（1）评价技术对评价主体的适应性。人的心理复杂而易变，许多主观测量方法不仅要考虑普遍的心理特征，还要考虑能适应个体和组群的差异。

（2）建成环境的多样性和复杂性。任何一种评价法都难以全面地了解环境系统的特征。评价指标在不同的环境中有不确定性，难以形成固定不变的程序来解决一切问题。

（3）不同研究者对不同方法的适应力。有的方法效果好，但对技术条件的要求高，会使非专业研究者无法适应。

（4）量与质的评价方法的有效结合问题。

（5）软硬指标结合研究的问题。

（6）评价方法的综合化、简化应用。

4. POE 标准化倾向

POE 在市场化的条件下要形成生产力，标准化是必由之路。20 世纪 90 年代以来，西方在这方面做了很多工作，取得很多成就。表 6-14 列举的一些标准化的 POE 方法，很具有代表性，其中很多方法在实践中被证明有效并被广泛采用。

（1）STM（Serviceability Tools and Methods）由杰拉德（Gerald）和弗朗索瓦丝（Francoise）于 1996 在北美发展的一套基于使用者的建筑评价方法。应用于美国、新西兰和荷兰。其目的是增进办公空间的可用性、生产率和节省开支。STM 强调使用者对建筑的关注点，利用不同水平的指标集来描述建筑性能。STM 的评价因子结构分两个部分，一是 96 个关于使用者需求的量表项目，二是建筑的等级评定量表，即 115 个可服务性量表项目。量表项目都是可观察的现象。例如，可服务性量表如表 6-15 所示。

表 6-14　标准化 POE 工具的特点

标准化的 POE 工具	特点	主要贡献人	因子数目	测量法
STM 量表（Serviceability Tools and Methods）	基于使用者角度的环境评价量表，关于建筑可服务性调查	Gerald Davis, Francoise Szigeti（1996）	211	7 点量表
BQA（Building Quality Assessment）核查评分表	专业评价人利用评价核查表，以一种评分系统全面评定建筑性能	Harry Bruhns 和 Nige Isaacs（1996）	9 类 138 个	0～10 评分法
BUS 问卷（Building Use Studies）	使用者主观评价角度的满意度模型	Bordass, Bromley, Leaman, Cohen（1995）	66 个问题（2 页）	7 点量表
BIU 问卷（Building In Use）	建筑使用状态下的使用者舒适度评价	J. Vischer（1989,1996,2003）	约 30 个问题	5 点量表
使用者 IEQ 问卷（Indoor Environmental Quality）	使用者对建筑室内环境质量的感知评价	加州伯克利大学建成环境中心（CBE, The Center for the Built Environment）	7 个基本维度，可灵活扩展	7 点量表
"平衡计分卡"（The Balanced Score Card Approach）评价方法	该方法注重评价指标经济和非经济因素的平衡	Kaplan,Norton（1996）J. Heerwagen（2001）	4 个基本维度	比较灵活
OLS（Overall Liking Score）用户调查	用于工作和教育环境的在线用户调查方法体系，可以得出排序结果（有网络版）	Dr G Levermore（1994）	22 个基本问题可以扩展	7 点量表

表 6-15   STM 的可服务性量表主题

A.1. 办公空间的支持	B.1. 围护结构及楼地面	c.1. 防火及救生系统
A.2. 会议和小组效率	B.2. 可管理性	防火设施的状态
A.3. 声学和视觉环境	外围设备的可靠性	出入口
A.4. 热环境和室内空气	可操作性	自动喷淋系统
A.5. 办公室信息技术实施	可维护性	
A.6. 使用者的改变	可清洁性	
A.7. 布局和建筑特征	能量消耗和控制	
A.8. 保安要素	B.3. 操作和维护的管理	
A.9. 设施保护	B.4. 清洁要素	
A.10. 加班情况		
A.11. 建筑形象		
A.12. 吸引职员的设施		
A.13. 特殊设备（卫星电话、同步翻译等）		
A.14. 地点、可达性、寻路		

（2）BQA（Building Quality Assessment）评价方法基于一种评分系统，以及一个有 130 个因子的评价核查表，对建筑性能进行全面评价。它需要一个经过训练的评价人来具体操作。它是一种不涉及使用者的专家视角的评价，发展商和业主可以通过它全面了解建筑的性能。主要贡献人是 Harry Bruhns 和 Nige Isaacs（1996）。

BQA 使用 0 ~ 10 的评分系统，其评价因子有 9 类共 138 个。包括外观、空间、可达性和流线、服务、便利设施、工作环境、健康和安全、结构、可管理性等维度。前七项是建筑能提供给使用者的服务。指标的权重是通过对业界的调查得出。

BQA 主要在新西兰、荷兰和英国运用。相比 STM 而言，BQA 更注重从投资人的角度来考虑建筑的性能。

（3）BUS（Building Use Studies）使用者满意度问卷

（见前文有关论述）

（4）BIU（Building In Use）问卷

BIU（Building In Use）问卷是加拿大学者维舍尔（J. Vischer，1989、1996、2003）发展的一种使用者舒适度调查问卷，直接询问他们对建筑系统的舒适度水平。其评价系统强调七个因素：空气质量、热舒适度、空间功能舒适度、私密性、光环境质量、建筑噪声、办公室噪声控制。测量结果与来自大量的用户调查数据库的标准平均值进行比较，得出环境评价量化的级别。评价结果被用于三个方面：一是项目管理者用于大楼运行和预算；二是设计师用于评估建筑的状况；三是业主和公司管理者用于确定建筑中员工舒适度的基准线。

BIU 问卷很短，大约 30 个问题，由于简单易用，20 多年来评价了上千栋建筑，著名的客户包括 World Bank, Bell Canada.

（5）"平衡计分卡"（The Balanced Score Card Approach）评价方法

"平衡计分卡"评价方法由卡普兰和诺顿（Kaplan, Norton, 1996）提出的一种战略规划方法论和绩效管理工具，经过朱迪思·赫尔瓦根（Judith Heerwagen, 2001）等人介绍应用于 POE。该理论认为建筑师达成组织战略目标的途径，例如提高生产率、吸引高素质的职员、激发创造等；组织性能只有通过针对多类指标的多次测量结果，才能被充分评定。这些指标大致有四类：财务绩效、组织内部运营、组织内部学习和成长、客户的满意度和行为等，他们在评价中是"平衡"的。

该方法是一种多步骤的技术体系，组织的观点和策略以定性指标的形式反映在评价过程中。"平衡"是指经济和非经济的评价指标之间的平衡，防止组织过分强调经济要素，并关注常规评价过程和建筑性能临界点的平衡，同时关注定性和定量评价要素的平衡，以及个人评价和组织评价两方面的平衡。赫尔瓦根（Heerwagen）建议应用中保持四个方面的平衡：经济、商业过程、内部职员的满意度和外部利益相关者要素。

该方法的目的是在设计与商业目标之间建立有效的链接。这一方法近年来得到更多的运用，主要用在办公建筑的评价中。

（6）使用者 IEQ 问卷（Indoor Environmental Quality）

使用者IEQ问卷（Indoor Environmental Quality）是加州大学伯克利分校建成环境中心（CBE, The Center for the Built Environment）开发的基于网络的用户调查工具。可以快速获得建筑建成使用后的用户反馈信息，辅助设施管理和设计决策。该问卷主要用于办公环境的评价，其主要目的是将来的建筑设计。应用中可针对某些焦点问题如与 LEED 认证相关的绿色建筑评价，声、光和热环境的评价。

标准的调查问题包括：办公室布局、办公家具布置、热舒适、空气质量、光环境、声环境质量、清洁和维护、用户基本的背景信息（General Comments）等方面的问题。这些问题主要关注使用者的满意度和工作场所的绩效。CBE 通过建立同类建筑的数据库，将待评价建筑的性能与数据库中同类建筑的性能基准做比较得出评价结果。评价报告由专门的软件自动编写生成。截至 2007 年，该系统调查了 290 栋建筑，超过 39 000 名使用者参加了网络调查。

其可选的扩展模块包括：可达性、建筑和地面、维护服务、会议室和培训室、法庭、日光、实验室、办公配套、操作窗、休息室、寻路、安全和保安、活地板和地板扩散器。

除了其操作过程高度自动化的优势之外，IEQ 问卷最大的优点是可以跟 CBE 的 LEED 认证系统结合起来，给待评价的建筑一个全面的性能评估。

总之，目前出现的标准化 POE 方法大多是针对某类建筑环境的，说明这一领域难以统一成通用的评价方法。比较而言 BIU 和 BUS 的市场表现是最好的，原因是简单、易用。两者的特点比较如表 6-16 所示。

表 6-16　BIU 问卷与 BUS 问卷的比较

	BIU	BUS
评价对象	办公空间为主	1/2 办公建筑，学校、法院等
目标群	业主、施管理、设计者	业主、管理者、设计者、研究者
问卷长度	2 页，30 个问题	有 1～3 页的三个版本
问题内容	建筑系统、空间规划等方面	更全面
实施时间	2 周（1 天问卷）	1～2 周
费用	1 万美元／年	1 000 磅评一个建筑，评价 2 个建筑加 750 磅
应用方式	目前在发展网络版本	建议用纸质媒介，回收率要求 80%
服务类型	诊断、数据比较、空间规划	性能评价、满意度

6.3.4 POE 的操作程序

1. 评价程序的构成

（1）评价方法的构成

科技的飞速发展为 POE 创造了很优越的技术条件；社会对环境的认识也在不断加深，行业制度的完善也会给 POE 带来发展的契机，但最根本的问题是其方法论的进步。无论其外延和具体研究旨趣如何，使用后评价方法都由以下五种不可或缺的支撑技术构成：

① 评价因子的构成与选择技术；

② 主、客观评价测量技术；

③ 研究设计的技术与模式：它是解决如何合理选择各种评价技术、选取对象、安排评价程序、计划评价实施细节等具体问题的过程；

④ 数据采集方法：这是决定环境评价信度和效度的关键；本书前边章节所介绍的环境行为研究方法，大部分都适于 POE；

⑤ 数据分析技术：包括统计分析法等数理分析方法以及若干定性分析技术；它关系到结论的可靠性和有效性的问题；目前相关软件的完善极大地提高了分析的效率，如 SPSS、ASA 等统计分析软件。

（2）通用的使用后评价过程模型

从系统的观点看，评价过程是一个提出问题、分析问题、解决问题的解题过程。任何一项 POE，尽管都有不同的规模、目的、深度、主客体对象以及具体的方法模式，但评价研究的基本过程是大致相同的。以主观评价为例，可以用一个一般化的评价过程模型来表示，如图 6-9 所示，其中包括三个阶段工作：准备——实施——总结。这个模型对评价各阶段工作内容进行详细分工。实际操作中，某些步骤可以省略。

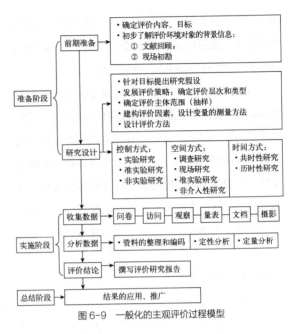

图 6-9 一般化的主观评价过程模型

2. POE 的实施程序

步骤一：前期信息准备

评价的信息准备工作是保证评价质量的前提，也是 POE 工作中涉及面比较广、比较繁复的一个阶段，这一阶段包括以下工作内容：

（1）明确评价的内容和目标：评价目标与评价的层次、类型，以及研究深度高度相关。评价的目标可以有多种：① 在设计前期为投资决策和设计决策准备现状环境的信息及类似案例的经验；② 为检验设计目标的实现情况；③ 建成使用后评价以检讨和诊断建筑问题；④ 为某类建筑的设计研究积累数据；⑤ 设施管理中的信息收集。

评价内容与评价的旨趣、深度、目的、规模等因素都有关，但研究旨趣是有决定意义的。例如：满意度的评价与环境美的评价就有截然不同的评价内容。前者是一个综合性的概念，包括建筑适用性、环境品质、安全性、舒适性及美学性能等多方面的内容；而环境美的评价则主要包含空间形式要素，如空间体量、色彩、光、质感、空间感及材料的美感等。

（2）进行探索性研究以了解目标环境的特性，初步建立评价因素。

前期探索性研究有三方面工作：第一是文献探索。查找相关研究的文献。阅读评价对象的技术资料，如建筑平面图、设计说明书、关于改建和变更的记录等，全面了解对象的背景，以确定评价因素和内容。查看竣工图，了解环境实际建造的情况；第二，请教有关专家，请他们对某类建筑空间环境的评价研究工作提建议；第三，现场初勘。

（3）在确定评价内容和目标后，研究假设一般根据探索性研究的成果提出。

一般来说，设计研究型的 POE 需要建立明确的假设。研究假设有两类：一是描述性的假设，另一类是相关型的假设（相关因素设计）。环境评价的假设必须满足：① 建立在前人的研究和建筑学理论基础上；② 有明确的概念基础；③ 假设的对象范围要有清晰界定；④ 须建立在前期探索性研究的基础上，不能仅仅依据文献。

（4）项目的可行性研究。

特别对于市场型的 POE，可行性研究很重要。这些工作包括与客户接触，了解 POE 委托方的需求，讨论 POE 的深度和操作层次、评价标准的获得等细节，也包括服务合同的内容。

（5）资源分析：进行主客观条件（时间、人物力和经费等）的准备。

关于人力，一是确定研究团队的构成问题，二是确定参与评价各方利益相关人员明确，客户在评价中的地位和作用等问题。物力方面则包括评价设备和硬件的准备等。

（6）制定研究计划。首先，设计或选择评价工具。对于市场型的 POE，一般不需要进行研究设计，通常选择实践中比较成熟的评价工具进行操作。当然，具体的评价参量和访谈问题，需要与客户进行沟通。其次，提出具体研究计划，包括：

① 确认评价档案资源的可靠性、可利用性；

② 确认预期参与者或被访者；

③ 选择数据收集和分析方式；

④ 与客户机构中潜在的被采访者进行接触；

⑤ 寻求授权现场调查；

⑥ 为研究任务和人员制定计划；

⑦ 提出评价报告要求并与客户沟通；

⑧ 分类和制定评价服务的性能标准。

步骤二：现场数据收集

按照计划中的数据收集方法实施现场调查，运作数据收集程序，具体工作有：

① 数据收集设备和仪器的准备和校准；

② 建筑管理者和使用者的协调；

③ POE 研究队伍内部协调、分工；

④ 调查员的培训；

⑤ 数据收集表格的准备；

⑥ 数据质量监控和检验。

步骤三：分析数据

① 选择分析策略；

② 明确编码方式；

③ 数据登录和整合；

④ 数据处理与分析；

⑤ 检验数据分析结果；

⑥ 解释数据。

步骤四：报告结果

① 与客户讨论调查成果；

② 把所要陈述的内容格式化；

③ 准备报告内容和其他的陈述；

④ 准备文件、印刷出版。

6.4 结论

作为建设项目设计、建设与运营中的一个重要技术环节，开展 POE 的最终目的就是在城乡规划与建筑设计中建立反馈机制，提升设计质量。从当代中国经济与社会发展的态势来看，很多社会因素正在悄悄发生转变，挑战与机遇并存。建设实践的科学化要求，以及效率与公平机制的推动，使得阻碍 POE 的障碍正在渐渐被打破，并将迎来发展之良机。POE 作为一种重视使用者价值的研究方式，必将在建筑、城乡规划、风景园林领域发挥巨大的社会和经济效益。

6.5 POE 研究案例

6.5.1 可持续建筑的室内环境质量评价（美国 Philip Merrill 环境中心的使用后评价，加州大学伯克利分校建成环境中心）概况

Philip Merrill 环境中心，位于马里兰州的安纳波利斯（Annapolis），是美国第一个获得 LEED 绿色认证的建筑。业主是切萨皮克（Chesapeake）海湾基金会（The Chesapeake Bay Foundation），约有 90 名基金会的职员在这个建筑工作。内部的工作空间是全开放式的，无论职员的等级和身份。基金会的高管们有独立的小型办公空间，沿建筑周边布置，这些空间没有门。职员的办公区域处在建筑的中部，有均等的采光和视线，集中的布置可以增进交流。一些高隔板垂直于窗口，为工作组提供中等程度的视线隐私。

基金会声称该建筑"结合了传统技术和太空时代的技术"。该建筑的可持续特征如下（图 6-10、图 6-11）：

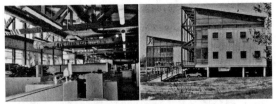

图 6-10　Philip Merrill 环境中心内部及外观

图 6-11　Philip Merrill 环境中心内部走廊及工作空间

① 社会技术自然通风系统（自动监控窗的开启）；

② 开放的办公工作站，低隔板增强各个角落的日光、视线、新鲜空气；

③ 为减少材料使用，谨慎使用硬质隔墙；

④ 地板使用自然的、可再生的材料如竹子、软木；

⑤ 水溶性的粘合剂和油漆；

⑥ 地源热泵技术提供热和冷风；

⑦ 空气去湿系统；

⑧ 屋顶和外墙的结构隔热板提高隔热效率；

⑨ 堆肥化厕所不需要水；

⑩ 雨水收集系统：供消防、日常盥洗等使用；

⑪ 日光传感器和调光硅控制人工灯具；

⑫ 太阳能供热水；

⑬ 光电（池）的隔板；

⑭ 使用地方材料和可回收材料，减少费用和环境影响；

⑮ 恢复自然景观。

6.5.2　研究方法

该评价的假设是，可持续建筑设计策略提升了建筑的室内环境质量，那么同时也增加了使用者的舒适度、满意度、健康和工作绩效。

所采用的三种数据采集方法如表 6-17 所示。

表 6-17　采集数据方法

序号	方法	时间	样本	方法特点	对象	目标
1	IQE 问卷调查	2004	71	7 点量表	大楼内使用者	满意度评价
2	访谈	2002	30	5 个问题半结构访谈	主要高管和职员	主观经验和感知
3	焦点组讨论	2002			相关职员和高管参加	由组员自由提问讨论

加州大学伯克利分校建成环境中心（CBE, The Center for the Built Environment）利用自行开发的 IQE（Indoor Environmental Quality）问卷实施网络调查（2004）。更多关于这方面的信息参见：加州大学伯克利分校建成环境中心的网页 http://cbe.berkeley.edu/research/survey.htm 工作场所满意度（核心部分）。

其他模块：（GSA 工作场所设计和组织绩效评价模块的一部分，GSA WorkPlace 20-20 program）包括社会心理经验和组织满意度两方面。

IQE 问卷的维度如表 6-18 所示，测量方法采用 -3 ~ +3 的 7 点量表。向 92 个使用者发放了问卷，回收 71，回收率 78%。

表 6-18　IQE 问卷的评价维度

序号	模块	维度	得分
1	总体评价		2.36
2	工作场所满意度		1.97
3	满意度指标	光线	1.76
4		视线	1.72
5		空气质量	2.09
6		热舒适	0.6
7		声学品质	0.06
8		办公家具	2.22
9		办公空间布局	1.39
10		清洁和维护	1.5
11	社会心理经验和组织满意度	工作的注意力	1.05
12		信息识别和交流	1.15
13		相互影响的行为	1.32
14		声学的功能性（私密性）	0.35
15		功能适用性	1.64
16		归属感	1.77
17		团体士气和幸福感	1.92

访谈问题（半结构访谈）：

（1）您对大楼的第一印象是什么？

（2）比较您原来的工作地点，在这里工作您喜欢什么？

（3）这里有影响您工作进度的因素吗？

（4）您希望改变这个大楼的什么方面？

（5）这个大楼是怎样与基金会联系在一起的？

6.5.3　评价结果

（1）问卷结果表达为图 6-12 的评价均值散点图，反映了总体的环境评价和因子的得分。

（2）焦点小组和访谈的小结：参见表 6-19、表 6-20。

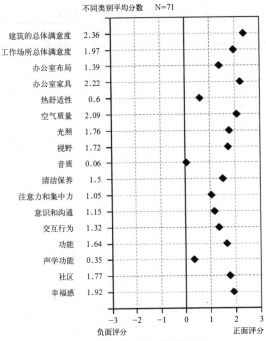

图 6-12   总体环境主观质量散点图

表 6-19   焦点组和访谈的小结

建筑优点（73%）	百分比
1	社会影响： 增进交流、归属感、平等的团队文化	39%
2	情感价值和意义： 使命感、接近自然、减压、积极的体验、鼓舞人心的、伟大的工作场所	39%
3	功能影响： 程序化的工作、较好的整体支持、增进工作效率	22%

建筑缺点（27%）

私密性差、分心干扰、难于专注、窗口的视线干扰

表 6-20   焦点组对建筑特征的认识和喜爱度

较喜爱的因素	不喜爱的因素
与自然和海湾的联系 午餐室 景观视线 空间的开放性 日光 可持续的资源利用 建筑整体的美感 停车 地点	室内温度 没有正常工作的因素 远离闹市区 储藏空间不足 会议室不足 窗口的眩光

6.5.4   环境状况

（1）空间环境的各物理性能要素的满意度参见图 6-13，反映光环境和空气质量的评价很高。但声环境的问题突出。

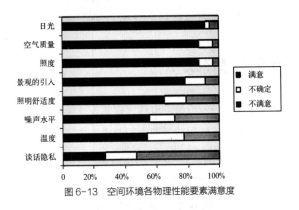

图 6-13   空间环境各物理性能要素满意度

（2）环境存在的问题参见表 6-21。

表 6-21   环境存在的问题

声环境	噪声 没有正常工作的声音干扰因素
热环境	空气流动太多 阳光直射 窗的通风 不能接受的热环境 夏天空调太冷 冬天空调不足
视觉舒适度	计算机屏幕反射窗口的光线 日光过多

（3）环境要素对工作效率的影响。

问卷结果显示，74% 的受访者对光线的回答和 61% 的受访者对空气质量的回答认为这两个因素有助于工作，36% 的回答不确定；该大楼的声环境（30% 的回答，包括噪声和谈话私密性）和热环境（50% 的回答）被认为干扰工作。访谈和焦点组得到的信息强化了以上回答。很多回答认为分心、声音干扰、不舒适的热环境、窗口眩光使工作困难。

根据声环境的评价比较低，又增加了几个关于声学的功能性问题，回答的结果如图 6-14 所示。

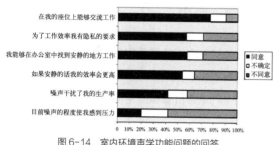

图 6-14　室内环境声学功能问题的回答

6.5.5　工作场所设计特征

（1）工作空间满意度：63% 的回答认为工作空间的布局和特征有助于提高工作能力；空间数量的满意度达 89%；视觉私密性的满意度只有 48%，空间可交流性能的满意度大于 89%。

（2）访谈结果与满意度问卷调查结果相类似。

6.5.6　相互影响行为与交流

（1）调查表明，使用者喜欢在工作间、走廊、共享区和开发区域进行交流的比例很高。

（2）焦点组的讨论发现，办公空间视线的开放、宽敞的走廊、午餐间、复印中心、中心楼梯都是增加交往机会的要素。此外还有一些工作方式的安排也会有利于交流。

6.5.7　心理满足感和社区归属感

在这两个心理维度上，满意度都非常高。职员普遍感到"家的一分子"。

这两个心理变量的解释和测量，评价用表 6-22 所列的指标。

表 6-22　心理满足感和社区归属感的测量

测量指标	心理满足感和士气	回答比率	社区感和归属感	回答比率
1	在组织里我感到有价值	75%	有很多机会发展工作友谊	96%
2	我喜欢在我的工作空间里	82%	我感觉是"家的一分子"	91%
3	我通常工作时保持良好精神	86%	工作遇到困难时人们乐于互助	92%
4	我希望回到工作中	86%	我乐于看到人们在工作	93%
5	我自豪于展示我们的办公室	96%	这里有强烈的社区感	92%

6.5.8　与数据库中的其他 LEED 建筑比较

就工作空间、总体满意度、空气质量、照明、声环境、热环境的评价值与 CBS 的 LEED 建筑评价数据库进行比较，除热环境和声环境两指标分别位于总排序的 85% 和 70% 之外，其余指标均高于总体排序的 95% 以上。

6.5.9　焦点小组讨论的问题

（1）开放工作环境的设计难题：声隐私、声音干扰等问题。

（2）总体工作环境评价获得高满意度，但具体要素相对较低的评价问题。

使用者的回答有一个规律是，总体工作环境评价获得高满意度，但具体要素相对较低的评价（例如该案例对热环境和声环境的评价较差，但总体评价很高），CBS调查数据库存在类似的情况。这暗示研究者感兴趣的建筑环境特征要素不能抓住建筑的感知经验。另外一点是关于评价较好的建筑感知因素中，大多是设计环境的态度、情感和意义方面的因素，一般只有当问及喜欢或不喜欢的因素时，才得到关于建筑特征的评价。

（3）可持续设计及其价值的意义。

（4）本案例的成功因素能否推广的问题。

6.5.10　结论

（1）使用者对 Philip Merrill 环境中心的室内环境比较满意，其评价平均值在 CBS 调查数据库中是第二高得分，如图 6-15 所示。

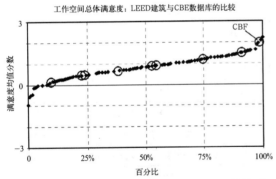

工作空间总体满意度：LEED建筑与CBE数据库的比较

图 6-15　Philip Merrill 环境中心总体满意度在办公建筑使用后评价数据库中的位置

（2）空气质量评价很高且在 CBS 调查数据库中位列前列。

（3）90% 的使用者对自然光线、光度和引入的景观满意。

（4）心理方面的结果更积极一些，80% 的职员满意工作的士气、归属感、幸福感。

（5）95% 的回答对工作场所感到自豪。

（6）声学性能的评价最差，即声隐私较低，但该项得分仍然排在 CBS 调查数据库中的平均水平线上。

6.5.11　启示

这是对一个绿色建筑的使用后评价，侧重于使用者的主观评价，关注建筑的人的因素方面（心理和行为）。该评价案例简洁而说明问题，对实践很有启发。

（1）该案例说明绿色建筑有较高的总体满意度，心理维度对总体满意度的贡献很大。

（2）工作空间的社会心理状况与职员的工作热情、生产率密切相关。

（3）模块化的问卷设计具有很强的适应性，评价可以整合多种标准化工具进行，以提高信度和效度。

信息资源介绍

网络资源举例：

[1] www.usablebuildings.co.uk，PROBE官方网站，含有 BUS（Building Use Studies），Soft Landings approach 方法的技术解释等内容。

[2] www.absconsulting.uk.com，www.architecture.com，有关于 POE 方法的内容。

[3] http://www.cbe.berkeley.edu/research/，加州大学伯克利分校建成环境中心网站，关于 IQE 问卷的有关情况。

[4] http://www.ols-survey.com/，介绍 OLS 问卷的有关情况。

[5] http://www.dgs.ca.gov/default.htm。DGS 为美国加州一家大型的咨询机构，业务涉及城市建设发展和管理、POE 研究与服务等方面。

Chapter7

Research Methods

第7章 研究方法

7.1 概述

　　本章讨论环境行为学中的基本研究方法。环境行为学的研究既涉及具有客观物理特征的环境。例如，环境的空间尺度，声音，温、湿度，色彩等。也包含社会、心理等人文科学范畴。例如，人的环境感知、认知、评估、行为等。图 7-1 给出环境行为学研究的特征。由此，环境行为学的研究方法既包括一些常用的对物理环境的研究方法。例如，对一些环境物理参数、特征的测量。同时，也涉及社会、心理等人文学科所采用的研究方法。自然、人文学科的交叉性和两类研究方法的综合使用构成环境行为研究方法的最主要特征。

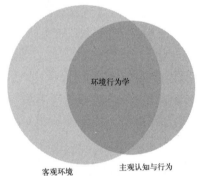

客观环境   主观认知与行为
图 7-1 环境行为学的学科特征

　　在讨论环境行为学研究方法之前，需要特别指出的是，环境行为学中的"行为"是一个依据心理学定义的广义概念。包括人的心理行为和动作行为。并非仅指常规意义上以动作为基本要素的行为。因此，环境行为研究方法从方法设计、数据采集，到统计分析，均涉及人的心理行为和动作行为，而非仅仅局限于动作行为。

　　科学研究必须自觉严格遵循科学研究的基本道德与伦理规范和标准。环境行为的下述三个特点决定其研究人员更应如此。环境行为研究和环境密切相关。第一，环境情景的时间性使其不具备严格意义上的可校验性和可复核性，而可校验性和可复核性是自然科学的一个基本特征。第二，人在环境中的行为和其他人文信息数据同样具有情景性和时间性。因此，也没有严格意义上的可重复性。第三，由于环境行为学研究以人作为研究对象，涉及采集具有一定私密性的信息和人们的主观意见，由此，研究人员在研究过程中呈现的研究道德与伦理标准将极大影响参与研究人群所提供信息的真实性和可信性。换言之，只有当研究人员的道德和伦理标准取得了参与人员的信任后，所采集的涉及主观或私密的信息数据才具有可信度。研究成果的可靠性和可信度与研究方法所提供的数据和信息直接相关。因此环境—行为研究除了应该遵循自然科学研究的一般规范，也应服从社会，心理等学科研究的道德与伦理准则。这些准则通常包括这样四点：① 维护研究数据和分析的真实性，禁止作假、抄袭和剽窃等不当科学行为；② 坚守对涉及人们私密性的相关信息和数据的保密，必要时在发表研究成果时做一定的技术处理；③ 保护参与研究人群的生理与心理安全，避免参与研究人群心理上的不适；④ 充分尊重参与研究人群的知情权，向参与研究的人群明确告知研究目的和内容并取得他们的同意。

　　影响环境—行为研究的因素有许多。例如，研究课题的数量和复杂性，样本大小以及研究环境的特征。无论问题的复杂性如何，或者研究对象的人数规模、建筑环境尺度怎样，环境行为研究过程通常包含以下几个方面的内容：① 明确研究主题；② 对研究成果作推断假设；③ 针对研究主题选择合适的一种或多种研究方法；④ 制订研究方法的数据采集和分析的指导框架；⑤ 设计采集数据的方式；⑥ 数据采集和资料收集；⑦ 数据分析；⑧ 整理和报告研究结果。

7.1.1　研究类型

按照研究目的和性质的不同，环境—行为学的研究可分为问题诊断型、现象描述型、理论研究型和参与研究型四类。研究方法也随之有所不同。

1. 问题诊断型（Diagnostic）

问题诊断型研究的特点是探索性。在环境行为研究中，当所涉及的问题属于尚未有系统研究的新领域因而无可用的前期研究成果作为理论出发点，或研究人员对各要素间关系尚不清楚时，需要首先做一个较为宽泛、程度较浅的探索性研究，以便发现问题的基本性质与概念（杨国枢，2006：40）。问题诊断型是常用的探索性研究方法。这类研究帮助研究者对特定的环境和行为做广泛了解。问题诊断型研究通常没有严格的假设，研究的重点不在于结论的精确度，而在对问题了解的广度。通过采用问题诊断型的探索研究，研究者能够更清楚地了解环境—行为现象的内在结构，从而为下一步的研究提供基础。问题诊断型研究通常依赖研究的持续性和重复性以提高结论的可信程度。换言之，问题诊断型研究需要就同一研究主题对不同环境、人群做若干探索，以提高结论的可信度。例如，当研究的主题为人们在某一类办公空间中的行为时，研究人员通常需要选择几个类似的办公空间，并对几组不同使用人员做重复研究。由此获得的结论可信度将大大高于仅对一个办公空间和一组使用人员做调查研究所得到的结果。

2. 现象描述型（Descriptive）

现象描述型研究着重对现象各特征的描述。和普通意义上的描述不同，环境行为学中的现象描述是在特定的知识框架内，用某些已知的概念和逻辑关系，对现象进行归纳性描述。现象描述式研究在于尽可能精确地了解研究对象，发掘各种特征与内在关系，提出简明的概念，并应用概念对现象进行描述。现象描述性研究的抽象度较问题诊断式高，是对现象进行逻辑思考的初步阶段。现象描述型研究的侧重点并不在于结论在统计学上的可信度。它的主要目标为对问题作深层次解剖，以描述的逻辑性来提高结果的可信度。

3. 理论研究型（Theoretical）

理论研究型的环境—行为研究着眼于检验特定的假设。这些假设可能来自别处的研究发现，或由某些一般性的理论演绎而来。此类研究增加了我们对研究对象的理解深度，相对于上述两类研究而言，理论研究型更侧重对某些特征的精确考察。此类研究更关注问题的理论性概念架构。理论型的研究首先应明确选题，明确基础理论的应用范围，确定主要的概念和变量并使之具有可操作性，搜集和整理有关这些变量的命题，从这些命题出发对要研究的问题作逻辑推理。理论研究型研究通常是建立从理论到现象的逻辑模型的过程。

4. 参与研究型（Participatory）

参与性研究在社会、心理等人文学科中应用较为广泛。参与研究型在一定意义上具有"准实验"的性质。参与研究型具有实验研究的重复性特征。但不具备实验研究中对被研究对象和实验过程的严格控制性特点。参与研究型通过对研究对象进行某些改变，并分析这些改变对相关环境行为的直接或间接影响。参与研究型的目的在于通过对某些状况、条件和环境的改变，如物理环境、管理方式、政策、决策方式等，了解环境的使用以及人们的行为是如何随之改变的。研究者也可以比较相同情况下，采取不同的行动所产生的后果。作为研究对象的行为变化可以是自然发生的，或者通过有目的的实验产生。

7.1.2　环境类型

　　环境—行为研究的核心对象之一是环境。不同的研究方法对环境的要求和设定也不相似。通常情况下分为两大类：自然环境和受控环境。大多数环境—行为研究采用前者。后者则较多地用于实验性或"准实验性"研究方法中。

　　自然环境是指在进行环境—行为研究中对被研究的环境不做任何控制和调整。由此得到未有任何干扰情况下的行为信息。此类情况特别适合问题诊断式研究。通过这种研究，研究者可以了解实际环境情况下人们的感受，认知和行为，以及哪些因素、关系对行为而言是重要的。受研究条件，经费和目标的影响，环境—行为研究通常在自然环境状态下进行。绝大多数采用问卷调查的环境—行为研究都基于自然环境。

　　受控环境是指经过特定设计、有效控制的研究环境。由于此类研究对环境的物理参数，空间，物体和色彩等条件按研究要求加以控制，因此，带有实验性或"准实验性"研究的特征。通常在受控环境下从研究对象身上收集资料的实验研究应具备两个基本条件：第一，对所要研究体现的问题性质必须有相当的了解；第二，对一般科学方法所需知识，必须具备相当的准备。受控环境下的实验法可以帮助研究人员获得事物变化的因果关系。如果能对某一事物变化的前因后果有所了解，就不仅可以根据原因去预测结果，而且也可以安排原因去产生预期的结果（杨国枢，2006：130）。

　　许多环境—行为研究的目的在于揭示各种环境与行为现象间的因果关系。为了正确地测量这种因果关系，研究者必须对研究的环境有充分的把握。甚至要制造某种适合研究条件的情况，在已知的情况下操作刺激因素，并测量产生的结果，以明了其

中的因果关系。例如，对某一办公环境的物理参数进行控制，以便于研究特定环境参数下人们的行为反映。此类研究虽严密程度不如实验室环境，但因为所模拟的环境真实性较高，因而所得结果的实际应用价值反而比较大（杨国枢，2006：154）。

　　研究环境与研究方式并不存在简单的对应关系。尽管自然环境与问题探索式的个案研究联系比较紧密，受控环境与描述、理论研究联系比较紧密，这种关系远非绝对。如前所述，大多数环境—行为研究采用自然环境。研究人员应该根据自己的研究课题来决定采用何种研究思路和研究环境。

7.1.3　数据类型

　　研究方法和数据类型密切相关。环境行为学研究的数据类型通常可分为两大类：第一类为依据仪器测量所得到的物理环境数据，例如空间场所的物理尺寸、外部的声、光、热、色彩环境等。这一类数据通常具有客观性、重复性和可检验性；第二类为具有个别性和主观性的数据。如人们的印象、感觉、认知、评估或意愿等。一般来说，后者数据的采集比前者具有更多的难度，因为后者从严格意义上讲具有不可重复性和不可检验性。也正是由于这一特点，环境行为学研究成果的可靠性和可信度，与数据采集方法的科学性、数据的真实性和可靠性密切相关。如果研究的对象不能提供真实准确的客观或主观信息，或者收集的方法不科学或误差太大，都将大大的影响研究结论的可信度和可靠性。

　　按数据来源的不同，环境行为学研究的数据又可分为：① 依据仪器测量所得到的物理特性数据；② 由历史文献和其他材料提供的资料性数据；③ 通过问卷调查或访谈得到的主观数据；④ 通过摄影和直接观察记录得到的图像数据；⑤ 通过诸如环境认

知图等方式而获得的图形文件数据等。对任何一个
环境—行为的研究项目而言，收集不同类型数据并
加以科学的综合分析将有效提高研究成果的可信度
和可靠性。数据来源过于单一不利于提高研究成果
的可信度和可靠性。

环境—行为学的理论认为人的行为改变外界环
境，环境反过来也能影响人的行为。环境对人的行
为的影响是一个复杂的过程，同样的外界环境以及
它所产生的变化对不同的人会有不同的影响。环境
对人的行为的影响与人们对环境的认知，人们过去
的环境体验，以及人们对未来环境的期待都有一定
的相关性。因此，环境—行为研究中获得的数据和
信息具有时效性和场所性特征。换言之，在特定时
间和场所，从特定人群中获得的数据信息不能简单
应用于不同时间，场所和人群的研究。

通常环境—行为学研究收集的数据和信息集中
于以下六个方面：

1. 环境

外部物理环境和它的特征参数，声、光、热、色
彩、空间尺寸等都属于此类参数。

2. 见闻

人们凭借听觉、视觉和其他感官所获得的对四
周环境的信息。由于人们的环境见闻也是一个包含
主观因素的过程。例如，人们的所见常带有选择性。
同样的环境中，不同人群的见闻不一定相同。因此
这类数据并不总是和环境物理参数相吻合。

3. 感受

人们对环境的感受并非所有感官获得信息的简
单叠加。感受是复合的过程，它是感官信息与人们
对环境的联想、情绪、态度、价值观念融合而成的
抽象过程。例如，同样的外部环境状况，如声音、
温度等，可以因人的不同联想和看法，甚至不同情
绪，而引起不同的感受。此外，在环境—行为研究

中，研究人员一定要清醒地认识到人们在环境中的
感受是一个动态的过程，并非一成不变。

4. 认知

认知过程是人们环境感受的进一步升华。人们
对环境的认知比对环境的感知更具有主观性。此类
数据涉及被调查者对某一环境是如何了解、阐释、
判断等内容。

5. 行动

行为即人们在特定环境中的心理变化和动作。
由特定的环境产生一定的动作行为，或导致某种行
为的缺失，或期待某种行为发生等，都是环境—行
为研究中关注的行为。

6. 改变

环境—行为研究中所涉及的改变主要指人们对
环境作了何种改变。这类数据信息能帮助研究人员
了解环境对行为的诱发或制止作用。用相同问题询
问被调查者，可以知道人们无法实现的改善环境的
想法。还可以知道人们在做某些环境修改时，心中
期待的效果，以及以前的环境修改及自我表现的背
后的动机（邓塞，1996）。

7.1.4　调查类型

环境行为学研究的数据采集一般利用仪器记录
和问卷调查的方式。就问卷调查而言，按照数据采
集的过程，又可以分为横向性调查、纵向性调查和
对照性调查三类。

1. 横向性调查（Cross—Sectional Surveys）

横向性调查是指在某个时间点或时间段对不同
的环境或行为对象进行一次性数据调查收集工作。
例如，在某一天或某一周对选定的学校学生、街区
居民等进行问卷调查。横向性调查比较容易进行，
而且研究费用相对较低。此类调查的数据呈现按特

征比例分布的状态，可以用来分析不同人群在相同环境中某些态度与行为的差异。或者同样的人群在不同环境状态下的行为。例如，将被调查对象接受教育状态，或小区环境质量分类。横向性调查的横向面由研究自变量确定。这些自变量通常为受试人群中可以比较的不同特征，如年龄、教育程度、工作背景、宗教背景、居住条件、邻里小区、经济状况等。横向性调查所面临的主要问题是数据可能存在一定的片面性。在某个时间点上收集的数据并不能准确代表其他时间点上的状况。例如，人们春天对小区环境的认知和评估很可能与冬季的认知与评估相去很远。

2. 纵向性调查（Longitudinal Surveys）

顾名思义，纵向性调查指在一定时间段内就同一研究问题做重复调查。纵向性调查能发掘研究对象在一特定时间段内某些特征、属性、行为的变化轨迹。纵向性调查可以细分为两种：一种是对研究对象在不同的时间分别抽样、建立各自样本，由此进行这一抽样群总体的趋向性研究（Trend Studies）；另一种是选定某样本群后，对同一样本群进行在一定时间段内的样本跟踪研究（Panel Studies）。

趋向性研究能够帮助研究人员了解受试群体的某些属性的变化趋势。而样本跟踪研究则能具体分析受试群体中个体的变化情况，由此能够更为准确地把握对象的变化及过程。纵向性调查的抽样人群数和调查时间间隔取决于研究目的和一些客观条件。纵向性调查存在三个潜在的不足之处：① 样本中的某些个体可能中途退出研究；② 研究的费用较高；③ 数据分析比较复杂。

横向性和纵向性两类调查方法各有所长。综合起来加以运用可以形成互补。例如在了解比较简单的信息时采用横向性调查。而在针对某一具体问题或对象作深入研究时则采用纵向性调查。

3. 对照性调查（Contrasting Sample Survey）

对照性调查着眼于不同状况下的对比。状况的差异越大，则越适合采用对照性调查方法。如果要研究环境的某一特性对人的影响，研究人员可以有针对性地选择在此特性上具有明显差异的环境进行比较调查。例如，研究环境噪声对工作的影响时，我们可选择环境噪声程度差异较大的场所进行对照性调查研究。

对照性调查和上述的横向或纵向性调查方法并无相互之间的排他性。在横向性调查中，研究人员可以刻意选择自变量有较大差异的受试群体为样本。例如人们的教育程度、家庭经济状况等。也可选取环境特征有较大差异的两个或多个环境作平行的横向性调查已获得可以对比的数据。例如，景观差异较大的小区，校舍建筑差异较大的学校等。同理，纵向性调查的样本选取和调查过程都可引入对照性:环境特征的对照和时间点的对照。

7.1.5　方法类型

环境行为学的研究方法按性质区分通常有三类:定量研究、定性研究和实验研究，其中实验研究涉及的研究经费高、范围大，限于本书的读者特点和篇幅，将对其仅做简单介绍。环境行为学常用的研究方法是定性（Qualitative）和定量（Quantitative）研究方法，两种方法的主要区别在于数据的类型和对数据的分析方法。定性研究方法通常包含个案研究、现象研究、深度访谈和参与性观察等。定量研究方法通常包含样本调研、完全随机实验、准实验和多变量统计分析等。两类研究方法各有千秋，但也并非互相排斥。在一定意义上，大多数环境—行为研究都同时采用定性和定量研究方法，互为补充。研究方法的选择通常受到研究性质、对象、时间、人员或经费等因素的制约。表 7-1 为两类研究方法的特点。

表 7-1　定性和定量研究方法特点一览

定性研究方法	定量研究方法
注重对特定行为现象的理解	注重行为现象本身和产生的原因
更接近于行为人的内心世界	并不关注行为个人的主观状态
中立和非控制的观察	对行为现象存在一定程度的干扰或控制
主观因素较多	较为客观
注重行为的发现、解释和演绎	注重可证实性、推理性、可靠性和对假设的证实
注重过程	注重结果
信息更具有深度和内涵	数据更可靠和可重复
个案研究因而不具普遍和归纳性	具有归纳性和普遍性
综合性	解析性

表 7-1 中所述的两种研究方法各自的优缺点并非绝对。例如，属于定性研究方法的参与性观察也可能造成研究人员对被研究环境行为的干扰；反之，一些采用随机试验方法的定量性研究，也完全可以做到对被研究环境行为的无干扰性。定性研究方法也不一定总是存在研究人员主观性问题。定性研究的个案性和不具备普遍性的问题，可以通过合适的方法加以修正。例如，采用对多个具有一定共性的个案的研究方法。而另一方面，定量研究所采用的随机抽样也并不能够完全保证成果的普遍性，因为研究成果的普遍性仍然涉及对研究成果的推演，因而推演过程中出现的问题也可能影响成果的普遍性。

从上表所列两种方法的特点不难发现，在同一个研究项目中综合采用定性和定量研究方法可以带来若干好处。例如当环境行为学评估性的研究希望同时了解对环境的控制、环境影响评估和原因解释时，综合采用定性和定量方法将更为有效。对环境的控制可以采用定性研究，而定量研究是研究环境

影响评估的一个很有效的方法。对行为原因的探究和解释则可以同时通过定性和定量方法来取得。

7.2　研究方法

7.2.1　编制研究概念框架

如同环境设计通常从绘制概念图开始一样，环境行为学研究的一个重要步骤是编制研究概念框架（Conceptual Framework）。在研究项目开始的初期阶段，通过编制研究框架使得研究人员对主要研究问题、环境特征、研究假设、数据类型、收集方式和时间、数据分析等内容有一个清晰的了解，并据此指导每一个研究步骤。研究框架的编制对于较为复杂，或时间较长的跟踪性研究，或数据类型较多的研究项目尤为重要。20 世纪 80 年代，美国研究人员马伦斯博士和肯特尔博士曾指出先前的环境行为学研究的不足之处正是在于研究工作通常缺乏指导研究和分析的框架。研究框架的缺失导致数据的松散、遗漏、重复和目标不一致等问题，从而影响数据分析的质量和最终的研究成果。

如图 7-2 和图 7-3 所示为环境行为研究基本研究概念框架图的两个例子。

图 7-2 所示框架图确定了需要采集的四个方面的数据，即客观环境参数、环境认知信息、环境评价信息和行为信息。此外，根据研究假设，该框架图同时给出数据分析的中心内容，包括研究分析客观环境与环境评价的关联度、环境认知与行为的关联度等。

图 7-3 为美国研究人员马伦斯和肯特尔编制的一个较为详细的办公环境行为研究项目的框架。如

图 7-3 所示，研究框架提供了一个数据之间的相互关系，各研究步骤之间的时间和主、被动关系，显示了不同研究对象，以及他们的相应行为、感受差异，以及内在的相关性。该研究框架确定了对"环境""人的环境体验"，以及"环境满意度"三者关系的研究。

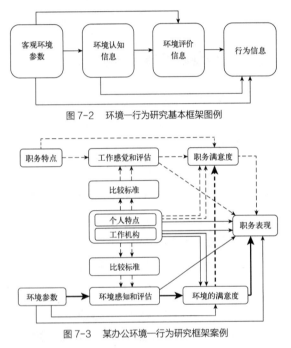

图 7-2 环境—行为研究基本框架图例

图 7-3 某办公环境—行为研究框架案例

7.2.2 抽样

采用定量方法研究环境行为学问题时，当涉及的受试人群数量较大时，通常采用满足统计学要求的抽样方法取得人群样本。并以样本替代整个受试人群。研究对象人群中的所有人称为抽样总体，从中按照一定方式获得的部分称为样本。以样本替代总体作为研究分析的主体是统计学的一个基本理论，而样本的优劣直接影响其代表性和研究成果。

抽样方法通常分为：简单随机抽样（SRS, Simple Random Sampling），概率抽样（Probability Sampling），系统 / 等距抽样（Systematic/Interval Sampling）

分层抽样（Stratified Sampling），配额抽样（Quota Sampling）和集群抽样（Cluster Sampling），见表 7-2。样本与它所代表的总体群的差异称为项误差（Termed Error）。按误差来源分有两类：抽样误差和样本离散性。抽样误差意味着样本建立过程中的偶然性。假设有人对一大型容器中总计为 1000 个、黑白数量各半的卵石进行多次抽样（Successive Sample），每次从中选择出 50 个卵石。每一次选择记录后，所选择的卵石就被放回去，再进行下一次选择，依次类推。因此，有些样本中可能会产生黑色卵石多于白色卵石的情况。而另一些则出现白色卵石多于黑色卵石情况。理论上，重复多次的样本选择将使得黑白出现的平均概率相同，即各占50%。然而现实中，每一个独立的样本都有可能偏离这个比例。这种样本特征与总体特征的差异就是抽样误差。这种误差永远不可能消除，但可以通过统计规律估计出来。避免在选择中出现此类偶然性影响的常见措施就是建立足够大的样本。样本的容量越接近总体的规模，它的代表性就越强，因而抽样误差越小。

样本离散性揭示抽样程序本身可能存在偏差。样本离散性误差（样本差异误差）是指某些对象特征导致具有该特征的群体更容易被抽入样本。由此对抽样程序产生误差影响。例如，上述选择卵石的过程中，由于黑色卵石比白色卵石因容易吸收热量而温度稍高，被蒙住眼睛的选择者可能下意识地选择较温暖的黑色卵石。因此，黑色卵石的中选率高于白色从而导致抽样误差。这种情况可以让选择者同时戴上手套来避免。再比如，当研究人员对某居住小区的居民做抽样时，如抽样的过程为研究人员白天在小区内敲门选取，则不上班的这部分人群的中选比例就会高于上班人群。由此产生样本离散误差。扩大样本容量对这种误差的消除是无效的，必须明确抽样过程中的程序缺陷，从而达到降低样本离散性误差。

简单随机抽样（SRS, Simple Random Sampling）是所有概率抽样的基础，指按无序无规的方式从总体人群中选择一定数量的人群组成样本。理论上，简单随机抽样中，总体中的每个个体被选为研究对象的概率相等。常用的随机抽样采用随机数表或由计算机产生的随机数值进行，见本章附表。随机数表中的数字是完全无规律的，研究人员可以从表格中的任意位置和方向选取数列来提取抽样编号。

另一种简单随机抽样方法先将样本总体中所有个体排列，然后每间隔三个或四个选取一个，以构成样本。采用这一方法比用随机数表要简单些，但有可能带来较大的误差。因为如果名单的排序并不是完全随机无序的，而是有一定的规则，则有可能造成选取的样本存在偏差。例如，样本总体中的个体如果已按照一定的诸如年龄，学历等特征分类排列，则选取的样本就有可能存在偏差。同理，在做邻里调查时，对住户的选择就应该遵从随机的程序。如果让现场研究人员自行选择住户已形成样本，则有可能带来抽样误差。例如，只选择有吸引力的，或能敲开门的住户，而忽略那些破旧的或有"严禁擅自侵入"标示的住户。街角处的房子和街区中间的房子在很多方面也有较大差异。避免此类误差的方法是预先建立明确的抽样程序，而不是把抽样的决定权下放给具体的调查者。

概率抽样（Probability Sampling）方法为研究人员通过统计概率理论控制抽样误差来确定抽样样本的大小。这样建立的样本比较具有统计学意义的代表性。一般而言，样本数目越大，其标准误差越小，可信区间的长度越短，我们对结论的把握越高。从统计学的角度来说，样本越大，标准误差（Standard Error）就越小，当然调查成本就越高。

因此研究者必须在可行性和精确性之间取得平衡。当抽样代价比较高昂时，可以采用区域抽样（Area Sampling）的方法，将被研究样本总体按特定的地区或场所进行划分。例如，将城市居民与其居住地块相关联。企业雇员与所在楼层或办公区域相关联。在此基础上，研究人员根据研究目标进行抽样就相对简单一些。

系统 / 等距抽样（Systematic/Iinterval Sampling）和简单随机抽样一样，比其他方式要简单些。系统 / 等距抽样指从名册的任意位置开始，每隔固定数目的对象选择下一个样本个体，如从第 n 个开始，选择序数为 $n + 3$ 的个体以建立样本。因此只要确定一个随机数字 n 的大小即可，而不必建立一个完整的随机数表。需要注意的是，使用此抽样策略要避免抽样周期与对象的某些变化周期相重合，影响样本的代表性。

分层抽样（Stratified Sampling）是首先按特定规则将受试总人群分为若干逻辑上的次级总体（即，分层、分组），然后再从每一层内进行随机抽样。分层抽样方法适用于人群总体中具有明显的特征差异，即某些人群中的个体具有相似特征，并且各相似特征人群与总体人群之间具有一定比例关系。例如，高层和多层住宅的居民可按分层抽样的方式形成样本。受教育程度、年龄、性别以及宗教信仰等通常也用作分层的特征。分层抽样比简单随机抽样能更好地反映某些对研究比较重要的特征。在样本大小一致的情况下，精确程度也较高。而且允许在不同层内采用不同的抽样程序。除了对研究总体结论的可信度保证，同时也能提供每个层内的相关资料。但是分层抽样同样面临简单随机抽样存在的资料准确性问题。此外，依据某一原则进行的分类抽样可能无法准确反映其他层面的信息，影响数据的进一步利用。分层抽样的可靠性和样本的代表性取决于研究人员对群体特征的准确把握。研究人员在开始分层抽样前还需确定人群中各相似特征群体与总体人群的比例，并按此比例就每一特征进行抽样。分层子群确定后，再对每一子群进行随机选取受试人群组成样本，例如某小区的居民中，城市外来户、农村外来户、本地户居民占小区总人口的比例分别为 20%、35% 和 45%，则从三类人群中随机抽取的样本数占样本总数的比例就分别应为 20%、35% 和 45%。

当研究受时间和经费制约时，环境—行为学研究也可采用非概率抽样（Non—Probability Sampling）。非概率抽样是一种比较节省财力的方法，其样本选择的主观性较强，因而其论断的可信度与概率抽样相比较弱。这种抽样方法适用于对象的规模比较小，或者进行初步了解等无需严格推论的研究。它也有多种类型。其中包括按研究人员的判断或研究目的抽样（Judgmental or Purposive Sampling）。采用非概率抽样方法时，研究人员仅选取那些可能对研究比较有价值的对象进行调查。这种方式一般用于大型研究的初期探索阶段。

配额抽样（Quota Sampling）是另一种非概率抽样程序，从某种意义上讲，是基于分层抽样法的一个非概率抽样变异。主要用于没有必要建立精确的分层抽样样本的情况。或者用于某些分层人群数量过少从而无法得到足够的群体来抽取样本。配额抽样方法是根据研究者的需要，对特定类群进行配额抽样，然后从各子群中随机选取受试个体。例如，某小学生的配额抽样就可能确定为男生女生各 50%，每个年级的学生占 $\frac{1}{6}$，基本均匀的代表三个主要子群（城市人口、农村人口和外来务工人口）。这些比例并不需要代表所研究学校的客观构成，但有利于提供具有多样性的不同个体之间的相互比较。

配额抽样要求对研究对象的特征差异有一定的了解。根据预先制定的配额计划，确定样本分布比例，并以此为依据建立研究样本。配额抽样中，每一分类的配额容量由研究者决定，但样本中个体的选择应保持随机性。

如果不考虑研究的误差，或仅打算对研究对象作初步了解，配额抽样是一个合适的方法。很明显它比较经济，也节约时间；由于工作量比较小，相对也更容易执行。但是由于不可能精确测度研究结论，配额抽样有时候会误导分析结果。因此除非是进行早期探索性研究，否则应慎用非概率抽样方法。

集群抽样（Cluster Sampling）的过程是将抽样总体按一定规律分成许多子群。例如将一个城市按街区分群，然后对组成的子群进行第一轮随机抽样。也可以不用随机抽样，按研究要求，选择有代表性的街区形成样本群。接着对样本群中的个体进行第二轮随机抽样以组成受试样本。也可继续对第一轮获得的样本群进行新一轮随机抽样以组成规模更小的样本群。此过程可继续重复直到样本群的大小符合研究人员的要求，由于研究者不是从城市的所有人中选择研究的对象，在一定程度上能够节省调查的人力、物力。

严格意义上讲，对样本研究而得到的结论，其结果的普遍性仅限于该样本所属的抽样总体。例如对某小学学生的样本所做的调查结果仅适用于对该小学总体的分析。各小学之间的巨大差异使得针对一所学校的研究推及其他学校时存在很多不确定因素。因此，只有样本来自该地区的所有小学时，研究结果才具有该地区小学的普遍性意义。相似调查可以逐渐扩展到全国不同的学校，甚至进行国际性的研究，以提高研究结果的普遍性。如果在类似研究中相似的结论一再出现，则研究人员可据此确定结论并非仅仅是某特定学校的独特现象。

表 7-2　各类抽样方式一览表

抽样方式	方法说明	优点	缺点
A．简单随机	给被研究人群的每一个体一个代码，然后用随机数字抽取样本	1）不需要清楚的了解被研究人群 2）避免可能存在的人群分类误差 3）易于统计分析	1）没有充分利用研究人员对被研究人群的了解和掌握的知识 2）统计误差大于分层随机抽样方式
B．系统抽样	采用一个合理的选择系列，用样本和人群的比例作为随机选择系数，选择样本人群比例作为随机数字的插入值	1）如果被研究人群能够按一定的共有特性来区分选择，则可以减少研究结果的变数 2）抽样过程简单，容易复查	1）假如抽样间隔数值和被研究人群特性偶合，则可能增加结果的变数 2）如果被研究人群存在一定的分类则可能导致统计误差的增加
C．分步抽样	对被研究人群进行多于一次的分布抽样	1）对被研究人群依据特性或其他方式分类并做随机抽样，然后对抽取的样本再做随机抽样 2）假如分类方式依据地理条件则可以减少研究人员的差旅费用 3）减少结果的变数	1）统计误差会大于上述 A 和 B 的抽样方式 2）误差随着被抽取的样本群个数的减少而增加 3）如果对被研究人群缺乏了解，也可能增加结果的变数
D．分层抽样 1．按特定比例	以样本和被研究人群的比例为基数在对被研究人群按特性分层后抽取样本	1）确保各类人群的代表性，减少结果的变数 2）各层人群的特点可用于比较分析	1）要求研究人员掌握每一分层人群的信息，否则将导致误差的增加 2）如果分层不合理，也有可能导致误差的增加
2．优化分布	按各层之间的相互比例作为抽样的基数	以上述方式 1 降低结果的变数	要求研究人员对分层的人群有很清楚的了解
3．非比例	方式同 1，区别在于不按照样本和人群的比例抽取，而是按照分析的要求来确定	比上述方式 1 更有效	在样本个数相同的情况下，上述方式 1 更有效
E．集群	从试验人群中按随机抽样选取样本集群，然后再从样本群中抽取样本	1）如果集群按地理条件分布则可以降低研究人员的旅行费用 2）可以对集群和总体人群的特征做很好的预估 3）集群可以作为下一步随机抽样的基础	1）和其他随机抽样方式相比，样本误差较大 2）要求研究人员具备将受试人群准确分类的能力，否则的话，可能造成多余或遗漏
F．分层集群	从每一个样本群里随机选择若干集群	降低一般集群方法可能存在的人群的不一致性	1）同时具有集群和分层随机样本的误差 2）因为有些样本群的特征可能变化使得分层集群的特点有所损失，以及有些集群无法在后续分析中使用
G．重复性：多种类或多时序	两个或多个上述的随机抽样	1）降低观察所需要的数量 2）提高后续的随机抽样的有效性	增加现场数据收集和后续分析的工作量
H．判断性	依据研究人员的主观判断选取具有代表性的受试群体；从中选取试验人群或整个受试群体	降低样本群的准备和研究人员的旅行费用，因为通常都有一定的集中性	1）无法预估和控制不一致性和偏差 2）要求研究人员对受试人群有相当深入的了解
I．定额	按一定特性将受试人群分类，确定从每一分类中选取的受试人群总量，即定额	1）同上 2）具有一定的分层抽样的特征	增加研究人员可能产生的偏差

7.2.3 样本

一般而言，样本容量与结论的可信度和普遍性成正相关。大样本比小样本具有更高的可信度和普遍性意义。在一个装有黑白卵石的容器中，随机抽出50个卵石就比抽出10个卵石更接近容器中黑白二色卵石的数量比例。然而，样本容量的确定必须兼顾统计学和操作性的要求。也就是说，过分追求样本容量的增大并不能在统计学意义上提高结论的可信度。反而无为地增加了研究经费和实施的难度。对环境行为研究而言，为了减少抽样误差而进行大样本研究在多数情况下并不现实。研究人员经常要考虑到底多大的样本才能保证结论具有统计学上的普遍意义。

一般而言，样本大小取决于这样几个因素：① 抽样总体内部的一致性；② 概率抽样的类型；③ 所希望取得的研究精度；④ 容许的研究时间和经费资源等物质条件。如果研究对象的性质比较接近，特别是对研究变量有潜在因果关系的特征差异较小，则通常建立小样本就足够了。此外，不同的抽样程序也直接影响样本的大小。一般而言，欲达到同样的结论可信度，分层抽样比简单随机抽样需要的样本就要小。而集群抽样比分层抽样的样本又要大些。抽样的对象属性分类也能影响样本大小，分类越细样本也就越大。

依据概率抽样理论，样本大小与研究的可信度、标准误差息息相关。下述公式可以用来帮助确定合适样本的大小：

$$Se=\sqrt{\frac{pq}{n}}$$

式中 Se——标准误差；

       p——研究假设有效性的估计值；

       q——（$1-p$）；

       n——对样本大小的估计。

另一个有关的因素是结论的可信度，统计学中把可能性小于0.05或0.01的事件称为小概率事件，大部分的研究中取95%的可信度就足够了，也就是说研究者对发生某件事情的把握为95%。为了获得这样的信度，上述公式就修改为：

$$Se=1.96 \cdot \sqrt{\frac{pq}{n}}$$

可以发现几乎需要的样本翻了一番，因此受研究经费和时间的限制，我们有时不得不对研究结论的可信度有所保留才行（Bechtel, 1987: 48-51）。

决定样本容量时，我们通常还需要考虑如下一些因素：

① 研究对象群体的大小：例如对图书馆使用者的调查，可以选定100个个体，而对图书馆管理人员的调查，这个数字可能就太大了，也许图书馆本身就没有这么多管理人员；

② 资源和时间的限制：样本的最大容量同样取决于研究资源和时间的限制；

③ 研究变量之间的相关度：如果研究的自变量对因变量的影响强烈而明显，较小的样本也能得到高可信度的结论；例如，研究酒店房间大小对旅客满意度的影响，样本就可以比较小；但如果要研究室内色彩对满意度的影响，所需要的样本就要大得多，因为两个变量之间的相关性更为复杂；

④ 反馈、拒绝、回收率：样本容量的设计也必须预先考虑到无反馈、拒绝和无效数据出现的概率，例如调查问卷回收率随受试群体的不同而可能变化很大。

样本容量应该事先确定，也可以先以小样本做试验。如果试验表明两变量之间联系很弱，研究人员就应扩大样本容量。此外，两个彼此独立的研究样本的说服力也大于一个由不同研究者重复研究得到的结论。因为抽样过程和结论的可信度有很大关系，因此，抽样过程应该在调查报告中详细阐述。

7.3　调查问卷设计

环境—行为研究涉及主观数据的采集，问卷调查通常是主观数据采集的最常用方法之一。研究人员通过问卷调查的方式收集人们对环境及相关问题的印象、评估、意见等主观数据。其中大量的主观数据通过量化的形式参与研究分析，因此问卷设计的合理性将对研究成果产生极为重要的影响。问卷是研究人员对个人行为和环境态度进行测量的技术。通常意义上，它是一种控制式的测量。用一些变量来了解另一些变量，结果可能是相关关系，也可能是因果关系。在建立问卷之前，必须对所研究的问题与假设、客观事实与资料的性质、行为模式与观念，以及其他有关方面都有清楚的认识与了解，否则所得资料将难以满足研究的需要。

7.3.1　问卷结构

因研究性质或目的的不同，问卷可以分成许多类。各类问卷的设计又有不少差别。最普通的分法为两大类：无结构型问卷（Unstructured Questionnaire）与结构型问卷（Structured Questionnaire）。而常用的问卷调查执行方法有三种：① 邮寄问卷后由受访者自行完成；② 研究人员通过电话与受访者共同完成问卷调查；③ 研究人员携带问卷与受访者面对面共同完成。具体选择何种收集方法取决于研究的具体内容和条件。例如，研究者希望了解的问题类型、被调查人数的多少和居住地点的分布情况，调查的资金预算等。一旦收集数据的方案确定，并明确了

要问的问题，就可以进行问卷的构造工作。

当调查问卷的内容有偏差时，则整个调查问卷的结果都会产生偏差。研究人员在设计问题时可参照以下几点作为提问的标准：① 问题的类型是否合适；② 问题是否切合研究假设；③ 答案的选项是否含混不清、容易引起误解，从而造成问卷结果的偏差和失真；④ 答案是否具有排他性和唯一性；⑤ 问题是否涉及某些社会文化禁忌；⑥ 问题是否带有倾向性暗示；⑦ 问题是否超出被试人的知识和能力等（杨国枢，2006）。

1. 无结构型问卷

严格地说，"无结构"应该是结构较松散或较少，并非真的完全没有结构。顾名思义，无结构问卷是指调查的问题基本相同，但并没有严格的提问先后次序。也无事先严格设定的选择答案。这种形式多半用在深度访谈的场合。通常当被访人数比较少，而且也不必将信息量化时采用。但最好向有关人士问差不多相同的问题。调查人员为了控制问题的内容与方向，应预先准备一些问题，这些问题可以写在纸上，也可以留在记忆里，再对每个被访人提出相同的问题，请他们自由回答，这点与一般问卷不同。

无结构型问卷比较适合于小样本，如一个调查者去求证某一问题，或调查者数人同时去访问好几人以了解某一问题。无结构型问卷不适合于采用大样本的研究，但无结构问卷对大样本研究也有辅助功效。比如进行城市大社区的研究时，大规模的问卷调查访问常常使得参与耗费太大。此外，在许多情况下，完全依赖样本所得到的数据又不容易解释和推论。这时就可以在社区中使用重点访问，把研究中的几个主要问题向选定的少数受访者提出来讨论，然后与大样本的问卷所获得的信息相互印证。这种方法对于统计量化有帮助。反过来，统计资料

也可以说明实际观察所得的行为现象。

2. 结构型问卷

结构型问卷（Structured Questionnaire）指在调研前按照确定的结构而设计的调查问卷。结构型问卷按提问和答案的形式又分为两种：一种以图示语言表述问题和选择答案，而一种为以文字表述问题和选择答案。后者可按照回答方式的差异，可再分为答案封闭式问卷（Closed-Questionnaire）与答案开放式问卷（Open-ended Questionnaire）。

图示问卷适合于知识程度较低的样本。也经常用于一些难以用文字准确表述的研究议题。例如，当研究人员需要了解人们对几种不同园林景观的反馈和评估意见时，用照片或图片描述环境比文字更清晰易懂，并且能有效降低受试人员可能存在的对文字的理解偏差。被试者依照图画或照片的示意回答，文化程度不高的受试人员也能理解及作选择。在答案封闭式问卷中，被试者不能随意回答，必须按照研究者的设计，在预先编制的几个答案中选择一个。开放式问卷中通常加了个问题——"为什么"，研究人员希望进一步了解问题的原因。这种问卷的好处是可得到许多意外的收获，不利之处是资料分散，不易统计。甚至得不到统计的结果。

通常当对研究的问题还不十分肯定，需先做探索性研究时，用答案开放式问卷为宜。由此帮助研究者在设计问卷时，更好地把握问题的设计。当问题比较清楚，只是不了解相关关系时，用答案限制式问卷更为有效。如果条件许可（包括经费、人力、访问时间等），可以两者同时进行。在问卷设计中，以答案限制式问题为主，在重要问题上加添几个答案开放式问题。为了不让被试者发挥过多，每个答案开放式问题之后，空白不必预留太长，限定被试者只能概要地表述，而不是长篇大论，有利于随后的数据分析。

7.3.2 问卷形式

问卷被用来测量被试者的反应，所以被试者对于问卷本身的态度，喜欢或不喜欢，对结果的影响很大。研究者当然无法照顾到每个人的反应，却必须了解一般规律，例如顺序的安排是否合理？难易的程度是否妥当？选择的方式有无困难？教育程度高的可能认为太容易，低的又可能认为太难。诸如此类的问题，均会对被试者产生不同的反应。在结构方面应注意问题的顺序、性质等，在形式方面应注意问题的选择、安排方式等（杨国枢，2006：341）。

1. 问卷的顺序

一份问卷总是包含许多资料，其中有些容易回答，有些不容易回答；有些使人看了很有兴趣，有些则索然无味；问卷中问题的排列顺序也或多或少会影响回答。下列几点值得在排列问题时特别留意。

（1）时间顺序：一份问卷中可能包含好几个时间段。有的请受访者回想一周前、一月前或几天前的经历；有的问几年前或几十年前开始工作的经历。这类有时间序列的问题，应依次排列，不要杂乱，以免被试者的记忆遭受干扰，而无法理出正确的时间观念。至于先问较近的，再问较远的，或先问较远的再问较近的，则并没有确定的规律。

（2）内容顺序：将问题按内容确定排列顺序。通常按内容排列有三种方式：一是属于一般的或通论的应放在问卷的前面，特殊的或专门的放在较后；二是容易回答的放在前面，不易回答的放在后面；三是比较熟悉的放在前面，生疏的放在后面。这样可以使被试者由浅入深，由易入难，不会一开始就产生畏惧之感，而心生排斥。不过，在注意顺序的同时，也不能忽略问题的性质。同一性质的诸多问题，即使有点违背"内容顺序"的原则，仍应放在一起。可同时考虑时间顺序和内容顺序。

（3）类别顺序：就整份问卷包含的问题而言，必然包含好几类内容。最通常可以分为 3 类。第一类是基本资料，如性别、年龄、收入等项。第二类是行为资料，如每天收看电视时数、收听广播节目等项。第三类是态度资料，如个人观念、成就动机量表等。但有研究文献指出，基本资料中的收入、宗教信仰、职位之类的项目，因涉及个人隐私，有些人不十分愿意填。如果一开始就提出这些问题，可能会引起反感或排斥并导致整个调查失败。若把这类问题放到最后，就可以减轻被试者的防御心理。在此情况下，即便是受访者不愿意回答这一类问题，研究人员仍可获得他们对其他问题的反馈信息。

2. 问卷的形式

一般说来，问卷的长度应控制在 30 ~ 40 min 的回答时间。过短无法把问题弄清楚。过长则可能引起被试者的不耐烦，而随便作答。30 min 左右的问卷最理想，被试者不至于表现厌倦；超过这个限度，就因人而异，通常会感到不耐烦。问卷的开头通常有一小段说明。阐述研究目的与重要性、隐私保护、选择方法等，说明也应越短越好，过长会使人一开始就感到不耐烦。

好的问卷除了要考虑措辞和问题的顺序，还要注意文字以及图片的排版，导语的精炼、准确，选项的设计，被调查者个人信息的收集方式等。有时候研究人员认为明了的问卷可能对大众而言并不好理解。因此当问卷设计形成初稿后，进行小范围的测试调查，可以帮助发现问卷的这些问题。在比较理想的情况下，选择 10 ~ 25 名被试者进行测试，就能发现问卷中的不足之处，并进行相应修正。

无论是面对面的访谈还是邮寄调查，对问卷作预先的测试研究都是相当重要的。对于访谈问卷，预测调查可以发现哪些人比较接近研究对象，就可以多征求他们的意见，也能发现问题是否具有一定

的区分度。并排除那些答案基本一致因而无调查意义的问题。经验告诉我们，如果调查者和被调查者的某些属性比较接近（比如年龄相似、同乡等）会有利于研究的顺利进行。调查者应该学习了解如何分辨成功和失败的访谈。处理访谈中可能出现的疑问等情况。

7.3.3　问卷品质

问卷调查是量化研究方法的重要数据来源。问卷设计的优劣无疑对于环境—行为研究具有至关重要的作用，它不仅关系到研究过程的各种资源投入，也对数据分析和研究结论有着决定性的意义。

绝大多数的问卷是由语言文字构成的，少部分采用图、照片等形式表达问题和选择答案。无论是用文字语言或图示形式，问卷设计都必须注意如下几个方面的问题。

1. 概念

问卷设计的首要环节是对研究问题和基本概念做明确定义，定量的问卷调查通常说服力很强，如果其背后的概念本身就站不住脚，研究的效果就非常危险。因此定义研究问题是问卷设计中的重要因素（邓塞，1996）。

2. 语言

语言应浅显、易懂；用语应求简单，避免复杂和专业词句。字句的意义力求清楚明白，避免用不确定的词语。每一句话表述一个事物，不要将两个以上的观念或事件包含在一个问题中。用准确的语文叙述或描述，确定问题和答案范围。

3. 情绪

提问和答案的用语切忌情绪化。研究过程从假设开始，因而研究问题的选择不可避免带有一定的倾向，然而在设计问卷时，应特别注意避免倾向性

和情绪的流露。询问本来是表示研究者的一种意向，有时候这种意向比较情绪化，就会影响被试者的思考，甚至产生不自觉的自我防御，而做出不实的回答。所以研究者必须避免这种情形，避免主观及情绪化字句；避免诱导回答及暗示回答；避免不受欢迎或涉及隐私的问题；避免难于回答的问题。

4. 理解

研究者所列问题和答案应在被试者能理解的范围内。很显然，被试者对问题和答案的理解取决于他们对问题的了解和知识背景。研究者必须事先考虑样本的特性，如教育程度、文化背景等，也可事先进行小范围测试。通常在文字上要注意以下几点：在能懂的范围内提出问题；不要引起误解或争论；不要用假设或猜测性语句。

7.3.4 测量与量表

调查问卷设计的一个重要内容是对每一个调查议题选择合适的量化方法，即，一个或多个合适的量表以得到对所调查问题最合适有用的反馈信息。定类测量、定序测量、定距测量与定比测量构成了完整的测量分类层次。它们的量化层次由低到高，逐渐上升。如果定序测量中每个选项之间的差异程度可以视为等量，这种测量方法即为定距测量。在研究中应尽量进行高层次测量，但定比测量在自然科学以外应用相对较少。

1. 定类测量（Nominal）

在环境—行为研究中，常常遇到一些属于分类性的变量或参数。为了进行量化的数据分析，研究人员必须首先将分类性的变量或参数做量化处理，即定类测量。与其他测量不同，定类测量所得到的数值只有分类的性质，而数值之间并无量值关系。数值并没有连续性意义。例如，当研究人员用1代

表小学，2代表中学，3代表大学，4代表研究生时，任何介于1、2、3、4之间的数值并没有任何可以解释的意义。这就是定类测量和其他测量的最主要差别。下面是定类测量的一个例子。

平安小区 胜利小区 和平小区 东山小区 西江小区
　　1　　　　2　　　　3　　　　4　　　　5

2. 定序测量（Ordinal）

问卷中的定序测量通常用于了解和分析某些变量的强度、倾向或品质。例如人们对给定环境的态度、在其中的感受等，定序测量将回答选项按照某种逻辑顺序排列研究对象，以代表不同的程度。定序测量的数值具有连续性特征。

3. 李克特量表

定序测量的常用量表是李克特量表（Likert Scaling）。表7-3是李克特量表在问卷调查中的一个例子。李克特量表的特点是列出一组彼此相关问题的陈述，而答案的两端为逻辑意义上完全相反的描述。并且列出的各相关问题的量值区间相等。当研究人员同时用几个相关问题，但不同的角度调查某一环境—行为问题时，综合分析受试者对所有这些陈述答案可以显示被调查者对某环境的态度。

表7-3 李克特量表的例子(方格内赋值不在问卷内出现)

	非常同意	同意	不确定	不同意	非常不同意
学校的操场很合适	①1	②2	③3	④4	⑤5
学校的教室很简陋	⑤5	④4	③3	②2	①1
学校的景观很美丽	①1	②2	③3	④4	⑤5

使用李克特量表的关键问题是量表中所用的一组陈述是否具有相关性。只有当它们都具有对研究问题的相关性时，对答案的综合分析才能帮助研究人员得到期望的结果。在量表制订中，最好将肯定与否定陈述交错排列，并进行小规模试测检验人们对各类陈述的区分能力。最后形成正式量表。当问卷以口头方式进行时，"没有意见"或"不确定"的

选项通常不念给被调查者听，以鼓励他们不论感受有多弱都做出最明确选择。如果他们仍然没有意见，调查者才给出"没有意见"或"不确定"这两个答案选项。

4. 语义差异量表

语义差异量表（Semantic Differential Scale，亦称为语义分化量表）在形式上由意义相对或相反的形容词构成，并在其中插入若干等值的区间点。一般经验认为量表的区间段总数以5～7段为宜。即语义的一端形容词赋值为1，另一端的形容词赋值为7，中间段的赋值为2、3、4、5、6。语义差异量表主要研究人对环境的体验，以及测定对体验的心理反应，其体验的对象可以是整体环境，也可以是环境的局部，如对公园中休憩设施的使用调查等。调查者根据所要研究的内容和研究对象的具体特征，确定合适的语词，获得环境特征的心理、物理变量后，运用统计学的方法进行整理，就可以直观地获得对象环境的相关数据。语义差异量表在环境—行为研究中尤其适合于一些能用特定的一对意义相对或相反的形容词表述的问题，例如"美丽"和"丑陋"，"愉快"和"痛苦"，"喜欢"和"痛恨"等。语义差异量表可以用来分析人们某些感受的品质和强度。

与其他量表一样，语义差异量表中的语词必须经过慎重选择，并且注意量化操作背后很重要却经常出问题的假设，以确保调查数据的科学性。奥斯古德等人做过几次实验以及许多电脑分析，发展出一套量表，包括五十对语词，适用于一般的概念与使用。这些形容词通常包括三个一般的维度：即评价（比如好与坏、善与恶、重要与不重要等）、效力（如强与弱、硬与软、刚与柔等）和行动（比如主动与被动、快与慢等）。

语义差异量表中分点数的确定也是设计中必须非常慎重考虑的一个方面。常用的有七点双极评估测量（Seven—point polar—opposite judgment tests），三点或五点正反量表（Three—or five—point agree/disagree rating scale）等。七点并非一定比三点量表能提供更多、更准确的信息。对有些研究问题而言，太多的中间段选项并无太多的意义。如果被调查者觉得请他们评定的形容词没有意义，也会影响调查的结果。避免以上问题的方法之一是进行预调查，另一种方法是邀请类似被调查者的一些人共同设计问题，以便更为有效的把握研究对象。

语义差异量表的另一种形式是向受试者展示待测概念或事物（地方、概念等）的名称、照片、图片或事物本身，请被调查者根据自己的感受在每一对形容词构成的量尺中的适当位置画记号。研究者通过对这些记号所代表的赋值进行统计计算，就可以得出人们对待测环境或事物的感受。语义差异量表的格式通常有两种。一种是仅给出中间点，而对每个中间点不加任何文字阐述。另一种则对每个中间点给出特定的文字定义。两种格式的例子分别介绍如下：

现代	——	——	——	——	传统
有序	——	——	——	——	无序
高雅	——	——	——	——	低俗
私密	——	——	——	——	公共
幸福	——	——	——	——	痛苦
很好	——	——	——	——	很差
简单	——	——	——	——	复杂
开放	——	——	——	——	封闭
安全	——	——	——	——	危险

	非常	一般	两可	一般	非常	
豪华	——	——	——	——	——	简陋
清洁	——	——	——	——	——	肮脏
丰富	——	——	——	——	——	单调

明亮 ——	——	——	—— 灰暗
安静 ——	——	——	—— 嘈杂
自然 ——	——	——	—— 人工
开放 ——	——	——	—— 封闭
舒适 ——	——	——	—— 难受

5. 重要性排序

重要性排序是定序测量的另一种常见方式。通常用来调查一些指标、参数、情况和状况等在受试者心中的地位。研究人员通常请被调查者对不同要素进行排序，通常应用于重要性、美学、实用性、价值等的研究。

例如，列出一系列学校内部各功能空间，由被调查者回答各个空间在学校功能中的重要性（最重要的为"1"，次重要的为"2"，依次为"3"……直到评定完所有的空间）。需要注意的是，研究者必须给出评估的角度，即重要性是指使用，还是造价，或美观程度等，没有事先给出评估范畴的重要性数值并无研究意义。

	最重要											最不重要
操场	1	2	3	4	5	6	7	8	9	10	11	12
实验室	1	2	3	4	5	6	7	8	9	10	11	12
礼堂	1	2	3	4	5	6	7	8	9	10	11	12
宿舍	1	2	3	4	5	6	7	8	9	10	11	12
食堂	1	2	3	4	5	6	7	8	9	10	11	12
舞蹈室	1	2	3	4	5	6	7	8	9	10	11	12
多媒体教室	1	2	3	4	5	6	7	8	9	10	11	12
健身房	1	2	3	4	5	6	7	8	9	10	11	12
电脑室	1	2	3	4	5	6	7	8	9	10	11	12
其他＿＿＿	1	2	3	4	5	6	7	8	9	10	11	12
其他＿＿＿	1	2	3	4	5	6	7	8	9	10	11	12

重要性排序能帮助研究人员了解各项环境参数的相对重要性。在随后的分析中，当样本群足够大时，研究人员就能够得到各项环境参数的总体重要性排序，这种结果可直接反馈至环境设计（邓塞，1996）。

7.3.5 观察研究

环境是环境—行为学研究对象的重要组成部分，不论是个案研究、行为调查或是实验，目标研究环境与研究者的关系对研究方法有直接的影响。通常研究者对目标环境不做改变的称为基于自然环境的研究。而对真实环境作局部改变，或将与研究相关的要素加以控制的实验室或"准实验室"研究则称为受控环境研究。

观察研究是环境—行为学研究中的重要数据收集方式。它可以是研究项目的主要数据采集手段，也可以作为其他数据采集方法的补充。和问卷调查等方法不同，观察研究方法的主要特点是通过观察了解环境和行为。而且观察方法通常是在参与者并不了解的情况下进行的。特别是在完全自然的公共场合的环境行为观察。由此得到未受到参与研究人群主观因素影响的数据。相比较而言，其他数据收集方法，例如问卷调查、访谈等，都或多或少会受到被调查人群在回答问题时主观因素的影响。当然，如果使用受控制的实验室观察法，或者人们意识到调查者的存在和目的时，被调查者主观因素的影响在一定程度上也还是存在的。

环境—行为研究中的观察方法通常分两种：自然观察和实验观察。自然观察，顾名思义就是指在自然状态下对研究对象进行观察。也就是说对被观察的环境不做任何变动。研究要求，人为地对环境做一些受控的调整和变化而观察行为变化情形的，称为实验观察。例如，对室内温度和湿度的控制；环境噪声的控制变化，空间布局的改变，家具布置的调整等。由此所进行的行为观察称为受控环境中的行为观察。

环境—行为研究中的观察因着重点不同分为：行为痕迹观察和行为观察。前者侧重观察在环境中已发生行为留下的痕迹。因而有时间上的行为延续性和积累性。后者则侧重观察在某一环境中特定时间点上正在发生的行为。因而有时间上的瞬时性。当然，如果对同一场所重复进行多次行为观察，也可以得到有延续性特征的行为数据。两种观察方法具有一定的互补性。

1. 行为痕迹观察

环境行为痕迹观察（Observing Physical Traces）是环境—行为观察研究的一种方式。指系统地观察客观物理环境，以发现行为的痕迹。这些痕迹有可能是人们无意识活动的产物（如草地上的小路）。也有可能是人们有意对环境所作的改变（如学生对专用教室内桌椅的排布）。通过这些线索数据，研究人员可以研究人们使用环境的动机、感受，以及对环境的潜在需求等问题（图7-4）。

图7-4　建筑系中常见的喷漆痕迹

行为痕迹观察的优点：

（1）启示性：行为痕迹观察是很有效的数据收集工具。在研究初期阶段，痕迹观察会启发研究者注意到很多平常不注意的环境痕迹，常常可以帮助研究人员得到新研究概念或想法。

（2）隐匿性：行为痕迹观察由于是一种客观信息的收集，无须在行为发生的情况下进行，因而可以了解真实环境的使用状况，避免研究的霍桑效应，即，行为人由于意识到研究的存在而刻意改变行为。

（3）持久性：很多使用痕迹不会很快消失，因而可以多次、全面地考察。研究中要注意痕迹的持久性有可能是累计的结果。已有的使用痕迹有可能鼓励类似行为的发生。例如如果不及时清理公园中的游客随手丢弃的垃圾，后来的人们不注意环境卫生的可能性就更大。

（4）易实施性：环境痕迹观察涉及的研究费用通常较少。并且容易记录，短时间内就可以收集很多数据信息，又可以很容易地进行回归整理。

行为痕迹观察的内容通常有如下几个方面：

（1）改变类行为痕迹：即，人对环境造成改变的行为。如损耗痕迹，遗留物，环境特征的变动等。研究者要注意区分损耗与设计意图之间的关系。残留物是某些行为发生后留下的东西，比如宴会后的空饮料瓶、联欢会后的座椅布置等。缺少痕迹也是一种环境使用的结果，它有可能体现了环境对某些行为的限制。

（2）适应类行为痕迹：即，人在某些限制性环境因素的影响下产生的适应环境的行为。如人们在台阶边就座，添加或移动物品，利用树丛形成私密空间等。当人们认为环境不能支持他们希望发生的行为时，就会调适、整修环境，使之合乎自己的意愿。这类痕迹是使用者对原设计最直接的意见，与环境正常使用留下的痕迹相比，是一种有意识的环境改变行为。使用者通过对环境增加，减少或调整某些物体，从而促进新行为的产生或可能性。分隔是适应性行为的一种。它的形成或许是为了增加私密性、控制或减少环境亮度，或者将原来的空间划分为完全不同的功能区域。一些适应性行为的产生可能间接地指出当初设计者可能忽略的某些行为需求。

（3）环境个性化的行为：例如，在某个环境加上个人或群体标识，形成具有边界的空间等。并向他人显示此环境的归属、个人或群体的个性特征等。环境个性化行为的意义可能表现为领地的占有关系。也有可能只对自己有意义，如将家人的照片摆在自己的工作区域等行为，就是将空间场所化的行为。

传递正式或非正式信息的行为，如设广告、张贴通知、涂鸦等。正式的公共信息标志通常有政治、商业以及社会文化上的含义。

2. 行为痕迹的记录

行为痕迹观察涉及如何将观察得到的信息记录下来，转化为特定的数据形式并用于数据分析。常用的记录方法有如下几种。

（1）图注（Annotated Diagrams）：利用事先确定的各种代表不同行为的符号，在表示被观察环境的图上加注文字和符号。这是一种既能避免打扰行为者本身，又能有针对性地对调查内容进行简单，便捷的记录方法。这种方法在行为种类不太多，且观察量大的情况下尤为有效（图7-5）。

（2）绘图（Drawings）：绘图记录因其直观性能够引起人们的想象，是很有效的记录方法。

（3）摄影（Photographs）：摄影记录能够使参与调查的人员在进行实地调查前就对目标环境有初步地了解。对要收集的数据产生直观的感受。并能在调查计划制定时充分讨论使用痕迹与特定行为之间的关系。调查结束后，相片也非常适合用作表现研究结果的例证。

图 7-5　校园环境中的行为意义

（4）计数（Counting）：某些行为痕迹的数量对研究很有价值，在此情况下，只要详细描述一两个典型例子，其余的只要数量统计即可。记录的方法可以利用事先制定的登记表，或者结合平面图，记录痕迹的数量和空间位置。

3. 环境行为观察

环境行为观察（Observing Environmental Behavior）侧重环境中的人。主要研究环境中行为的主体以及他们相互之间的关系（包括谁，和什么人，在什么地方，做了什么，方式如何）。

（1）行为观察的特点：

1）体验性：参与观察让研究者可以"走入"一个环境里，了解在那环境中的使用者感受的一切。个人的感觉常常可以提供最初的、最基本的见解。

2）直接性：被调查者不会刻意改变通常的行为。也会暴露一些在访谈中也许被认为琐碎、不值一提的行为。因此行为观察可以发现许多单纯依赖访谈法不能得到的信息。例如，一些没有遵守社会规范的行为。

3）动态性：行为观察所得到的目标数据是持续的、立体的行为模式。参与行为观察研究，可以帮助研究者辨认各种行为之间相关联的活动，特殊的模式。行为观察法的动态性特征有利于研究者实地检验探索行为规律性的各种假设。

4）干扰性：研究者可以选择在多大程度上"干扰"被观察人群。即，决定对所观察事件的参与程度。研究者可以选择担任外来者或者参与者的角色。不同的角色有各自研究伦理、研究效果和干扰研究对象的问题。如何选择最有利的角色，取决于研究主题、研究期限，以及研究者的技巧。

（2）行为观察的内容（表 7-4）：

表 7-4　行为观察的内容

是谁	行动者
做什么	活动
和什么人	其他重要人物
以什么关系	关系：听觉的、视觉的、触觉的味觉的、象征性的
行为背景	社会文化的背景：场景、文化
地点	物理环境：设施，空间环境

1）谁，即行为主体。行为观察的对象可以按年龄组、婚姻状况、教育程度、职业特征等来进行区分。

2）做什么，即行为。观察对象的行为表征，以抽象的方式描述活动，并从一些活动中分辨出研究所需要的信息。研究人员还应该解释他所描述的行为与其他行为的相关方式，成为获得对连续的行为序列的信息。

3）和谁，即其他相关行为者。定义人们从事的活动，还需注意是否包括了其他人。人的因素在环境—行为的研究里尤其重要。人际关系对许多有关"邻近""连接""分隔"的环境设计有相当的影响。

4）关系，即相互关系。在某些情况下，行为主体与其他人、物之间有特别的关系。描述这类关系，虽然需要其他研究方法的辅助，但行为观察还是能提供一些线索，推测他们对参与者的意义。

5）行为背景，即行为人和场所的背景信息。在不同的具体场景或文化环境里，人们彼此互动的方式不同。研究者要辨认文化、情景的影响力是怎样

发挥作用的。例如，人们在图书馆、酒吧，以及办公楼的电梯内，行为的准则都会发生变化。文化背景同样影响人们阐述、回应行为的方式。当行为观察研究涉及不同民族、种族或者地域文化时，记录行为的文化背景就非常重要。

6）地点，即行为场所。在某特定地点发生的行为，通常取决于此地方可能发生的行为，即，场景的可能性（Affordance）。环境中联系、分隔，或限定空间的物质要素，以及噪声、照度与空气状况都是与行为密切相关的环境要素。

7）记录，即数据形成。适合记录行为观察的工具，包括口述记录、绘图、行为类型表、平面图、照片、视频等等。选择怎样的记录方法取决于研究问题需要怎样的数据，以及研究者对所要观察的行为了解的程度（图 7-6）。

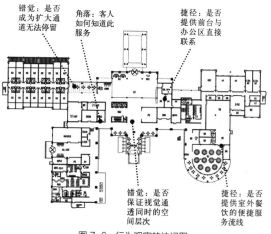

图 7-6　行为观察的注记图

4. 信息记录

（1）行为观察注记法（Notation）：

现实生活中人的行为是连续变化的系统状态，以文字或图示符号记录时，侧重行为的内在持续性。研究人员必须决定应该描述什么，应该舍弃什么，以及对行为细节程度的记录控制。当多个调查者参与研究时，则应事先研究约定，以确保同样层次的

记录深度。

行为注记要注意研究者也是环境的一部分，也应该加以考量，以免误以为某个行为很重要，事实上却是因为观察者而引起的。注记材料应尽量隐蔽，以免被调查者发现自己的行为被监视而产生心理上的不适。

（2）预先设定的行为代码表（Precoded Checklists）：

由于一些环境中人们的行为多种多样。这就给现场观察记录带来一定的困难。通常，研究者可通过预先给一些行为设定代码，并用代码记录，以减少可能出现的记录误差。通过预先探索性的观察，了解如何处理资料与数据，将连续的行为定义为与研究相关的几类，就可以提供可比较的定量数据。该方式在调查者人数较多时可以减轻后续资料处理的工作量。

（3）平面图示法（Maps）：

在建筑平面图或地图上记录活动相当方便，与行为注记图相比，平面图示法侧重于纪录环境条件与行为的关联情况。尤其当研究者要观察同一时间、地点的多人的行为状况时，这种图示法就可以直观地显示人们使用空间的方式。平面图示法还能够记录人在多种空间使用可能时的选择情况，分析行为路径与空间类型的关系（图7-7）。

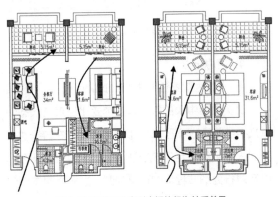

图7-7 宾馆不同类型房间的行为关系差异

（4）照片与视频记录（Photographs, Videos and Movies）：

静物拍照能捕捉别的方法记录不到的细节，并且可以以后用作研究的例证。拍照记录行为应该采取的步骤，与上文拍照记录行为痕迹的要求相同。如果时间因素在某些环境—行为问题中很重要的话，也可以考虑拍摄活动的影像。

7.3.6 深度访谈

在做环境行为研究时，通常会采用多种数据收集手段。访谈法可作为主要信息收集手段，也经常作为辅助方法。此外，访谈法通常和参与、观察两种方法交互或同时使用来搜集资料。访问法虽是以访谈为主，即从交谈中获得资料，但也不是完全忽略观察和参与所可能得到的印象。无声的肢体语言和行为动作在访问的过程中均应特别留心，有时候它们所代表的意义比一般语言可能还要深刻。

访谈法的基本特征就是面对面讨论问题。访谈法，有它对信息采集有利的一面，也有它的局限。大概有下述优点：① 访谈可以依照一定大纲提出多个问题；② 调查问卷无法穷举与研究有关的问题，但面对面的交谈可以使被调查者回答更多的问题；③ 访谈可以让被调查者自由发表意见，又可以在某种程度内控制访谈方向；④ 访谈的弹性相当大，可以重复；⑤ 访谈有较多机会评价所得资料或答案的有效度和可信度。

然而，访谈数量通常要受到时间、经费和研究人员等条件限制。不能像问卷调查那样大量进行。而且，访谈对象既然是少数人，难免会有以偏概全的问题。被调查者在谈论有些事或观念时可能只是个人的主观解释或臆测。有些访谈资料难以量化，会使解释范围受到限制。此外，研究者与被调查者极有可能生活在两个不同的世界，具有不同的人生观、社会价值、社会经验，以及社会关系。对社会现象的看法自然不同。因而许多记录下来的事件和观点就难免发生差错。

　　一些环境行为的信息用图示或视觉媒体来表达比文字更容易、准确。例如，当研究人们对某一客观环境的认知、感受时，描述客观环境的信息用图示媒介来表达比文字要好。而且无需预先编码。徒手绘地图、素描、地图标示，以及由被调查者自己照相、游戏法等都是常用的图示信息（图 7-8）。利用对这种"潜在的脑海图"来研究或设计环境，可以让研究人员了解环境的部分或整体在人们认知中的功能、意义，作为口头回答与观察法的补充。

图 7-8　图示回答

　　徒手绘图的典型范例就是凯文·林奇在《城市意象》中采用的方法（Lynch, 1960）。通过对受试人群各自的城市认知图像的研究，研究者在阐释这种区域图时，可发现不同的人看待城市的方式很

不一样，因而对城市的印象也可能大相径庭。

　　地图标示的方法是给被调查者一张简单的地图，请他们各自"填答案"，借此了解他们如何使用或感知环境。例如，如果研究者想知道人们如何称呼自己所居住的城市中的各个区域，或者某小区中各场所时，可以发给受试者没有注明空间名称的平面图，请他们注明。通过研究人们给出的不同名称，了解各区域和场所在人们环境认知中的一些问题。

　　与绘图法比较起来，照相是一种较简便的方法。凯文·林奇在研究中请被调查者从一沓照片中自由选出某些他们认为代表城市的景观。由此获得人们对城市的认知印象信息。同样，也可以请被调查者自己拍些某个社区或城市中他们喜欢或认为有意义的东西。然后再对他们作深度访谈，请被调查者用照片回答问题。

7.4　研究方法扩展

7.4.1　资料信息应用

　　和其他人文学科的研究相似，环境—行为研究有时也涉及采用历史和文献提供的信息。研究人员可以利用为其他目的所收集的文献档案资料，然后转变为对自己的研究有用的信息。正确使用文献资料中包含的信息，将有助于提高研究成果的可信度和普遍性意义。尤其是采用定量研究方法时，如何对文献资料信息数值化处理以便于参与量化分析，是环境行为研究方法的一个重要内容。本节讨论文献研究的一些特性，使用文件、档案的方法，以及分析文件内容（例如文字、数字，尤其是非口语的表现物，像建筑图等）常用的一些措施。

1. 信息的品质

利用文献资料提供的信息进行环境行为研究，核心点是信息的品质。从资料中获取的原始信息常常并非与研究人员所研究的人、活动、地点直接相关。采用文献资料信息时，研究人员需要考虑原来收集这些资料的人其可能存在的潜在偏见，以免对当前研究产生影响。

2. 信息的使用

如果原始信息资料的获取和分析方式与研究者的研究方法相似，则通常不大需要调整。例如，从同类研究中获取的信息资料。但如果原始资料收集分析的目的与研究的目的不同，例如，公务人员为管理建筑进行的记录材料，通常就要先对信息做些整理以便于得到所需的信息和其数据形式。

3. 信息的延伸

由于从资料文献中获得的信息通常包含大量无关内容。而且，由于采集的原始目的不同。因此，研究者必须对从文献档案中获得数据进行筛选。并且对信息所含的意义做合理的解读和诠释。不能只单纯的二次分析资料。除了正式的记录材料，研究者还可以考虑绘画、信件、新闻报道等文献档案。这些资料要变为研究素材，不仅需要敏感的直觉，也需要训练有素的思考，才能从看似分离的事物中，找到相似性，进而以实事求是的精神，分辨潜藏在他人资料中有用的信息。

4. 信息的历史性

采用文献资料所提供的信息必须考虑信息的历史性。过去的感受、使用环境的方式可以作为了解现在的感受、使用方式的基本参照。如果研究者打算访问过去事件的参与者，发掘历史的资料，就必须考虑到时间因素对数据的影响。由历年记录集成的文献让研究者可以研究活动及变化的模式。例如视觉方面的连续记录告诉我们一栋建筑、一条街、

或广场的用途几世纪以来是如何演变的。富于想象力的研究者能使用文献法把别人的资料应用于新的环境行为研究。这种方法特别适合研究变化中的环境—行为问题。

5. 信息的种类

文献信息包括数字、文字、非口语的资料，或者这三种的综合。文件中的每种资料需要不同的处理方法以解决环境行为的问题，分析建筑平面比分析报纸文章需要更多的技巧。

阐释口语、文字资料时，尤其是分析作者与演讲者的意图与感受，很难避免带入研究者的主观看法。例如文件中某人这样写道：一栋建筑物很大、很壮观。他的意思是正面的还是负面的就需要仔细分析。为了避免主观的评估，同时增加这类分析的可靠性，可采用几种方式来分析，并比较结果：让几位评估者分析同一文件；或者分析文件中的一个样本，来定义某一情况，然后由同一文件中选取另一样本，分析后发展出另一定义。了解作者意图的另一种方法是了解发表文件时的意图。在任何情况下，分析文献的个别部分（措辞以及用语）之前，先对整体大致的浏览，可以帮助辨认出背后的观点，对阐述"部分"时有很大帮助。

许多信息以数字的形式储藏在文献中。数字档案的一个主要来源就是统计部门，一般来说，数字所代表的现象抽象度越低，就更可能转化为其他研究的资料。已经组织好的数字档案，会减少收集原始资料的困难，但是数字档案尽管已经组织得很好，仍需要分析，确定他们是否适合研究者的目的。通常记录某一个字或主题出现在文件中出现的频率，在某些研究中可能也很有用（图7-9）。

行为科学家很少分析图、相片及建筑平面这些非文字的表现资料，但环境—行为研究者就不一样。若要研究某场所、建筑物，主要的资料来源，就是

分析非文字、非数字表现物的行为意图。分析绘画、住宅广告，以及设计者的速写，其中所透露的人与环境关系，也是环境—行为研究者特有的技巧。至于分析物理环境的平面图，分析行为方面的内容，现在已经很普遍。

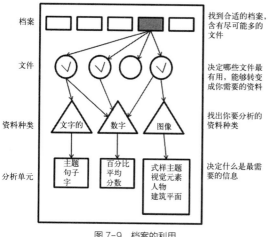

图7-9 档案的利用

7.4.2 现象学方法

现象学研究方法属于定性研究，本质上是一门注重解释性的学科，它的核心特点之一是开放性。现象学的研究方法注重对各类现象的解释性。因此现象学的研究方法主要基于对现象的深度观察和理解，从而对人的体验和意义做人性化的解释。现象学的研究人员相信通过对日常现象的深度观察，将引导我们对人类的本质和特点有更好的理解。

现象学研究方法在环境—行为学中的应用始于20世纪80年代，随后现象学的研究频繁出现在设计和环境—行为的研究中。在环境—行为研究中，现象学通常围绕下述四个方面：① 人的环境体验；② 场所的环境—行为特征；③ 家庭或社区作为环境—行为的载体；④ 建筑设计作为场所创造而不仅仅是构筑物创造。现象学在环境—行为研究中一个主要领域是人对环境的体验，也就是说研究人们通过体感、观知、闻知、认知等过程对空间、自然界、景观和构筑物环境的体验。

现象学研究方法通过研究人员对环境—行为现象特例的深度观察，并据此演绎和推断而得出结论。它的优势在于对问题的深度解析，但也存在若干问题。许多学者对现象学研究方法的潜在问题做了众多讨论，指出现象学研究必须解决三个方面的问题：① 研究者个人的主观性和总体性之间的演绎推断；② 个别性和普遍性之间的演绎推断；③ 现象本身和对现象的描述之间的差异。

研究者个人的主观性和总体性之间的关系涉及研究结果的正确性和客观性。现象学研究的最重要过程是研究人员对现象的深度观察和分析，并据此得出研究结论。因此，如何能够保证一个研究人员对现象的个人解读具有正确性和可验证性？很显然，解决这一问题的唯一途径是增加参与的研究人员数量而不是仅个别或少数研究人员。并且持续不断的对结果加以证实或证伪，从而提高结论的正确性和可验证性。

现象学研究的个别性和普遍性矛盾源于现象学研究方法的特点，即基于对某个别现象或个别环境行为的直觉观察。像其他研究方法一样，说服力的提高取决于分析的深度和客观性。现象学研究成果的普遍性需要将个别现象视为一个案例，并对该现象作深入分析，由此达到具有普遍性的说服力。

现象学研究方法另一个潜在的重要不足是关于现象本身和现象描述之间的差异。现象学的基础是研究者对现象的观察。由此带来一个问题，即，一个基于对现象的观察和思考的研究方法是否能用文字完整、准确地表达出来。换言之，用文字描述的某一现象和现象本身并不一定准确重合。针对这一问题，许多研究人员采取了诸如照片、绘图、甚至于舞蹈和情景再现等方式表述研究成果。艺术是一种描述体验和情感的很有效方式，所以采用艺术方式表达研究结果，对现象学研究具有很实际的意义。

现象学研究并不关注发现两个或多个变量之间的关系以及相互作用，而是关注对环境和人的体验的内在性质的理解，这也是现象学研究和定量研究的根本区别所在。一些研究人员指出，现象学研究和实证主义研究并不完全排斥。在环境—行为研究中，两种方法可以结合，例如通过现象学研究方法对所要研究的问题做更明确和清晰的界定和描述。而采用定量研究方法进一步研究各个变量和因素之间的关系和相互作用。

7.4.3 "游戏"方法

环境行为学中的实验性研究执行难度较大，也很难在一章内介绍清楚。本节通过对一个案例的介绍讨论环境—行为常见的一种"准实验"方法，即，"取舍游戏"方法（Gaming）。

在环境—行为研究中，研究人员可以用各种"取舍"游戏获得人们对一些环境—行为的认知和评估信息。研究人员借助观察被调查者在游戏过程中做出的一系列"取舍"选择过程，调查各种环境特征对受试人群而言的重要性。例如社区的空气质量、噪声、交通、绿化等环境品质和卫生服务。每个参与研究的受试者收到一组小纸板代表他们所有的"钱"，用以购买游戏中提供的各种提高环境"舒适度"或满意度的措施。当这些"钱"的总数为给定时，被调查者必须从各种希望得到的环境舒适和满意措施和设计中权衡重要性，选择孰先孰后。当参与游戏的人有足够多时，研究者就能发现带有一定普遍性的决定。

下述游戏案例介绍如何运用"取舍"游戏调研人们对住宅设计中一些基本环境参数的要求和取舍选择信息。由此获得的信息有助于规划设计人员提供合适的住宅设计（该游戏最好以图像与文字描述兼备的方式进行，限于篇幅，本章仅在部分问题附列图片）。"取舍"游戏的核心是对人们的要求进行一定的限制。随着游戏的展开，限制条件会逐步增加或变化。通过观察参与者在不同限制条件下所做的"取舍"选择及过程，研究参与者对各类环境参数的重要性认知和评估。

第1步，选择所希望的房间大小以及布局类型。

（1）选择起居室、餐厅与厨房的关系（图7-10）

① 三者共同安排在一个连续空间；

② 起居室与餐厅一体，厨房独立设置；

③ 餐厅与厨房合并，起居室独立设置；

④ 三者各自独立设置。

图7-10 房间的不同布局

（2）选择卧室的布局

① 父母的卧室与孩子的卧室相互独立；

② 所有卧室在一个区域。

第2步，（移走）将游戏用纸平放在一个台面上。每位参与者发给18枚模拟货币用以购买希望额外获得的住宅品质。参与者每做出一个选择，就在相应品质描述下的方框内放入一枚"货币"。每一项住宅品质都有一个标准配置。住宅的标准配置是包含在基本特征中的，参与者不需另外"购买"。

（1）选择住宅的外墙品质（图7-11）

① 低档涂料外墙（基本配置）；

② 中等质量面砖外墙；

③ 高质量石材外墙。

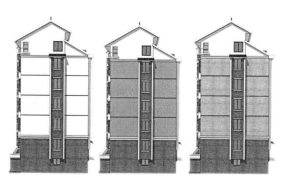

图 7-11 住宅外墙的不同处理方式
（从左到右：涂料，面砖，石材）

（2）选择住宅内部的材料品质

① 低档木墙／胶合板墙面；

大多数房间为油地毡地面；

起居室与大厅为低档地毯（基本配置）；

② 低档木墙／胶合板墙面；

厨房为油地毡地面；

其他房间为中档品质地毯；

③ 高档木墙／胶合板墙面；

厨房为油地毡地面；

其他房间为高档地毯。

（3）选择设备等级

① 小的炉子与热水器；

一般质量的洗涤池、浴缸和坐便器（基本配置）；

② 中等大小的炉子与热水器；

中等质量的洗涤池、浴缸和坐便器；

③ 大的炉子与热水器；

高品质的洗涤池、浴缸和坐便器。

（4）选择房间大小

① 小、不太宽敞（基本配置）；

② 一般大小；

③ 较为宽裕。

（5）选择衣帽间的大小

① 小衣柜（基本配置）；

② 一般大小的衣柜；

③ 较大的步入式衣柜。

（6）浴室数量

① 1 个（基本配置）；

② 2 个；

③ 3 个。

（7）卧室数量

① 2 个（基本配置）；

② 3 个；

③ 4 个。

（8）节能措施

① 无节能措施（基本配置）；

② 墙壁与屋顶内设保温隔热层，双层窗（运行费用降低 10%～20%）。

（9）车库

① 一个室外停车位；

② 一辆车的车库；

③ 两辆车的车库。

（10）热源类型

① 普通电加热系统（基本配置）；

② 普通油、天然气加热系统（运行费用比 A 少 20%～30%）；

③ 热力管道，另设节能型空调系统（运行费用比 A 少 30%～35%）；

④ 太阳能热力系统，另设应急保障电源（运行费用比 A 少 50%～60%）。

（11）场地大小

① 房子彼此相连，少量私人空间（基本配置）；

② 房子彼此分离，私密空间大小一般；

③ 房子间距很大，私密空间很大。

（12）景观配置

① 少量灌木和乔木，种植草坪（基本配置）；

② 中等灌木和乔木，种植草坪；

③ 较多灌木和乔木，草皮草坪。

（13）步行道

① 水泥地面（基本配置）；

② 室外地砖；

③ 室外木栈道。

（14）社区设施

① 无（基本配置）；

② 儿童游乐场地；

③ 社交场所与适合个年龄段的休闲设施。

（15）交通流量

① 很大，包括小汽车与卡车（基本配置）；

② 中等，居住区级道路，仅有小汽车；

③ 很少，无过境交通。

（16）地点

① 郊区：无公共交通；地区学校；

距主要商娱中心 1 小时车程（基本配置）；

② 小城镇：一般公共交通；中心学校；

距主要商娱中心半小时车程；

③ 城市：公共交通；步行距离内的学校；

距主要商娱中心 15 分钟车程。

第 3 步，当用完 18 枚货币后，可以返回调整每个选择。参与者只能用不多于 18 枚货币购买希望的住宅品质。可以保留若干枚货币而不使用。

第 4 步，要求参与者仅使用 13 枚货币选择希望的住宅品质。即必须做出"取舍"，放弃一些选择。由参与者标出相对不重要可放弃的要求。例如决定放弃太阳能热水器而选择热水泵，就可以圈出选项 12 的两枚货币。

第 5 步，现在请用此游戏的上述选项来对照评价参与者现在居住的房子。在较接近参与者具体情况的选项上划"∨"，如下所示。

1. 起居室、餐厅与厨房的关系	a b c d	10. 节能措施	a b
2. 卧室的布局	a b	11. 车库	a b c d
3. 住宅的外部品质	a b c	12. 热源类型	a b c d
4. 住宅内部的材料品质	a b c	13. 场地大小	a b c
5. 设备等级	a b c	14. 景观配置	a b c
6. 房间大小	a b c	15. 步行道	a b
7. 衣帽间的大小	a b c	16. 社区设施	a b c
8. 浴室数量	a 1.5 b	17. 交通流量	a b c
9. 卧室数量	a b c d	18. 地点	a b c

注：上述游戏第 5 步所收集的信息主要基于一个环境—行为研究公认的理论，即，人的经验，目前所处的状况影响人们对环境的感觉，认知和评价。

7.5 数据分析

环境—行为研究的数据分析对研究结论的准确性和可信性至关重要。由此，掌握一些基本的统计学知识对于研究者来说是必须的。数据分析的过程涉及若干步骤：数据类型分类、编码，选择合适的计算软件，确定每一研究问题所需的变量和统计学参数，对获得的统计学参数进行解读和诠释。不同的统计学参数的计算要求不同类型的输入变量。输入错误类型的变量而获得的统计计算结果将毫无意义。而获得统计学意义上的可信度概率又与各变量的总量有关。同理，不能正确地解释统计学计算所获得的参数也将影响研究结论的准确性和可信度。

分析阶段有很多软件可以运用，如 BMDD\SAS\SPSS\OSIRIS 等，并且也有很多的统计技术可以选择，这些具体工具都有专门的教程，就不在此详述。

7.5.1　信息的量化整理

由问卷调查、行为观察、资料分析等数据收集方法所获得的信息需按照一定规则将其转变成数字形式，以便进行下一步的分析（图 7-12）。通过调查等方式得到的信息必须通过量化转变，研究者才能借助数字分析工具了解其确切的意义和各种信息的内在结构。并且同时揭示数字所代表的研究意义。例如，数据的频率、分布和中点等数值能够帮助揭示问题的基本特征。要素分析（Factor Analysis）和多元尺度分析（Multidimensional Scaling，又称多维标度法）等量化技术则可以帮助研究者明确各类环境现象与特征之间的因果，相关性等深层结构。

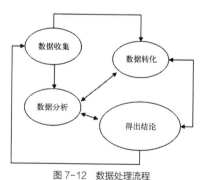

图 7-12　数据处理流程

在讨论研究收集的数据处理方式之前，先对量化的数据处理应用做简单的介绍。它们包括概念的量化、描述环境、检验关系以及建立模型。研究者需要注意的是定量研究中的"元假设"，即尽管最后的研究呈现出来的为数字，但并不代表这些数字具有严格反映现实的量化属性。对信息量化处理后

所得到的数字更多地体现为不同属性之间的关系，而不是单个数字的具体意义。例如，某研究发现人们对环境甲的私密程度的感知为量值"5"，而环境乙的私密程度是"3"。这两个数字的意义仅在于表现甲比乙的私密程度相对更高（如果研究中指定数字越大，环境越私密）。单纯的一个数字 5 和 3 与环境的特征之间是毫无关系的。

量化处理的第一步是确定变量数据的类型。根据信息所体现的意义，量化处理又可分为连续变量（Continuous Variable）、间隔变量（Interval Variable）和名义变量（Nominal Variable）。前两者的原始信息通常以数字形式表现。但意义却不同。连续变量指编码之间的数值是有意义的。例如，如果工作年限的编码是 1、2、3 等，则其整数间的数值，如 1.5、2.3、4.6 等数值仍然具有可解释的意义。由此对连续变量的数字运算（如求年龄的平均值）是有意义的。间隔变量的原始数据形式同样为数值，但是，编码之间的数值并无意义。例如，如果数值 3、4、5 用来代表相应的学生年级，则该变量的整数值是有效的。但整数间量化值，例如 3.2、4.5 等却是无法解释的数值。因此，对间隔变量不能进行平均值等运算。名义变量的原始数据通常为非数值形式。例如，数值，1 代表北京，2 代表上海，3 代表江苏等。名义变量的数值并无任何量值意义。原编码之间并无任何量值关系。例如前列中的江苏（数值为 3）并无大于上海（数值为 2）的意义。因此，名义变量不能用作因变量进行统计分析。

分析的第一步是建立表格，统计各个答案选项被选择的频次，一般以总数或者百分数的形式体现，表示研究对象的行为、感受和个人属性等信息。分析调查数据是一个交叉的过程，首先对分散的数据首先进行评估，然后检验研究假设。通常情况下，研究假设体现为计划阶段的研究框架模型，

但很多时候调查结果会改变研究者最开始的设想。总而言之，最初的研究规划、实际调查的发现和各种因素相互之间的联系共同决定了进一步分析的方向。

7.5.2　信息的统计分析

数据的统计分析按变量个数通常分为：单变量、双变量和多变量。

调查所获得的数据揭示不同范畴的环境—行为信息。统计学对某特定范畴的信息称为参数（Parameter）。参数数值的不同代表不同的环境—行为信息。按照不同参数之间的变化关系，在统计分析中，把一些随某些参数变化而改变的参数称为因变量，而另一些不因其他参数变化而变化的称为自变量。自变量和因变量的确定必须具有可以解释的意义。如果两个变量之间存在计算上的因变关系，但无法做出具有环境—行为研究意义的解释，则两参数之间的自变—因变关系并不成立。例如，数据的统计分析显示对住宅的大小随家庭人口增加而变化。则家庭人口为自变量，住宅大小需求为因变量。然而，即便数据分析显示人们对环境污染的评估和城市交通量的增加存在对应的变化关系。但不可理解为城市交通量的增加为因变量，而环境评估参数为其自变量。

统计分为参数型和非参数型，参数型需要同时满足数据为间距型或比例型，并且数据服从正态分布。而非参数型就不一定满足这些标准。大多数统计过程都基于参数统计，而非参数统计仅用于一些简单的分析。统计学意义的解读需要首先建立在数据类型的基础之上，必须根据变量的特征选择合适的描述性、推断性统计技术。了解这一点是学习统计学分析技术的前提。调查所获得的数据可以看作

是随机分布的，因此符合随机事件的正态分布规律，这也是所获得的数据能够运用统计学原理发掘内在关系的理论基础。

数据的统计分析有两种类型。分别为描述性统计分析（Descriptive Statistics）和推断性分析统计（Inferential Statistics），前者可以描述数据的分布情况，例如数据的中心或中点，它们的分布情况，它们之间的关联程度等。后者则是从一个小的样本去推测抽样总体的性质（超出抽样程序执行对象的推测是没有意义的）。

描述性统计就是对研究数据给出统计意义上成立的描述。描述性统计也是最常用的环境—行为数据分析方法。其主要关注数据的分布比例，中心趋势点、偏差量，以及变量间的相互关联程度。常用的参数有中位数、平均数、分布百分比（表7-5）、极差、标准误差、相关性等。所要分析的数据类型的不同决定了使用哪种测量方法。附表7-2列出了描述性统计的一般参数。附表7-3列出了描述性统计的测量参数及意义。附表7-4列出了描述性统计中常用的相关性参数。

表7-5　百分比形式体现的数据

	所有服务	普通服务	增值服务
非常满意	6%	15%	—
比较满意	58%	69%	42%
不太满意	28%	8%	37%
很不满意	8%	8%	21%
	100%	100%	100%

中位数（Median）。当一组有序数列的总数 n 为奇数时，中位数即数列的中间数。当一组有序数列的总数 n 为偶数时，中位数即数列的中间两数值的中点。中位数可以用于描述定序，定距或定比的数据，但不能用于定类数据。因为定类数据的中位数没有任何意义。

算术平均数（Mean）。一组有序数列中所有数值相加并除以总数 n 的数值。是最常用的描述一组数据趋向性的数值，但只能用于定距或定比数据。

几何平均数。一组有序数列中所有数值相乘后，再将结果开总数 n 次方的根。

众数（Mode）。一组数据中出现次数最多的数值。

中心趋势点给出一组数据的平均中心值点。但仅给出中心趋势点并不能完整描述数据的统计状况。如果要精确的代表数据的整体情况，还要对数据的集中、离散情况进行描述。数据越集中于平均数，该平均数就越具有代表性，相反则代表性就越低。图 7-14 中分布 1 曲线所代表的数据集中程度就小于分布 2 的集中程度，因此中心趋势点的代表性就要弱。判断不同类型数据的离散情况的方法有极差、中间分位数、方差和标准差，具体的适用情况参见附表 7-3。

频数分布。通常用来描述一个单变量的数据。可以用于定类、定序、定距或定比数据。描述频数分布的常见形式有直方图（Histogram）、条形图（Bar Chart）和圆分图（Pie Chart），条形图和圆分图用于离散的变量（图 7-13）。

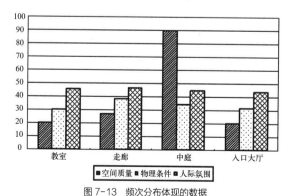

图 7-13　频次分布体现的数据

上述参数描述一组数据的中心趋势点，但光有中心趋势点的描述并不完整。描述一组数据的另一

个特征为数据距中心点的离散或变异度。两组数据的中心趋势点可能一致。但如果它们的离散度不同，则表明它们仍然是不同的数据。常用的描述性统计参数中用于描述离散度的参数有标准偏差、标准误差等。

标准偏差（Standard Deviation）。是在统计学和概率理论中广泛应用的数值。用符号 σ 表示。主要用于描述统计量可能存在的偏差度。数值越大，则实际情况偏离平均值的可能性越大。因而平均值的可靠度越小。例如，图 7-14 中分布 1 的数据的标准偏差就大于分布 2 的数据。因而分布 1 的平均值就比分布 2 更有意义。因此，在讨论某一环境—行为研究议题时，仅仅给出平均值而不提供其标准偏差值从严格的统计意义上讲是不完整的。

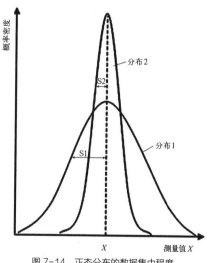

图 7-14　正态分布的数据集中程度

标准误差（Standard Error of Mean）。和标准偏差是两个相关但不同的概念。在抽样试验中，常用到样本平均数的标准差，亦称样本平均数的标准误差。因为样本标准差 s 不能直接反映样本平均数 x 与总体平均数 μ 究竟误差多少，所以平均数的标准误差实质上是样本平均数与总体平均数之间的相对误。它反映了样本平均数的离散程度。标准误差越

小，说明样本平均数与总体平均数越接近，否则表明样本平均数与总体平均数的离散度较大。

标准偏差是表示个体间变异大小的指标，反映了整个样本对样本平均数的离散程度，是数据精密度的衡量指标。而标准误差反映样本平均数对总体平均数的变异程度。从而反映抽样误差的大小，是抽样量度结果精密度的指标。

上面介绍的分析只涉及一个变量，但我们的研究往往包含了两个或多个可能相互关联的变量，并且描述两个变量之间的关系。而且环境—行为研究的主要工作就是描述事物间的相关程度，所以还需要引入双变量或多变量分析概念。

在统计学中，最常见的双变量概念有协变（Co-variation）与独立（Independence）。协变是指两变量的变化同时发生并存在一定的相关性。这种相关性可以是单向的因果关系。即，变量 x 的变化会导致变量 y 的变化，但变量 y 却不一定构成变量 x 的变化。或者不能给出有意义解释的变化。年龄的变化导致收入的变化，但收入的变化并不一定导致可以解释的年龄变化。也可以是双向互为因果关系。即，变量 x 和变量 y 中一方的变化都能导致另一方有意义，可解释的变化。

在统计学中，事物之间的联系程度称作相关度，其结果叫作相关系数（Correlation Coefficient）相关系数是介于 -1 和 +1 之间的数，大多数的相关系数都是这两个极值之间的小数，正数表示正相关，负数表示负相关，数值的绝对值越大就表示相关性越高。研究中最常用的是皮尔逊相关。需要注意的是，相关不一定反映了事物的因果关系，只有进行更进一步的验证与计算，才能确认一个变量对另一个变量的影响（保罗，2005）。在关于居民的收入水平与居住地区发展意愿的研究中，对收集到的两类数据可以进行此类分析，表 7-6 和

表 7-7 分别表示了单变量的频次分布和双边量的相关性。

表 7-6   不同收入水平中发展监管倾向强烈的居民比例

	X（不同收入水平的被试人数）	Y（表达强烈意愿的被试人数）	Y/X（%）
低	19	12	63.2
中	39	21	53.8
高	124	65	52.4
总计	182	98	53.8

表 7-7   社区发展管制的控制意愿与收入水平的关系

收入水平	社区发展管制的控制强度							
	弱		中等		强		总计	
	人数	百分比	人数	百分比	人数	百分比	人数	百分比
低	4	21.1	3	15.8	12	63.2	19	100.0
中	8	20.5	10	25.6	21	53.8	39	100.0
高	32	25.8	27	21.8	65	52.4	124	100.0
总计	44	24.2	40	22.0	98	53.8	182	100.0

卡方检验：1.35
自由度：4
显著水平：零假设不能被拒绝

描述两个变量之间关系的方法有分布图（Scatter-gram），百分表和相关系数值。

上面介绍的描述性统计主要针对利用抽样程序所建立的样本进行分析，如果要对抽样总体进行研究，就涉及推断性统计。推断性统计帮助研究者从随机样本中推断总体参数特征，并以统计为基础检验假设。前面确定样本容量时，我们提到了抽样误差的概念，在对样本进行一系列描述性统计后，这些结果能在多大程度上反映抽样总体呢？这就涉及估计的问题，通过下述公式，就可以利用样本的标准差和样本容量，估计样本平均值的标准差。然而无论怎样估计，样本必须是从总体中随机抽取的，具有代表性。

从总体中抽取样本，通过对样本观察值分析来估计和推断，即根据样本来推断总体分布的未知参数，称为参数估计。参数估计有两种基本形式：点估计和区间估计，用样本的统计量去估计总体相应未知参数称为点估计；用样本确定两个统计量，构筑一个置信水平为 $1-\alpha$ 的区间，对总体未知参数给出估计的称为区间估计。

对于点估计，当任意建立一个样本后，该样本的均值和方差便可以求出，进而根据已知该样本所属总体的分布形式，则可利用总体分布形式均值和方差的计算公式（包括二项分布、泊松分布、均匀分布与正态分布等分别对应不同的计算公式）推断其分布的未知参数。对于区间估计，从正态总体中抽取一个样本，求出样本的均值和方差，即可根据公式求得该正态总体均值、方差和标准差的 $1-\alpha$ 置信估计区间。

假设检验是用来判断样本与样本，样本与总体的差异是由抽样误差引起还是本质差别造成的统计推断方法。其基本原理是先对总体的特征做出某种假设，然后通过抽样研究的统计推理，对此假设应该被拒绝还是接受作出推断（图 7-15）。假设检验的基本思想是小概率反证法原理，小概率思想是指小概率事件（$P<0.01$ 或 $P<0.05$）在一次试验中基本上不会发生。反证法思想是先提出假设，再用适当的统计方法确定假设成立的可能性大小；如可能性小，则认为假设不成立，若可能性大，则还不能认为假设不成立。具体的假设检验过程需要一定的统计学基础，限于本章的篇幅就不再展开，读者可以自行利用统计学书籍研读。

量化数据在比较早的年代大部分被用来分析不同环境认知变量与个人属性之间的关系，例如关于不同人群如何理解相同环境，或者人们如何因为环境的改变而发生的行为差异。这种研究常用的分析技术有多次回归（Multiple Regression）、虚拟变量回归（Dummy Variable Regression）、多项分类分析（Multiple Classification Analysis）、多变量名义尺度分析（Multivariate Nominal Scale Analysis）和多元判别函数分析（Multiple Discriminant Function）等等。

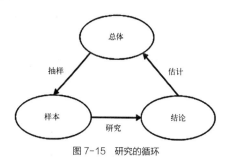

图 7-15　研究的循环

量化数据还有一个用途就是用其建立模型，判断环境行为之间的"因果"关系。尽管环境行为学中符合严格的因果关系建立三原则的研究还很少，但伴随分析技术和信息科学的发展仍有很大的潜力。

下面简单地介绍常见的三种环境行为学分析方式。包括多元尺度分析（Multidimensional Scaling），时间序列分析（Time-series Analysis）和原因 / 结构方程模型（Causal or Structural Equation Modeling）；本章仅简单地介绍各种方法的基本概念和流程，感兴趣的读者可以选择更为专门的统计学与研究方法的书籍来学习。

多元尺度分析是一种根据研究对象之间某种亲近关系为依据（如距离、相似系数、亲疏程度的分类情况等），将多维空间的研究对象（样本或变量）简化到低维空间进行定位、分析和归类，同时又保留对象间原始关系的数据分析方法。通常的多元尺度分析包括"界定问题——获取数据——选择多维标度过程——确定维数——命名坐标轴并解释空间性——评估有效性与可靠性"。

时间序列分析是指将某一现象所发生的数量变化，依时间的先后顺序排列，以揭示随着时间的推移，这一现象的发展规律，从而用以预测现象发展的方向及其数量。其中伴随时间序列（Concomitant Time Series）所应用的技术取决于研究希望的证伪程度，间断时间序列（Interrupted Time-series）常用的是自回归移动平均法（Autoregressive Integrated Moving Averages），在环境行为学研究中典型的时间序列分析包括方差分析（ANOVA）和时间序列图形的视觉化判断。

原因/结构方程模型（Causal or Structural Equation Modeling, SEM）是一种融合了因素分析和路径分析的多元统计技术，目的在于探索事物间的因果关系，并将这种关系用因果模型、路径图等形式加以表述，它的强势在于对多变量间交互关系的定量研究。例如，环境满意度就是使用者认为环境是否达到或超过他的预期的一种感受，可以就满意度使用结构方程模型进行研究，在模型中包括两类变量：一类为观测变量，是可以通过访谈或其他方式调查得到的；一类为结构变量，是无法直接观察的变量，又称为潜变量。各变量之间均存在一定的关系，这种关系是可以计算的。计算出来的值就叫参数，参数值的大小，意味着该指标对满意度的影响的大小。如果能科学地测算出参数值，就可以找出影响环境满意度的关键因素，引导进行环境完善或者改进，达到快速提升环境满意度的目的。

7.5.3　信息的意义解译

问卷资料的量化统计学分析使数据信息具有说服力。统计分析的准确性和严格性是研究方法的一个很重要的评价标准。当然，问卷的量化结论若缺乏研究者对数值的定性见解和诠释，则量化分析只能产生对了解问题并无多大意义的一堆数值。分析数据不仅包含绘制表格、检验变量间的关系和显著程度，还包括分析这些发现: 应该注意分析的科学性，如避免两个变量间牵强附会的联系，把小范围调查的结论过度推广等；清楚数据的局限性，发现在调查设计阶段没有考虑到的问题，所有这些工作都需要一定的经验积累，是边做边学的技能。研究报告应该突出重点，将其放在急需解决的问题上，通常研究报告体现为一系列的图表和文字。图表原则上应该是独立的，要能充分表达研究的发现，当然文字的写作也应该考虑不同读者的需要，兼具学术性和实用性。

环境—行为研究的方法除了量化研究外还有相当多的质性成分，这部分数据的分析亦需要专门的训练，具体的步骤为"阅读原始资料——登录资料——寻找核心概念——建立编码和归档系统"（陈向明，2000）。质性分析不同于量化数据的统计，更侧重理论与现场调查之间的互动，研究的范式也不同（诺曼，2007），研究者可以结合具体的研究问题选择合适的研究路径。

本章对环境—行为研究的不同方法作了基本介绍。本章希望作为环境行为研究学习者入门的引领者，建议读者通过进一步的阅读和研究实践，真正掌握环境—行为视角的建筑学研究方法。

附表

附表 7-1　随机数表示例（10～100）

48	94	75	57	65	73
74	16	22	69	76	83
93	53	69	47	72	77
72	81	25	73	33	79
40	62	32	68	56	89
77	18	97	20	87	69
88	72	50	86	80	49
69	56	100	100	30	27
70	40	26	47	74	57
27	29	17	99	17	66
64	21	62	65	49	49
70	58	87	63	93	25
51	53	72	42	56	17
67	50	94	24	95	43
100	24	74	37	19	13
100	61	40	33	36	80
43	74	50	88	13	52
42	38	82	31	84	58
18	61	45	100	86	70
25	54	83	29	79	22

附表 7-2　不同数据参数的意义

参数	计算方式	适用范围
众数	出现次数最多的数	1）名义型、序数型、间距型、比例型数据 2）复合型分布（一个分布曲线中有多个峰值）
中位数	有序序列的中间位数（总数 n 是奇数）或中间两点的中点（n 是偶数）	1）名义型、间距型，比例型数据 2）数据向一方倾斜、既有极值情况
算术平均数	所有数字相加结果除以 n	1）间距型，比例型数据 2）数据服从正态分布
几何平均数	所有数相乘后，再将结果开 n 次方根	1）比例型数据 2）数据服从卵形曲线

附表 7-3　不同数据的偏差测量

所测偏差	计算方式	适用范围
极差	最大值与最小值之差	间距型、序数型和比例型数据（分布一般不服从正态分布）
中间分位数	75%的百分点减去25%百分点之差	序数型、间距型，比例型数据，尤其适用于高度倾斜的分布
方差	$s^2 = [(x_1-x)^2 + (x_2-x)^2 + \cdots\cdots (x_n-x)^2]/n$（$x$ 为平均数）	间距型和比例型数据，最适合于正态分布数列
标准差	方差的算术平方根	间距型和比例型数据，最适合于正态分布数列

附表 7-4　相关性统计的适用范围

	相关性	符号	适用范围
参数统计	皮尔森相关	r	两个定距连续变量
参数统计	双列点相关	r_{pb}	一个为连续变量，另一个为离散型、二分型或正态分布变量（如男性与女性）
参数统计	双列相关	r_b	两变量均为连续变量，但其中一个被人为地一分为二（如"零上温度"和"零下温度"，"通过"和"未通过"）
参数统计	Φ 系数	Φ	变量均为二分变量
参数统计	三列相关	r_{tri}	一个变量为连续型，另一个被分为三份（如"低""中""高"）
参数统计	偏相关	$r_{12,3}$	两变量间存在关系，一部分是因为它们和第三变量有联系
参数统计	复合相关	$R_{1,23}$	一个变量与其他两个或多个变量有关
非参数统计	斯皮尔曼秩序相关	ρ	变量均为有序序列
非参数统计	肯德尔一致性系数	ω	变量均为定序（由某一特定的独立性质排列），研究者关心的是各有序序列间的相似程度
非参数统计	列联系数	C	变量均服从正态分布
非参数统计	肯德尔 τ 相关	τ	变量均为序数型，尤其适用于小样本（如 $N<10$）

图表来源

Picture and Table Source

第 1 章

图 1-1 ～ 图 1-4，表 1-1、表 1-2　作者绘制．

第 2 章

图 2-1、图 2-2，表 2-1 ～ 表 2-5　作者绘制．

第 3 章

图 3-1　根据夏祖华和黄伟康（1992）资料整理．

图 3-2　根据俞国良、王青兰和杨治良（2000）资料整理．

图 3-3、图 3-5　参考 Brunswik（1956）资料整理．

图 3-4、图 3-6　作者拍摄．

图 3-7　作者绘制．

图 3-8、图 3-9　根据冯健（2005）资料整理．

图 3-10　作者绘制．

图 3-11　参考 Golledge 资料绘制．

图 3-12　根据薛露露等（2008）资料整理．

图 3-13　根据 Herzog（1992）资料整理．

图 3-14　根据林玉莲、胡正凡（2000）资料整理．

图 3-15 ～ 图 3-17　根据 Lynch（1960）资料整理．

图 3-18、图 3-19　根据林忆莲（1999）资料整理．

图 3-20　根据冯健（2005）资料整理．

图 3-21　根据冯维波、黄光宇（2006）资料整理．

表 3-1　根据 Tanaka,et.al（2002）资料整理．

表 3-2　根据郑时龄（2001）资料整理．

第 4 章

图 4-1 ～ 图 4-13，表 4-1 ～ 表 4-3　作者绘制．

第 5 章

图 5-1　刘韩昕根据 Pedersen（1999）资料整理．

图 5-2　根据 Altman & Chermes（1991）资料整理．

图 5-3　徐磊青、杨公侠根据高佳琳（2001）资料整理．

图 5-4　根据杨治良、蒋韬和孙荣根（1988）资料整理．

图 5-5　根据 Altman & Vinsel（1977）资料整理．

图 5-6 ～ 图 5-10　作者拍摄．

第 6 章

图 6-1、图 6-2　作者绘制．

图 6-3　根据 Wolfgang F. E. Preiser（2005）资料整理．

图 6-4　根据 www.usablebuildings.co.uk，PROBE 官方网站资料整理．

图 6-5 ～ 图 6-9　作者绘制．

图 6-10 ～ 图 6-15　根据 http://cbe.berkeley.edu/research /pdf_files/SR_CBF_2005.pdf 资料整理．

表 6-1　引自 F. Fanlin Becker. Post-occupancy Evaluation: Research Paradigm or Diagnostic Tool, in: Building Evaluation [M]. New York: Plenum, 1989: 129.

表 6-2 ～ 表 6-5　作者绘制．

表 6-6　引自 D.Canter. The Purposive Evaluation of Place: A Facet Approach [J]. Environment and Behavior. 1983, (15): 659-698.

表 6-7　根据 *"Environment and Behavior"* 杂志：文献 [5\6\8\13\21] 整理．

表 6-8　作者绘制．

表 6-9　引自（英）G. 勃罗德彭特．建筑设计与人文科学 [M]. 张韦，译．北京：中国建筑工业出版社，1993.

表 6-10、表 6-11　引自（美）安妮·安娜斯塔西，苏珊娜·厄比纳．心理测验 [M]. 缪小春，竺培梁，译．杭州：浙江教育出版社，2001.

表 6-12　引自 S. Turpin-Brook, G. Viccars. The Development of Robust Methods of Post Occupancy Evaluation [J]. Facilities, 2006, 24（5/6）: 177-195.

表 6-13　引自 Bechtel, B.Robert, Merans, W.Robert, Michelson,

M. William. Methods in Environmental & Behavioral Research [M]. New York: Van Nostrand Reinhold, 1987: 277-282.

表6-14　作者绘制.

表6-15　引自George Baird, John Gray, Nigel Isaacs, David Kernohan, Graeme McIndoe, (CBPR), Victoria University of Wellington. Building Evaluation Techniques [M]. New York: Mcgraw-Hill, 1995.

表6-16　根据来源: www.usablebuildings.co.uk 资料整理; Wolfgang F.E. Preiser, Jacqueline C.Vischer. 建筑性能评价[M]. 北京: 机械工业出版社, 2008.

表6-17 ~ 表6-22　根据http://cbe.berkeley.edu/research/pdf_files/SR_CBF_2005.pdf 加州大学伯克利分校建成环境中心的网页资料整理.

第7章

图7-1　根据Evaluating Built Environments, figure 2.2资料重绘.

图7-2　根据 Methods in Environmental and Behavioral Research figure 2.1资料重绘.

图7-3　根据Evaluating Built Environment, An Organizational Framework, figure2.4 资料重绘.

图7-4　作者拍摄.

图7-4 ~ 图 7-7　作者绘制.

图7-8　根据 Inquiry by Design, Tools for Environment-behavior Research: 201 资料重绘.

图7-9 ~ 图7-11　作者绘制.

图7-12　根据 Qualitative Date Analysis-a Sourcebook of New Methods, figure 1b 资料重绘.

图7-13 ~ 图 7-15　作者绘制.

表7-1　根据 Reichrdt（1979: table1）资料重绘.

表7-2　根据 Miller（1979）资料重绘.

表7-3　根据约翰·邹塞（1996: 195）资料整理.

表7-4　根据约翰·邹塞（1996, 144）资料整理.

表7-5 ~ 表7-7、附表7-1　作者绘制.

附表7-2 ~ 附表7-4　引自《实用研究方法论计划与设计》表 11-2 ~ 表 11-4.

主要参考文献

Main Reference

1. 中文文献

第1章

[1] 陆伟. 我国环境——行为研究的发展及其动态 [J]. 建筑学报, 2007（2）: 6-7.

[2] 陆伟, 叶宇. 日益数字化的时代带给环境行为研究的机遇与挑战 [J]. 时代建筑, 2017（5）: 69-71.

[3] 陆伟, 贺慧. 专栏导读: 当代环境行为研究与实践 [J]. 新建筑, 2019（4）: 4.

[4]（加）安德鲁·D.赛德尔. 迂回过山车——欧美环境行为研究的发展 [J]. 余艳薇, 译. 新建筑, 2019（4）: 5-8.

[5]（西）里卡多·加西亚·米拉. 可持续发展转型过程中环境心理学与环境政策融合路径研究——"威望号"事件的启示 [J]. 张秋圆, 译. 新建筑, 2019（4）: 9-13.

[6]（日）横山悠然. 当前日本"人与环境系研究"的课题与挑战 [J]. 陆伟, 顾宗超, 译. 新建筑, 2019（4）: 14-17.

[7] 罗玲玲. 环境中的行为 [D]. 沈阳: 东北大学, 2018.

第2章

[8] 李斌. 环境行为学的环境行为理论及其拓展 [J]. 建筑学报, 2008（2）: 30-33.

[9] 李斌, 徐歆彦, 邵怡, 李华. 城市更新中公众参与模式研究 [J]. 建筑学报, 2012（S8）: 134-137.

[10] 李斌, 何刚, 李华. 中原传统村落的院落空间研究——以河南郑县朱洼村和张店村为例 [J]. 建筑学报, 2014（S11）: 64-69.

[11] 刘婷, 陈红兵. 生态心理学研究综述 [J]. 东北大学学报社会科学版, 2002, 4（2）: 83-85.

[12] 罗玲玲, 任巧华. 环境心理学研究的国际进展与理论突破的方法论分析 [J]. 建筑学报, 2009（7）: 13-16.

[13] 槙文彦. 建筑与交流 [J]. 世界建筑, 2001（1）: 8.

[14] 李斌. 空间的文化: 中日城市和建筑的比较研究 [M]. 北京: 中国建筑工业出版社, 2007.

[15]（加）爱德华·雷尔夫. 地方和无地方 [M]. 刘苏, 相欣奕, 译. 北京: 商务印书馆, 2021.

[16] 赫伯特·施皮格博格. 现象学运动 [M]. 王炳文, 张金言, 译. 北京: 商务印书馆, 1995, 749.

[17] 米彻尔·阿尔盖. 社会互动 [M]. 苗延威, 张君玫, 译. 台北: 巨流图书公司, 1998.

[18] 莫里斯·梅洛-庞蒂. 哲学赞词 [M]. 杨大春, 译. 北京: 商务印书馆, 2001: 100.

[19] 威斯曼. 设计的歧视: "男造"环境的女性主义批判 [M]. 王志弘, 张淑玫, 魏庆嘉, 译. 台北: 巨流图书公司, 1997: 7.

[20] 杨宜音. 文化认同的独立性和动力性——以马来西亚华人文化认同的演进与创新为例 [C] // 张存武, 汤熙勇. 海外华族研究论集（第三卷）: 文化教育与认同. 台北: 华侨协会总会, 2002: 407.

[21] 秦晓利. 面向生活世界的心理学探索——生态心理学的理论与实践 [D]. 吉林: 吉林大学, 2003.

第3章

[22] 薛露露, 申思, 刘瑜, 张毅. 城市居民认知距离透视认知变形 [J]. 地理科学进展, 2008, 27（2）: 96-103.

[23] 冯健. 北京城市居民的空间感知与意象空间结构 [J]. 地理科学, 2005, 25（2）: 142-154.

[24] 徐磊青. 广场景观: 美学介于宜人和兴奋之间 [J]. 建筑学报, 2004（9）: 18-19.

[25] 郑时龄. 上海的新经典建筑评述 [J]. 时代建筑, 2001（2）: 42-45.

[26] 顾朝林, 宋国臣. 城市意象研究及其在城市规划中的应

用［J］. 城市规划，2001，25（3）：70-73+77.

［27］沈益人. 城市特色与城市意象［J］. 城市问题，2004
（3）：8-11.

［28］蒋晓梅，翁金山. 从市民印象知觉探讨台南市都市意象
元素品质排序之研究［J］. 中国台湾建筑学报，2001，
36：1-20.

［29］冯维波，黄光宇. 基于重庆主城区居民感知的城市意象
元素分析评价［J］. 地理研究，2006（5）：803-813.

［30］夏祖华，黄伟康. 城市空间设计［M］. 南京：东南大
学出版社，1992.

［31］闵丙昊，王翔. 知识设计中的人性化设计. 场所理论［J］.
建筑学报，2009（7）：19-22.

［32］亨利·葛莱门. 心理学［M］. 洪兰，译. 台北：远流
出版社，1995.

［33］（美）凯文·林奇. 城市的印象［M］. 项秉仁，译. 北京：
中国建筑工业出版社，1990.

［34］（美）雷金纳德·戈列奇，（澳）罗伯特·斯廷森. 空
间行为的地理学［M］. 柴彦威，曹小曙，龙韬，等，译.
北京：商务印书馆，2013.

［35］（美）克莱尔·库珀·马库斯，（美）卡罗琳·弗朗西斯.
人性场所：城市开放空间设计导则［M］. 俞孔坚，孙鹏，
译. 北京：中国建筑工业出版社，2001.

［36］蔡冈廷，谢明烨，赖荣平. 视觉对环境音心理评价影响
之研究［C］. 中国台湾建筑学会第十二届建筑研究成
果发表会论文集，2000：485-488.

［37］牛力. 建筑综合体的空间认知与寻路研究［D］. 上海：
同济大学，2007.

［38］林玉莲，胡正凡. 环境心理学［M］. 北京：中国建筑工
业出版社，2000.

［39］徐磊青，杨公侠. 环境心理学［M］. 上海：同济大学出
版社，2002.

第4章

［40］李斌，陈晔，秦丹尼. 上海轨道交通枢纽站路径探索研
究［J］. 建筑学报，2010（S2）：129-134.

［41］李斌，石restroom蕉，刘智. 上海轨道交通枢纽站中特殊人群的
路径探索研究［J］. 建筑学报，2015（S13）：53-59.

［42］徐磊青，甄怡，汤众. 商业综合体上下楼层空间错位的空
间易读性——上海龙之梦购物中心的空间认知与寻路［J］.
建筑学报，2011（S5）：165-169.

［43］史忠植. 认知科学［M］. 合肥：中国科学技术大学出版
社，2008：1-19.

第5章

［44］（美）欧·奥尔特曼，（美）马·切默斯. 文化与环境［M］.
骆林生，王静，译. 北京：东方出版社，1991.

［45］杨治良，蒋斅，孙荣根. 成人个人空间圈的实验研究［J］.
心理科学通讯，1988（2）：26-30+66-67.

［46］徐磊青. 下沉广场用后评价研究［J］. 同济大学学报（自
然科学版），2003（12）：1405-1409.

［47］（丹麦）扬·盖尔. 交往与空间［M］. 何人可，译. 北京：
中国建筑工业出版社，2002.

第6章

［48］吴硕贤. 建筑学的重要研究方向——使用后评价［J］.
南方建筑，2009（1）：4-7.

［49］朱小雷. 建成环境主观评价方法［M］. 南京：东南大
学出版社，2005.

［50］（美）Wolfgang F.E. Preiser，（加）Jacqueline C. Vischer.
建筑性能评价［M］. 汪晓霞，杨小东（鲁革），译.
庄惟敏，审校. 北京：机械工业出版社，2009.

第7章

［51］杨国枢. 社会及行为科学研究法（上册）（第13版）［M］.
重庆：重庆大学出版社，2006.

［52］（美）保罗·D. 利迪，（美）珍妮·埃利斯·奥姆罗德.
实用研究方法论：计划与设计［M］. 顾宝炎，等，译.
北京：清华大学出版社，2005.

［53］陈向明. 质的研究方法与社会科学研究［M］. 北京：教
育科学出版社，2006.

［54］（美）琳达·格鲁特，（美）大卫·王. 建筑学研究方法
［M］. 王晓梅，译. 北京：机械工业出版社，2005.

［55］（美）劳伦斯·纽曼. 社会研究方法：定性和定量的取向
［M］. 郝大海，译. 北京：中国人民大学出版社，2007.

［56］（美）诺曼·K. 邓津，（美）伊冯娜·S. 林肯. 定性研究
（第1卷）：方法论基础［M］. 风笑天，等，译. 重庆：
重庆大学出版社，2007.

［57］约翰·邹塞. 研究与设计——环境行为研究的工具［M］.
关华山，译. 台北：田园城市出版社，1996.

2. 英文文献

第1章

[1] I. Altman. Some Perspective on the Study of Man-environment Phenomena[J]. Representative Research in Social Psychology, 1973, 4 (1): 111.

[2] G.T. Moore. Environment-behavior Studies [M]// J.Snyder, A.Catanese. Introduction to Architecture. New York: McGraw-Hill, 1979: 46–73.

[3] G.T.Moore. New Directions for Environment-behavior Research in Architecture [M]// J.C.Snyder Architectural Research [M]. New York: Van Nostrand Reinhold, 1984.

[4] G.T.Moore, D.P.Tuttle, S.C.Howell. Environmental Design Research Directions: Process and Prospects [M]. New York: Praeger Publishers, 1985.

[5] G.T.Moore. Environment and Behavior Research in North America: History, Developments and Unresolved Issue [M]// D.Stokols, I.Altman. Handbook of Environmental Psychology. New York: John Wiley and Sons, 1987: 1359–1410.

[6] D.Stokols. Environmental psychology[J]. Annual Review of Psychology, 1978, 29: 253–296.

[7] Wei Lu. Formation and Development of Environmental-Behavior Research in China[C] // (KEYNOTE SESSION) IAPS International Network Symposium 2011. Daegu Korea: Program & Abstract Book, 2011: 31–32.

第2章

[8] J. K. Burgoon, D. B. Buller. Interpersonal Deception: III. Effects of Deceit on Perceived Communication and Nonverbal Behavior Dynamics [J]. Journal of Nonverbal Behavior, 1994, 18: 155–184.

[9] B. M. Hernándeza, et al. Place attachment and Place Identity in Natives and Non-natives[J]. Journal of Environmental Psychology, 2007, 27(4): 310–319.

[10] P. Merriman. Driving places [J]. Theory, Culture & Society, 2004, 21(4/5): 145–167.

[11] T. L. Milfont, J. Duckitt, et al. A Cross-cultural Study of Environmental Motive Concerns and Their Implications for Proenvironmental Behavior [J]. Environment and Behavior, 2006: 38(6): 745–767.

[12] E. Sundstrom, P. A. Bell, et al. Environmental Psychology [J]. Annual Review of Psychology, 1996, 47: 485–512.

[13] F. G. Thomas. A space for place in Sociology [J]. Annual Review of Sociology, 2000, 26: 463–496.

[14] I. Altman, B. Rogoff. World Views in Psychology: Trait, Interactional, Organismic, and Transactional Perspectives [M]// D. Stokols, I. Altman. Handbook of Environmental Psychology. New York: John Wiley & Sons, 1987: 7–40.

[15] M. Augè. Non-places: Introduction to an Anthropology of supermodernity [M]. John Howe, Translation. London: Verso Books, 1995.

[16] R. B. Bechtel, A. Churchman. Handbook of Environmental Psychology [M]. New York: NY Wiley, 2002.

[17] P. A. Bell, J. D. Fisher, R. J. Loomis. Environmental Psychology [M]. Philadelphia: Saunders, 1978.

[18] D. E. Cosgrove. Mapping the World [M]// James R. Akerman, Robert W. Karrow. Maps: Finding Our Place in the World. Chicago: University of Chicago Press, 2007: 65–115.

[19] J. J. Gibson. The Ecological Approach to Visual Perception [M]. Boston: Houghton-Mifflin, 1979: 127.

[20] J. Lang. Creating architectural theory: The Role of the Behavioral Sciences in Environmental Design [M]. New York: Van Nostrand Reinhold, 1987: 100–103.

第3章

[21] A. W. Siegel, S. H. White. The Development of Spatial Representations of Large-scale Environments [J]. Advances in Child Development and Behavior, 1975, 10: 9–55.

[22] E. Nash, G. Edwards, J. Thompson, W. Barfield. A Review of Presence and Performance in Virtual Environments [J]. International Journal of Human-Computer Interaction, 2000, 12(1): 1–41.

[23] G. A. Miller. The Magical Number Sevsn, Plus or Minus

Two: Some Limits on Our Capacity for Processing information [J]. Psychological Review, 1956, 63: 81-97.

[24] D. Canter, S. K. Tagg. Distance Estimation in Cities [J]. Environment and Psychology, 1975, 7 (1): 59-80.

[25] D. Pocock. Urban Environmental Perception and Behavior: A Review [J]. Tidschrift voor Economish en Geographi, 1973, 62.

[26] A. Crompton. Perceived Distance in the City as a Function of Time [J]. Environment and Behavior, 2006, 38: 73-182.

[27] S. M. Kosslyn, T. M.Ball, B. J. Reiser. Visual Image Preserve Metric Spatial Information: Evidence from Studies of Image Scanning [J]. Journal of Experimental Psychology: Human Perception & Performance, 1978, 4: 47-60.

[28] D. Appleyard. Styles and Methods of Structuring a City [J]. Environment and Behavior, 1970, 2: 100-107.

[29] H. Couclelis, R. G. Golledge, N. Gale, W. Tobler. Exploring the Anchor-point Hypothesis of Spatial Cognition [J]. Journal of Environmental Psychology, 1987, 7: 99- 122.

[30] R. Passini. Spatial Representations, A Wayfinding Perspective [J]. Journal of Environmental Psychology, 1984, 4: 153-164.

[31] J. E. Foley, A. J. Cohen. Mental Mapping of a Megastructure [J]. Canadian Journal of Psychology, 1984, 38: 440-453.

[32] G. L. Allen. A Developmental Perspective on the Effects of "Subdividing" Acrospatial Experience [J]. Journal of Experimental Psychology: Human Learning and Memory, 1981, 7: 120-132.

[33] R. Kaplan, E. J. Herbert. Cultural and Sub-cultural Comparisons in Preference for Natural Settings [J]. Landscape and Urban Planing, 1987, 14: 281-293.

[34] B. Yang, T. J. Brown. A cross-cultural Comparison of Preferences for Landscape Styles and Landscape Elements [J]. Environment and Behavior, 1992, 24(4): 471-507.

[35] R. B. Hull, W. P. Stewart. Validity of Photo-based Scenic Beauty Judgements [J]. Journal of Environmental Psychology, 1992, 12: 101-114.

第4章

[36] T. Gärling, A. Böök, E. Lindberg. Spatial Orientation and Wayfinding in the Designed Environment: A Conceptual Analysis and Some Suggestions for Postoccupancy Evaluation [J]. Journal of Architectural and Planning Research Ⅲ, 1986(1): 55-64.

[37] M. R. Hill. Walking Straight Home from School: Pedestrian Route Choice by Children [J]. Transportation Research Record, 1984, 959: 51-55.

[38] M. Levine. You-are-here Maps: Psychological Considerations [J]. Environment and Behavior, 1982, 14: 221-237.

[39] B. Marchand. Pedestrian Traffic Planning and the Perception of the Urban Environment: A French Example [J]. Environment and Planning A, 1974(6): 491-507.

[40] A. W. Melton. Some Behavior Characteristics of Museum Visitors[J]. The Psychological Bulletin, XXX, 1933: 702-721.

[41] S. D. Moser. Cognitive Mapping in a Complex Building [J]. Environment and Behavior, 1988, 20: 21-49.

[42] S. J. Older. Movement of Pedestrians on Footways in Shopping Streets [J]. Traffic Engineering and Control, 1968: 160-163.

[43] M. C. B. Porter. Behavior of the Average Visitor in the Peabody Museum of National History, Yale University [J]. Number 16 in Publications of the American Association of Museums New Series, 1938.

[44] E. S. Robinson. The Behavior of the Museum Visitor [J]. Number 5 in Publications of the American Association of Museums New Series, 1928.

[45] G. Robbins. Path Selection for Transit Using Pedestrians [J]. Man-Environment Systems, 1981, XI(1-2): 69-71.

[46] P. Thorndyke, R. Hall, B. Hayes-Roth. Differences in Spatial Knowledge Acquired from Maps and Navigation [J]. Cognitive Psychology, 1982, 14: 560-589.

[47] J. Weisman. Evaluating Architectural Legibility: Wayfinding in the Built Environment [J]. Environment

and Behavior, 1981, 13 (2): 189–204.

第5章

[48] P.B. A Systems Model of Privacy [J]. Journal of Environmental Psychology, 1994, 15: 87–104.

[49] D. M. Pedersen. Psychological functions of privacy [J]. Journal of Environmental Psycholog, 1997, 17: 147–156.

[50] D. M. Pedersen. Model for Types of Privacy by Privacy Functions [J]. Journal of Environmental Psychology, 1997, 19: 397–405.

[51] T. A. Walden, P. A. Nelson, D. E. Smith. Crowding, Privacy and Copying [J]. Environment and Behavior, 1981, 13 (2): 205–224.

[52] R. W. Marans, X. Yan. Lighting Quality and Environmental Satisfaction in Open and Enclosed Offices [J]. Journal of Architectural and Planing Research, 1989, 6: 118–131.

[53] K. F. Spreckelmeyer. Office Relocation and Environment Change: A Case Study [J]. Environment and Behavior, 1993, 25: 181–204.

[54] N. J. Marshall. Privacy and Environment [J]. Human Ecology, 1972, 2: 261–268.

[55] R. Sommer. Studies in Personal Space [J]. Sociometry, 1959, 22: 247–260.

[56] R. Sommer. The Distances for Comfortable Conversation: A Further Study [J]. Sociometry, 1962, 25: 111–116.

[57] H. Osmond. Function as the Basis of Psychiatric Ward Design [J]. Mental Hosptial, 1957, 8: 23–29.

[58] D. D. Jonge. Applied Hodology [J]. Landscape, 1968, 17(2): 10–11.

[59] R. B. Taylor, S. D. Gottfredson, S. Brower. Block Crime and Fear: Defensible Space, Local Social Ties and Territorial Functioning [J]. Journal of Research in Crime and Delinquency, 1984, 21: 303–331.

第6章

[60] C. M. Zimring, J. E. Reisenstein. Post-occupancy evaluation: an overview [J]. Environment and Behavior, 1980(12): 429–451.

[61] S. Weidemann, J.R. Anderson, D.I. Butterfield, O'Donn-ell. Residents' Perception of Satisfaction and Safety [J]. Environment and Behavior, 1982(14).

[62] W. F. E. Preiser, H. Z. Rabinowitz, E. T. White. Post-Occupancy Evaluation [M]. New York: Van Nostrand Reinhold Company, 1988.

[63] Wolfgang F. E. Preiser, ed. Building Evaluation [M]. New York: Plenum, 1988.

[64] George Baird, John Gray, Nigel Isaacs, David Kernohan, Graeme McIndoe(CBPR). Victoria University of Wellington: Building Evaluation Techniques [M]. New York: Mcgraw-Hill, 1995.

[65] Robert Bechtel, Arza Churchman. Handbook of Environmental Psychology [M]. New York: John Wiley & Sons, 2002.

第7章

[66] J. Zeisel. Inquire by Design: Tools for Environment-Behavior Research [M]. California: Brooks/Cole Pub. Co, 1996.

[67] Robert B. Bechtel, Robert W. Marans, William Michelson. Methods in Environmental and Behavioral Research [M]. Newyork: Van Nostrand Reinhold Company, 1987.

[68] C. E. Osgood, G. J. Suci, P. H. Tannenbaum. Measure of Meaning [M]. Alton: Unversity of Illinois Press: 1957.

[69] Housing Game Evaluating Built Environment: An Organizational Framework theTasks of Science Practical Guide to Behavioral Research [M]. Oxford: Oxford University Press, 1980.

[70] Frank M. Andrews, Laura Klem, Terrence N. Davidson. A Guide for Selecting Statistical Techniques for Analyzing Social Science Data (2nd edition) [M]. Ann Arbor: The University of Michigan.

[71] CMiller, Delbert. Handbook of Research Design and Social Measurement (3rd edition) [M]. New York: Longman, 1977: 52–56.

[72] Miles, B. Matthew, A. Michael Huberman. Qualitative

Data Analysis, A Sourcebook of New Methods [M].
California: SAGE Publications, Inc, 1984.

[73] P. Reason, J. Rowan. Human Inquiry [M]. New York: John
Wiley & Sons, 1981.

[74] Reichrdt, S. Charles, Thomas D. Cook. Beyond Qualitative
Versus Quantitative Methods [M]//Thomas D. Cook,
Charles S. Mreichrdt. Qualitative and Quantitative
Methods in Evaluation Research. California: SAGE
Publications, Inc, 1979.

[75] Zeisel, John. Inquiry by Design: Tools for Environment-
Behaviour Research [M]. Cambridge: Cambridge University
Press, 1984.

3. 日文文献

第 1 章

[1] 舟橋國男. 環境行動デザイン研究と計画理論 [M] // 日
本建築学会. 人間—環境系のデザイン. 東京: 彰国社,
1997: 34-55.

[2] 舟橋國男. Wayfinding を中心とする建築・都市空間の
環境行動的研究 [D]. 大阪: 大阪大学, 1990.

第 2 章

[3] 山本多喜司. 問題の所在と「人間・環境学会」の成立
[J]. 人間・環境学会誌, 2004 (特別号): 12-13.

[4] 高橋鷹志. 人間—環境系研究における理論の諸相 [M] //
日本建築学会. 人間—環境系のデザイン. 東京: 彰国社,
1997: 22-33.

[5] 祖父江孝男. 文化人類学入門 [M]. 東京: 中央公論社,
1997.

[6] 山本多喜司, S. Wapner. 人生移行の発達心理学 [M].
京都: 北大路書房, 1992: 2-43.

第 3 章 (无)

第 4 章

[7] 足立孝, 紙野桂人, 舟橋國男, 田中宏明. 横断道歩道
橋地下道階段等の併用に於ける利用傾向 (1) —建築に
於ける行動法則に関する研究 [J]. 日本建築学会論文

報告集号外, 1966, 528.

[8] 足立孝, 紙野桂人, 舟橋國男, 田中宏明, 本田盛. エ
スカレータと階段の選択 [J]. 日本建築学会論文報告
集号外, 1967, 748.

[9] 大須賀常良. 室内動線傾向について—行動実験による報
告 No.1 [J]. 日本建築学会論文報告集号外, 1966, 520.

[10] 大西健司, 渡辺仁史, 中村良三, 等. 人間−空間系の
研究' 83—観覧施設における人間行動について [J].
日本建築学会大会学術講演梗概集, 1983: 685-1686.

[11] 紙野桂人, 舟橋國男, 竹嶋祥夫, 等. ターミナル圏域
の歩行施設計画に関する研究 (1) - (8) [J]. 日本
建築学会大会学術講演梗概集, 1970: 305-320.

[12] 秦丹尼, 舟橋國男, 鈴木毅, 木多道宏, 李斌. 大阪駅
周辺における外国人の経路探索行動の様相に関する
調査 [J]. 日本建築学会計画系論文集, 2002, 427:
173-180.

[13] 高木乾朗. 建築内における経路選択傾向について [J].
日本建築学会大会学術講演梗概集, 1974: 559-600.

[14] 舟橋國男. 対称的な 2 経路の選択に関する実験的研究
[J]. 日本建築学会計画系論文報告集, 1991, 427 (a):
65-70.

[15] 舟橋國男. 格子状街路網地区における経路の選択なら
びに探索に関する調査実験 [J]. 日本建築学会計画
系論文報告集, 1991, 428 (b): 85-92.

[16] 舟橋國男. 建築・都市空間とナヴィゲーション [J].
現代のエスプリ, 1992, 298: 110-120.

第 5 章～第 7 章 (无)